셈틀에서 태어난 수치해석학

최행진 지음

기본판

KyoWooSa 教友社

셈틀에서 태어난 수치해석학 기본판

지은이 서문

이 책은 'Visual C++ 6.0'과 'GNU 컴파일러'를 이용하여 수치해석의 다양한 분야를 프로그램으로 구현한 책이다. 기본적으로는 'Visual C++ 6.0'에 초점을 맞추어 작성하였으나 그래픽을 제외한 대부분의 프로그램들이 리눅스 환경에서도 특별한 수정없이 실행될 것이다.

책은 기본판과 완전판의 두 가지 판으로 나누어져 출판되었다. 기본판은 수치해석에서 자주 사용되는 주제를 골라 프로그램 위주로 제작한 책이다. 완전판은 호기심 많은 독자를 위하여 다양한 분야를 수학적으로도 자세하게 기술한 책이다. 완전판은 기본판 내용을 모두 포함하고 있다.

목차를 보면 숫자들이 띄엄띄엄 있는데, 완전판 목차를 기준으로 정리해 놓았기 때문이다.

표지 그림은 미술을 전공한 후배 정은영이 타블렛을 이용하여 그려 준 것이다.

교우사의 누리집에서 이 책에 실린 모든 프로그램들을 다운로드받을 수 있다.

1 Visual C++ 6.0의 설치

1.1 개론

필자(present writer)는 독자(reader)들이 Visual C++ 6.0에 어느 정도 익숙하다고 가정(assumption)하고서 이 책을 집필(writing)하였다. 그리고 보통의 Visual C++ 6.0에 관한 책과는 다르게 Visual C++ 6.0의 특징이라든가 역사(history)같은 것은 서술하지 않았다. 그러나 Visual C++ 6.0에 익숙하지 않은 독자들이 이 책을 읽는다고 해서 책 내용을 이해하는 데에 특별히 어려움을 겪지는 않을 것이다. C 언어를 다루어 본 경험을 가지고 있고 수치해석(numerical analysis)에 관심이 있는 독자라면 누구나 이 책을 읽는 데에 별 무리가 없도록 가능하면 쉽게 이 책을 쓸려고 노력하였기 때문이다.

'소스 코드 편집 창'이 무엇인지 알고 있고 그것을 준비할 수 있는 독자는 이 chapter을 건너뛰어도 된다. 이 chapter에서는 Visual C++ 6.0에 익숙하지 않은 독자들을 위하여 우선 프로그램을 코딩하기 전에 거쳐야 할 준비 작업을 설명한다. 그것은 '소스 코드 편집 창'을 준비하는 과정이다. '소스 코드 편집 창'은 프로그램을 작성하고 편집하기 위한 작업 공간이다. 이 공간에서 우리의 코딩 작업이 이루어진다. 물론 보통의 텍스트 편집기를 사용하여 코딩 작업을 해도 괜찮다.

자, 그럼 본격적으로 시작하도록 하자. 필자는 모니터를 1200X1600 화소, 96DPI로 설정하였다.

1.2 설치 과정

어느 운영 체제에 Visual C++ 6.0을 설치한 후 이 책의 내용을 실습해 보아도 되지만, Windows Millennium Edition은 좀 문제가 있다. Windows Millennium Edition에서도 프로그램을 실행하는 데에 전혀 문제될 것은 없지만, Windows Millennium Edition에서는 프로그램의 실행 결과가 출력되는 콘솔 창(console window)이 스크롤(scroll)을 지원하지 않아 출력 결과가 한 화면을 넘어갈 경우에 지나가 버린 윗부분을 살펴볼 수가 없다. 그러한 사실 외에는 어느 운영 체제를 사용하든지 차이가 없다.

독자의 컴퓨터에 Visual C++ 6.0이 설치되어 있지 않다면, 독자는 Microsoft Visual Studio 6.0 첫 번째 CD를 이용하여 Visual C++ 6.0을 컴퓨터에 설치하여라.

이제 http://msdn2.microsoft.com/en-us/vstudio/aa718364.aspx에서 서비스 팩 6을 다운로드받은 후 설치하여라.

그런 후에 Visual C++ 6.0을 실행시키면 아래의 화면

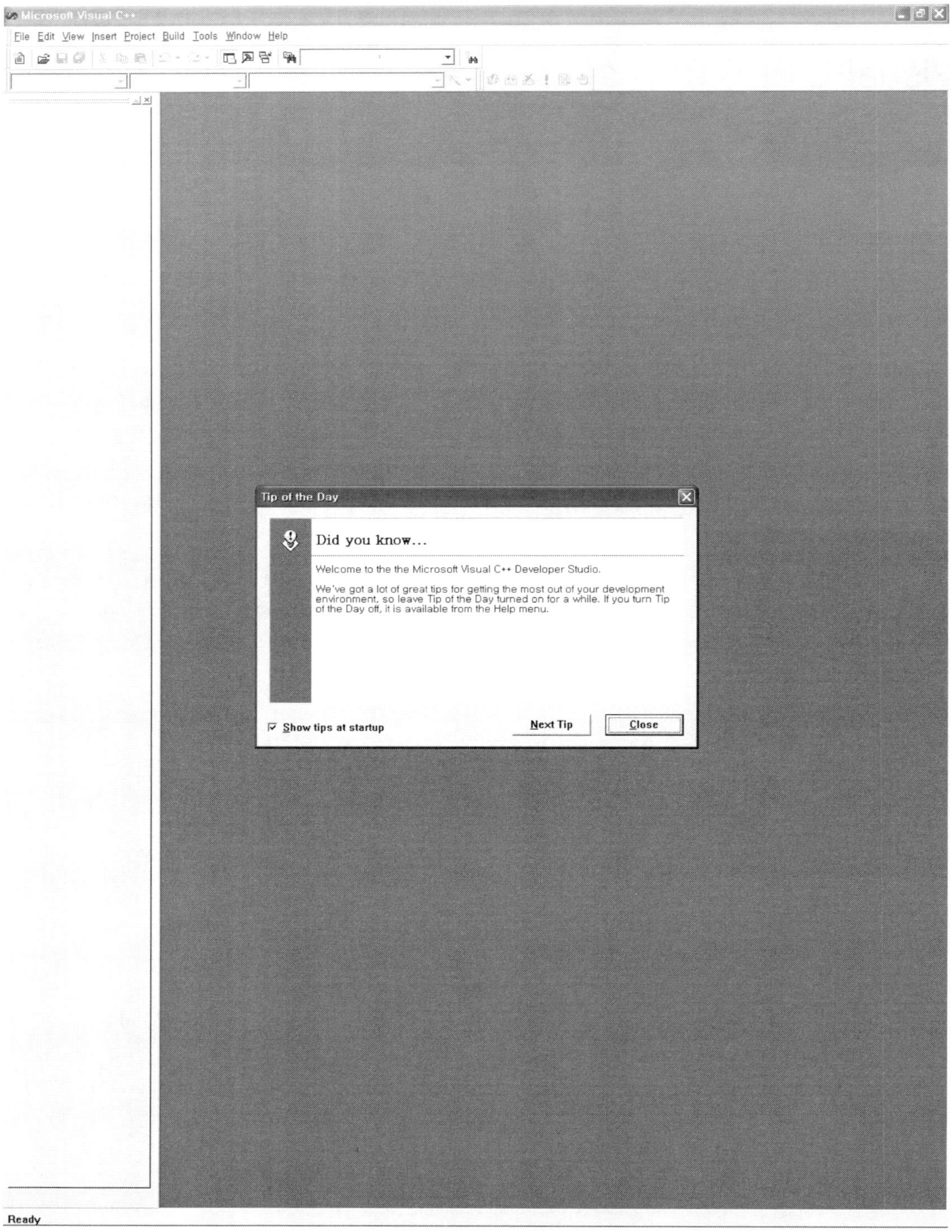

이 나타난다.

화면은 상단에서 하단 방향으로 제목 표시줄(title bar), 메뉴 모음(menu bar), 도구 모음(toolbar), Project Workspace window, 소스 코드 편집 창이 위치할 영역, 그리고 상태 표시줄(status bar) 등으로 구성되어 있다.

Project Workspace window는 프로젝트를 관리하는 곳인데 지금은 프로젝트를 생성하지 않았기 때문에 사용할 수 없다. 프로젝트에 대해서는 나중에 살펴볼 것이다.

계속 진행하도록 하자.

'Close' 단추를 누른다.

그런 후에 상단의 메뉴 모음 중 가장 좌측의 'File' 메뉴를 클릭하면 하위 메뉴가 나타난다. 그 중에서 'New' 명령을 선택하면 아래의 'New' 대화 상자

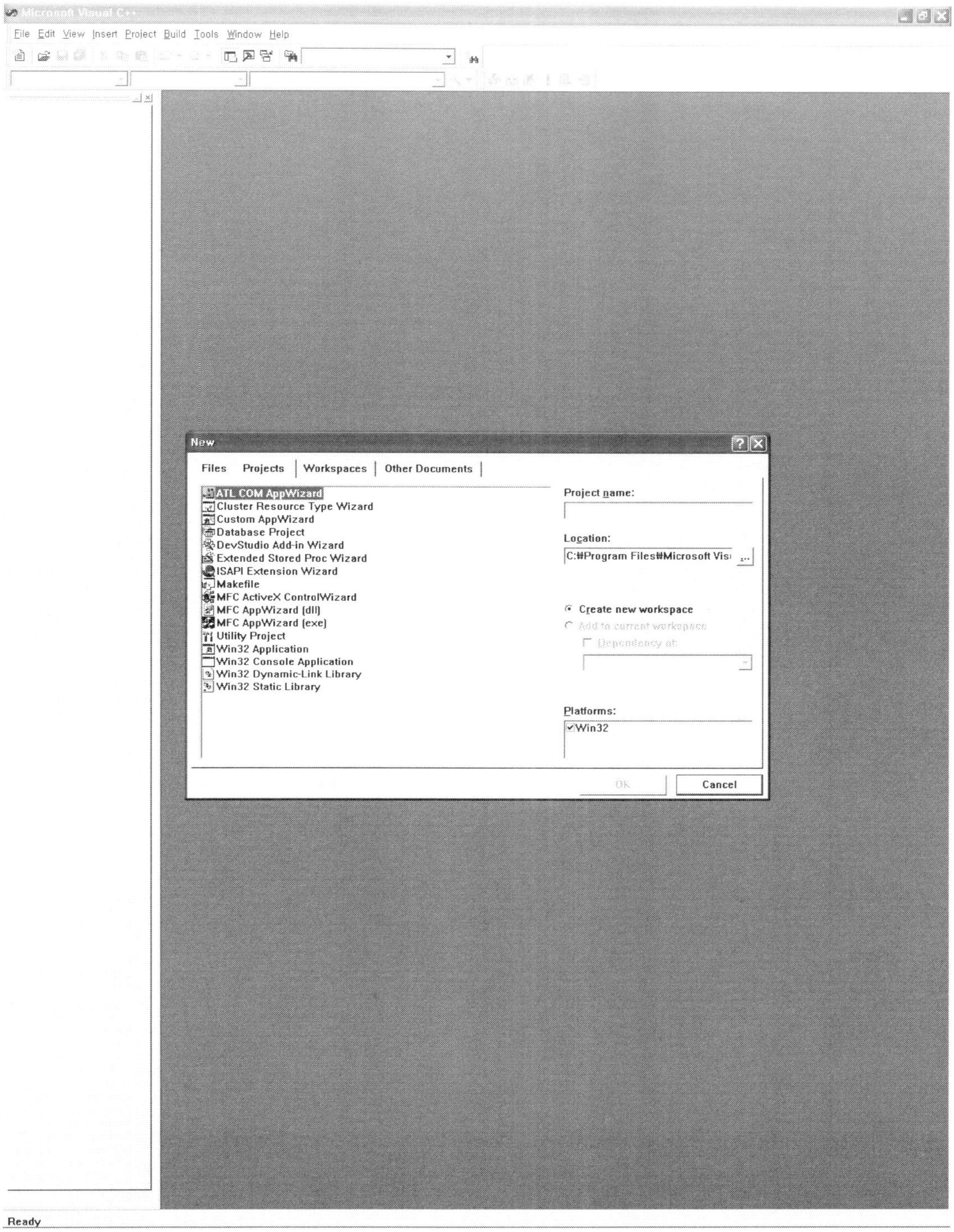

가 나타난다.

'Files', 'Projects', 'Workspaces', 그리고 'Other Documents' 모두 4개의 탭이 있고 default으로 'Projects' 탭이 선택되어 있다.

프로젝트 종류 선택 창에 나열되어 있는 여러 프로젝트들 중에서 'Win32 Console Application'을 선택하여 프로젝트를 생성한 후에 코딩하여도 되지만, 그것보다는 좀 더 간편한 방법을 사용하겠다. 일단은 프로젝트를 생성하지 않고 '소스 코드 편집 창'을 준비하여 보자. 이 책에 나오는 대부분의 프로그램은 지금 설명하는 것처럼 프로

젝트를 생성하지 않아도 된다. 나중에 그래프나 그림 그릴 때만 프로젝트를 사용할 것이다.

'Files' 탭을 클릭하면 아래의 화면

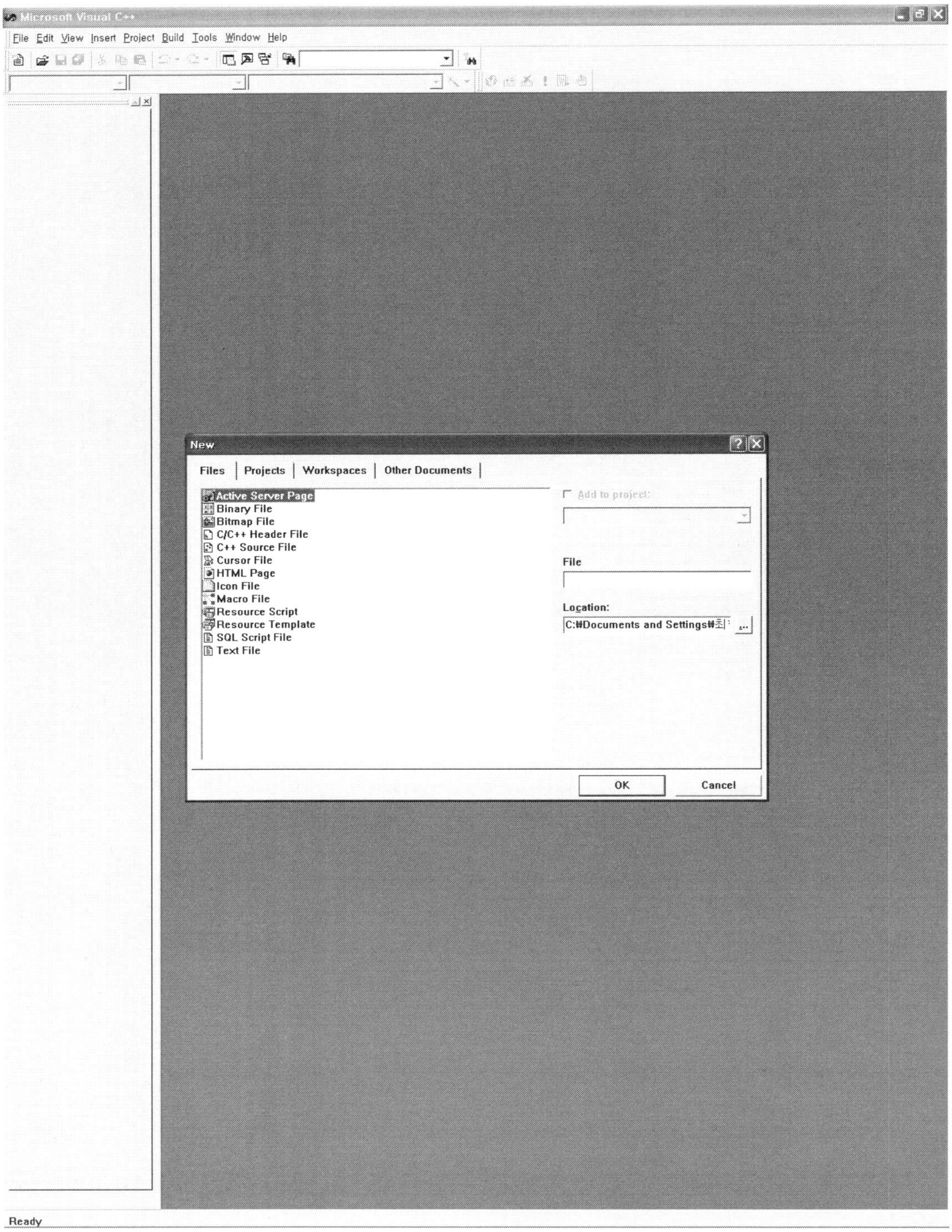

으로 바뀐다.

여러 가지 파일 목록 중 default으로 'Active Server Page'가 선택되어 있다.

'New' 대화 상자를 보아라. 오른쪽의 중간 쯤에 파일의 이름을 입력하는 곳이 있다. 작성할 소스 파일의 이름을 지정하는 곳으로 지정하지 않아도 상관은 없다. 필자는 '수치해석학'이라고 입력하였다.

그런 후에 'C++ Source File'으로 선택을 바꾼 후에 'OK' 단추를 누르거나, 'C++ Source File'을 더블 클릭한다. 그

러면 'New' 대화 상자가 사라지고 아래의 화면

이 나타난다.

중간의 넓은 빈 공간이 '소스 코드 편집 창'이다. 여기에서 프로그램의 소스 코드를 작성하고 편집한다. 지금까지의 과정을 거쳐 생성된 '소스 코드 편집 창'에서 이후에 나오는 모든 프로그램 중에서 그래픽을 사용하는 프로그램을 제외한 나머지 프로그램들을 코딩하면 된다.

2 재미있는 수학 문제들

2.1 개론

무사히 Visual C++ 6.0을 설치했는지 모르겠다. 수치해법에 대한 공부를 본격적으로 시작하기 전에 몇 가지 수학 문제들을 풀어보자.

피보나치 수(Fibonacci numbers), 마방진(magic square) 등은 흥미롭고 재미있는 수학 문제이면서도 프로그램으로 구현하는 것이 어렵지 않아 좋은 보기(example)가 될 수 있다. 비록 이것들은 우리가 공부하려고 하는 수치해석학과 거의 관계가 없으나, 독자들이 흥미를 가지고 이 책을 시작할 수 있기를 바라는 마음에서 이 chapter의 예제로 선정(選定)하였다.

끝으로 이 책의 내용을 실습하는 과정에서 프로그램의 실행 결과가 출력되는 콘솔 창의 속성을 바꿀 필요가 있다. 자세한 내용은 다음 section에서 설명할 것이다.

2.2 최대공약수와 최소공배수

2.2.1 이론

C 언어에 관한 책에서 단골로 등장하는 것 중의 하나가 재귀 함수(recursive function)이다. C 프로그램에서는 어느 함수라도 자기 자신을 호출할 수 있다. 재귀 호출의 횟수는 스택의 크기에 의해 제한을 받는다.

재귀 함수를 사용하면 두 수의 최대공약수(Greatest Common Divisor)를 구하는 프로그램을 쉽게 작성할 수 있다. 최대공약수를 구하고 나면, 두 수의 곱은 최대공약수와 최소공배수(Least Common Multiple)의 곱과 같다는 사실을 이용하여 최소공배수도 쉽게 구할 수 있다.

프로그램을 분석하여 보자.

두 수를 저장하는 변수들(variables)을 실수형으로 선언(declaration)하였는데, 이렇게 정수형 등으로 선언하지 않은 이유는 두 수의 크기에 제한을 두지 않기 위해서이다. 그리고 두 수 중에서 어느 하나라도 1.0보다 작거나 정수가 아닌 경우에는 exit 함수에 의해 프로그램이 종료되도록 하였다.

exit 함수는 cleanup을 하고 나서 프로세스 호출을 중단시키는 함수로써 원형은

```
void exit( int status );
```

이다. exit 함수의 argument 값은 <stdlib.h> 헤더 파일에

```
#define EXIT_SUCCESS    0
#define EXIT_FAILURE    1
```

와 같이 정의되어 있다. 프로그램의 정상적인 종료시에는 status 값이 0이고 비정상적인 종료시에는 status 값이

1이다.

modf 함수의 원형은

```
double modf( double x, double *intptr );
```

이다. modf 함수는 x를 정수부분(integer parts)과 분수부분(fractional parts)으로 나누는데, 각각은 x와 같은 부호(sign)를 갖는다. 반환되는 값은 x의 부호있는 소수부분(fractional portion)이다. 정수부분(integer portion)은 intptr에 부동소수점 값으로 저장된다.

최종적으로 printf 문으로 결과를 출력할 때 형식 지정자(format specification)를 '%.lf'으로 해야 소수점 이하가 표시되지 않는다.

마지막으로 이 chapter의 개론에서 말했던 콘솔 창(console window)의 속성 변경에 대해 설명하고 끝마치겠다.

아래의 화면

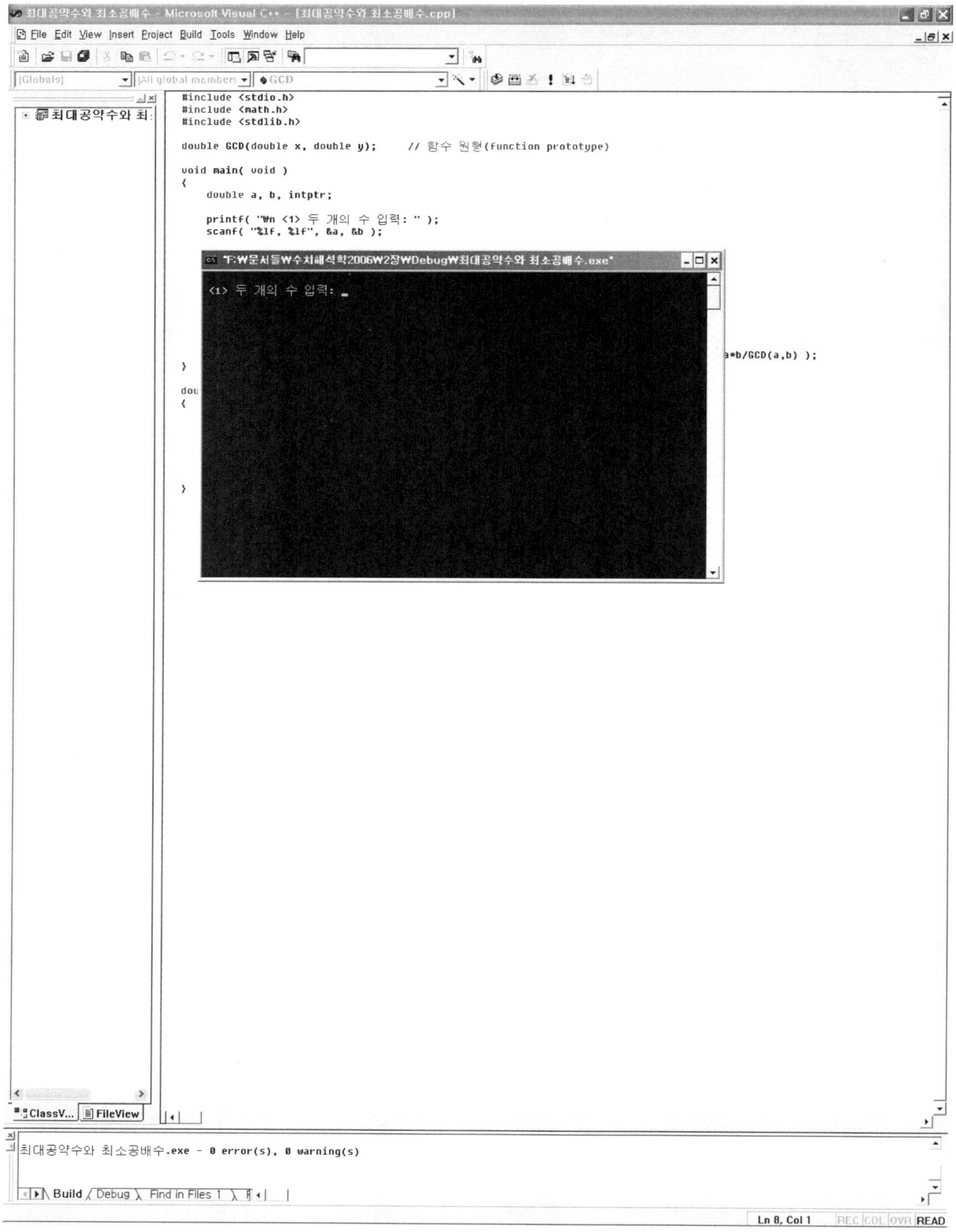

은 Windows XP 시스템에서 프로그램을 실행시키고 나서 화면을 캡처(capture)한 것이다. 바로 이것의 속성을 변경하겠다는 것이다. 통일성을 기하기 위하여 글꼴과 창 크기의 너비를 지금 설명하는 대로 맞추길 바란다.

제목 표시줄(title bar)을 마우스 오른쪽 단추로 클릭한 다음 속성 명령을 클릭한다. 그러면 아래의 화면

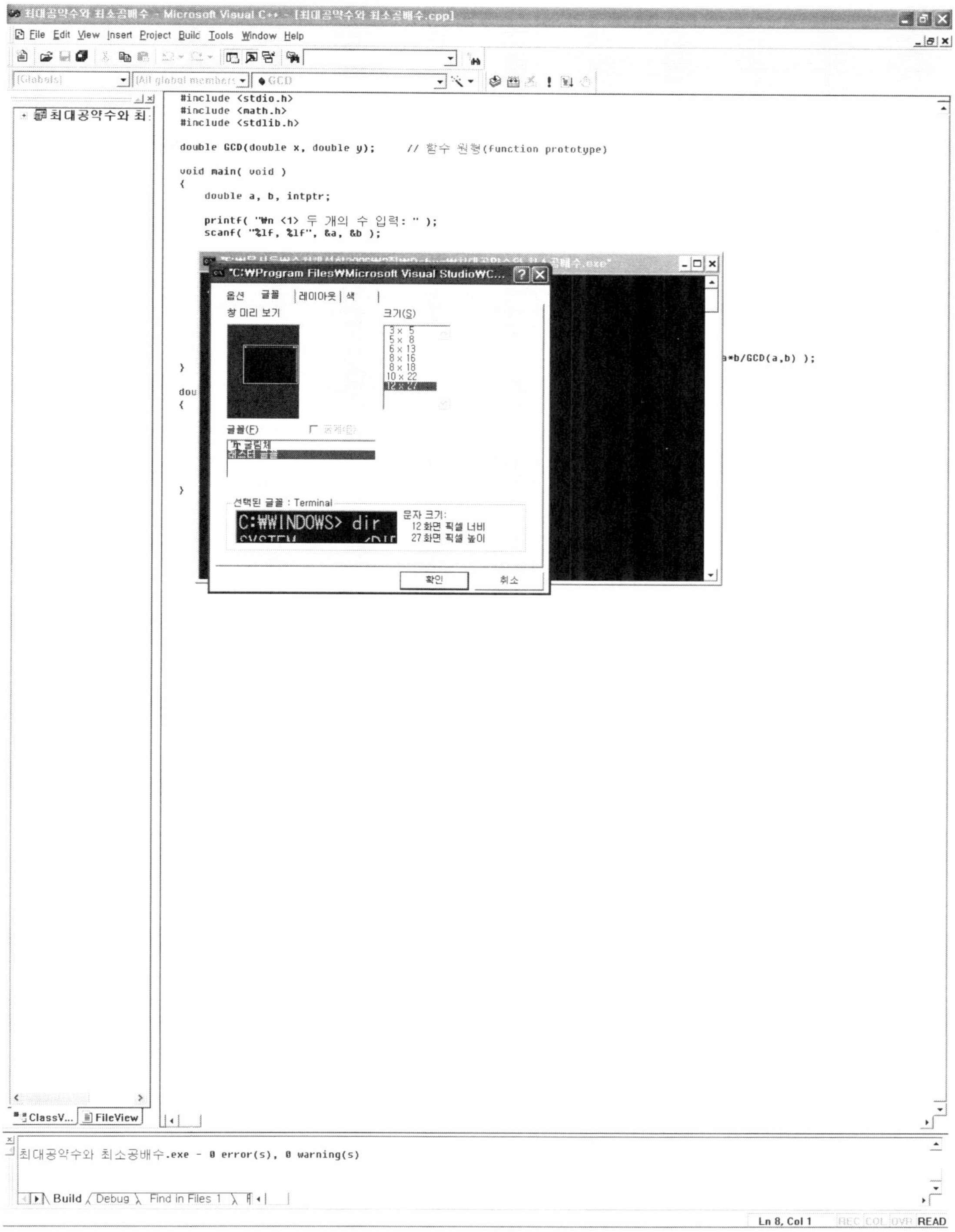

처럼 속성 대화 상자가 나타난다.

여기에는 옵션 탭, 글꼴 탭, 레이아웃 탭, 색 탭이 있다.

레이아웃 탭을 클릭하고 화면 버퍼 크기와 창 크기에서 너비를 90으로 지정하여라. 그러면 콘솔 창의 하나의 line에 영문자 기준으로 최대 90개의 문자가 들어간다. 그 다음에는 글꼴 탭을 클릭하고 굴림체를 선택하여라. 필자는 글꼴의 크기를 24으로 설정하였다. 만약 필자처럼 속성을 변경한 결과 콘솔 창 크기가 너무 커지거나 하면 적절하게 크기를 조정하여라. 다만 창 너비는 반드시 90으로 해라.

이후의 모든 프로그램은 방금 설정한 사항들을 고려하여 프로그래밍되어 있다.

2.2.2 소스 코드

```
#include <stdio.h>
#include <math.h>
#include <stdlib.h>

double GCD(double x, double y);      // 함수 원형(function prototype)

void main( void )
{
    double a, b, intptr;

    printf( "₩n <1> 두 개의 수 입력: " );
    scanf( "%lf, %lf", &a, &b );

    printf( "₩n <2> 입력한 값들에 대한 결과₩n" );

    if ( (a<1.0)||(b<1.0)||(modf(a, &intptr)!=0.0)||(modf(b, &intptr)!=0.0) )
    {
        printf( "   올바른 입력이 아닙니다. 프로그램을 종료합니다.₩n₩n₩n" );
        exit( EXIT_FAILURE );
    }

    printf( "  최대공약수는 %.lf이고 최소공배수는 %.lf이다.₩n₩n₩n", GCD(a,b), a*b/GCD(a,b) );
}

double GCD(double x, double y)       // 함수 정의(function definition)
{
    if ( x<y )
        return GCD(y, x);
    else if ( fmod(x, y)==0.0 )
        return y;
    else
        return GCD(y, fmod(x,y));
}
```

2.2.3 실행 결과

2.2.3.1 입력이 올바른 경우

```
 <1> 두 개의 수 입력: 56, 24

 <2> 입력한 값들에 대한 결과
  최대공약수는 8이고 최소공배수는 168이다.
```

2.2.3.2 입력이 올바르지 못한 경우

```
 <1> 두 개의 수 입력: 52, -13

 <2> 입력한 값들에 대한 결과
   올바른 입력이 아닙니다. 프로그램을 종료합니다.
```

2.3 피보나치 수열

2.3.1 C 언어로 구현

2.3.1.1 이론

다음과 같은 문제를 생각하여 보고 프로그램으로 구현하여 보아라.

문제: 갓 태어난 암수 한 쌍의 토끼가 있다. 이 토끼는 태어나서 2개월이 지나면 성장해서 어미가 되고, 그 후 매월 한 쌍씩의 새끼를 낳는다. 마찬가지로 이 새끼 토끼도 2개월이 되면 어미가 되어 매월 한 쌍씩의 새끼를 낳는다. 이렇게 토끼의 수가 증가하면 20개월 후에는 모두 몇 쌍의 토끼가 될까? 단, 20개월 동안 죽은 토끼는 없다고 가정한다. ◆

처음에 한 쌍의 암수 토끼가 태어난 때부터 시작하여 5개월 후까지의 상황을 나타내어 보면

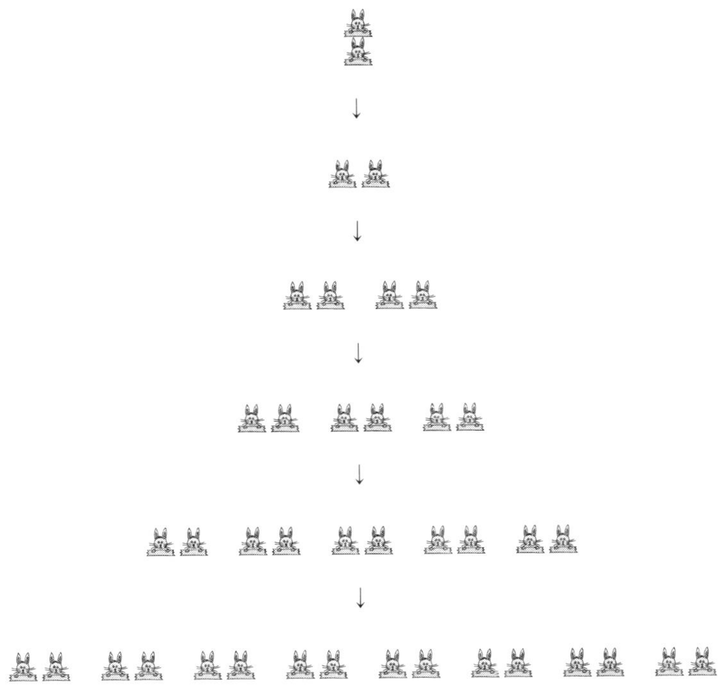

과 같다.

조금만 잘 생각하여 보면, $n-1$개월 후의 토끼의 쌍의 수를 a_n이라고 할 때

$$a_1 = a_2 = 1, \quad a_n = a_{n-1} = a_{n-2} \quad (n \geq 3)$$

이 성립함을 알 수 있다. 이것은 자연수들의 집합을 정의역으로 갖는 함수(function)이므로 수열(sequence)인데 일반항(general term) 사이에 이와 같은 관계식이 성립하는 수열을 피보나치 수열이라고 한다. 피보나치 수열은 단조증가(monotone increasing)하는 수열이다.

재귀 함수(recursive function)를 사용하면 피보나치 수열을 프로그램으로 쉽게 구현할 수 있다.

2.3.1.2 소스 코드

```
#include <stdio.h>
#include <math.h>
```

```
#include <stdlib.h>

double Fibonacci( double n );

void main( void )
{
    double n, intptr;
    printf( "₩n <1> 몇 번째 항의 값을 구할 것인지 입력: " );
    scanf( "%lf", &n );
    printf( "₩n <2> 입력한 값들에 대한 결과₩n" );

    if ( (n<1.0)||(modf( n, &intptr )!=0.0) )
    {
        printf( "   올바른 입력이 아닙니다. 프로그램을 종료합니다. ₩n₩n₩n" );
        exit( EXIT_FAILURE );
    }

    printf( "  제%.lf항의 값은 %.lf₩n₩n₩n", n, Fibonacci(n) );
}

double Fibonacci( double n )
{
    if ( (n==1.0)||(n==2.0) )
        return 1.0;
    else
        return Fibonacci(n-1.0)+Fibonacci(n-2.0);
}
```

2.3.1.3 실행 결과

```
 <1> 몇 번째 항의 값을 구할 것인지 입력: 21

 <2> 입력한 값들에 대한 결과
  제21항의 값은 10946
```

2.3.2 C++ 언어로 구현

2.3.2.1 이론

템플릿을 이용하여 피보나치 수열을 C++ 언어로 구현하여 보았다.

필자가 이 책에서 템플릿에 관한 설명을 하지는 않을 것이다. 템플릿에 관하여 잘 알지 못하는 독자는 C++ 언어에 관한 책을 참조하여라.

2.3.2.2 소스 코드

```
#include <iostream.h>

template <int N>
class Fibonacci
{
public:
    static int value()
    {
        return Fibonacci<N-1>::value()+Fibonacci<N-2>::value();
```

```
    }
};

class Fibonacci<1>
{
public:
    static int value()
    {
        return 1;
    }
};

class Fibonacci<2>
{
public:
    static int value()
    {
        return 1;
    }
};

void main()
{
    cout << Fibonacci<1>::value() << endl;
    cout << Fibonacci<2>::value() << endl;
    cout << Fibonacci<3>::value() << endl;
    cout << Fibonacci<4>::value() << endl;
    cout << Fibonacci<5>::value() << endl;
    cout << Fibonacci<6>::value() << endl;
    cout << Fibonacci<7>::value() << endl;
    cout << Fibonacci<8>::value() << endl;
    cout << Fibonacci<9>::value() << endl;
}
```

2.4 마방진(magic square)

2.4.1 C 언어로 구현

2.4.1.1 이론

마방진은 가로, 세로, 대각선의 수의 합이 모두 같은 정사각형의 숫자배열표를 말한다.

아래와 같은 5×5 행렬 형태의 숫자배열표

17	24	1	8	15
23	5	7	14	16
4	6	13	20	22

10	12	19	21	3
11	18	25	2	9

를 생각하여 보자.

제1행부터 제5행까지 각각의 행에 대하여 각 행에 있는 모든 수의 합을 계산하여 보면

$$17+24+1+8+15=65,$$
$$23+5+7+14+16=65,$$
$$4+6+13+20+22=65,$$
$$10+12+19+21+3=65,$$
$$11+18+25+2+9=65$$

와 같이 모든 경우에 합이 65이다.

또한 제1열부터 제5열까지 각각의 열에 대하여 각 열에 있는 모든 수의 합을 계산하여 보면

$$17+23+4+10+11=65,$$
$$24+5+6+12+18=65,$$
$$1+7+13+19+25=65,$$
$$8+14+20+21+2=65,$$
$$15+16+22+3+9=65$$

와 같이 모든 경우에 합이 65이다.

마지막으로 두 대각선에 대하여 각 대각선에 있는 모든 수의 합을 계산하여 보면

$$17+5+13+21+9=65,$$
$$15+14+13+12+11=65,$$

와 같이 모든 경우에 합이 65이다.

마방진을 만들기 위해 숫자를 배열하는 방법에는 여러 가지가 있는데, 그 중에서 두 가지 방법을 알아보자.

Order 3인 마방진

4	9	2
3	5	7
8	1	6

을 만들기 위해

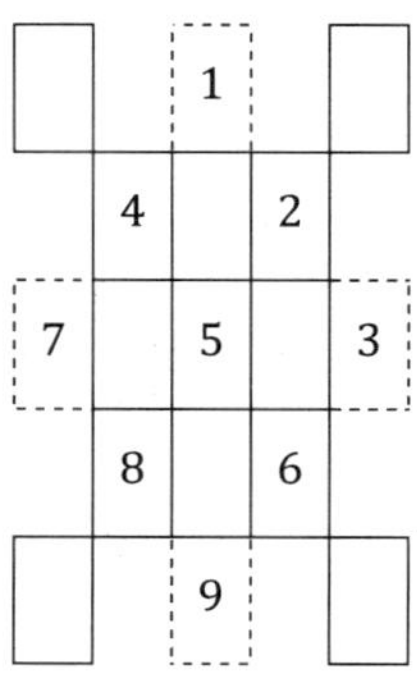

처럼 바깥쪽에 사각형을 추가해 넣는다.

그런 후에 1부터 9까지의 숫자를 왼쪽에서 오른쪽 방향으로의 대각선을 따라 써 넣은 후에 바깥쪽 사각형에 들어간 숫자들을 그 숫자의 줄에서 가장 멀리 떨어져 있는 빈 사각형 안으로 옮긴다. 그러면

4	9	2
3	5	7
8	1	6

과 같이 마방진이 완성된다.

다른 방법으로 마방진을 만들어 보자.

아래의 그림과 같은 order 5인 마방진

	18	25	2	9	
17	24	1	8	15	17
23	5	7	14	16	23
4	6	13	20	22	4
10	12	19	21	3	10
11	18	25	2	9	

을 만들려고 한다면 우선 가장 윗줄의 중앙 사각형에 1을 놓는다. 그런 후에 오른쪽 대각선 방향으로 2부터 숫자를 써넣는데 만약 숫자가 마방진 바깥으로 나가면 그 열의 맨 밑으로 내려오거나 그 행의 가장 좌측으로 이동한다. 대각선 방향으로 올라갈 때 이미 숫자가 있으면 한 칸 아래로 내려와 다시 대각선 방향으로 올라간다. 위에서 숫자 15와 같은 위치에서도 한 칸 밑으로 내려온다.

이런 과정을 계속하여 마방진의 사각형이 모두 숫자로 채워지면 완성된 것이다.

Order n인 마방진은 n이 홀수인 경우와 짝수인 경우 서로 매우 다르다. n이 홀수인 경우의 마방진을 만드는 것은 간단하지만, 짝수인 경우의 마방진에 대해서는 일반적인 해법이 없다.

2.4.1.2 소스 코드

```
#include <stdio.h>
#include <stdlib.h>

void main( void )
{
    unsigned short int dimension, row, column, magicSquare[40][40], size;
    printf( "₩n <1> 마방진의 크기: " );
    scanf( "%u", &dimension );

    printf( "₩n <2> 입력한 값들에 대한 결과₩n" );

    if ( (dimension<=1)||(dimension%2!=1) )
    {
        printf( "   올바른 입력이 아닙니다. 프로그램을 종료합니다.₩n₩n₩n" );
        exit( EXIT_FAILURE );
    }
```

```
    for (row=1; row<=dimension; row++)
        for (column=1; column<=dimension; column++)
            magicSquare[row][column] = 0;

    row = 1;
    column = dimension/2 + 1;
    size = 0;

    while ( size<=dimension*dimension )
    {
        size = size + 1;
        magicSquare[row][column] = size;
        row = row - 1;
        column = column + 1;

        if ( (row<1)&&(column<=dimension) )
            row = dimension;

        if ( (row<1)&&(column>dimension) )
        {
            row = row + 2;
            column--;
        }

        if ( (row>=1)&&(column>dimension) )
            column = 1;

        if ( (row>=1)&&(column<=dimension)&&(magicSquare[row][column]>0) )
        {
            row = row + 2;
            column--;
        }
    }

    for (row=1; row<=dimension; row++)
    {
        for (column=1; column<=dimension; column++)
            printf( "%4u", magicSquare[row][column] );

        printf( "₩n" );
    }

    printf( "₩n₩n" );
}
```

2.4.1.3 실행 결과

```
<1> 마방진의 크기: 21

<2> 입력한 값들에 대한 결과
233 256 279 302 325 348 371 394 417 440   1  24  47  70  93 116 139 162 185 208 231
255 278 301 324 347 370 393 416 439  21  23  46  69  92 115 138 161 184 207 230 232
277 300 323 346 369 392 415 438  20  22  45  68  91 114 137 160 183 206 229 252 254
299 322 345 368 391 414 437  19  42  44  67  90 113 136 159 182 205 228 251 253 276
321 344 367 390 413 436  18  41  43  66  89 112 135 158 181 204 227 250 273 275 298
343 366 389 412 435  17  40  63  65  88 111 134 157 180 203 226 249 272 274 297 320
365 388 411 434  16  39  62  64  87 110 133 156 179 202 225 248 271 294 296 319 342
```

```
387 410 433  15  38  61  84  86 109 132 155 178 201 224 247 270 293 295 318 341 364
409 432  14  37  60  83  85 108 131 154 177 200 223 246 269 292 315 317 340 363 386
431  13  36  59  82 105 107 130 153 176 199 222 245 268 291 314 316 339 362 385 408
 12  35  58  81 104 106 129 152 175 198 221 244 267 290 313 336 338 361 384 407 430
 34  57  80 103 126 128 151 174 197 220 243 266 289 312 335 337 360 383 406 429  11
 56  79 102 125 127 150 173 196 219 242 265 288 311 334 357 359 382 405 428  10  33
 78 101 124 147 149 172 195 218 241 264 287 310 333 356 358 381 404 427   9  32  55
100 123 146 148 171 194 217 240 263 286 309 332 355 378 380 403 426   8  31  54  77
122 145 168 170 193 216 239 262 285 308 331 354 377 379 402 425   7  30  53  76  99
144 167 169 192 215 238 261 284 307 330 353 376 399 401 424   6  29  52  75  98 121
166 189 191 214 237 260 283 306 329 352 375 398 400 423   5  28  51  74  97 120 143
188 190 213 236 259 282 305 328 351 374 397 420 422   4  27  50  73  96 119 142 165
210 212 235 258 281 304 327 350 373 396 419 421   3  26  49  72  95 118 141 164 187
211 234 257 280 303 326 349 372 395 418 441   2  25  48  71  94 117 140 163 186 209
```

2.4.2 C++ 언어로 구현

2.4.2.1 이론

예외는 0으로 나누기와 같이, 발생하는 즉시 프로그램이 처리해야 하는 런타임 문제이다. C++ 언어는 기본적으로 예외 발생과 처리에 대한 지원을 제공한다. C++ 예외 처리를 사용하면 예기치 않은 이벤트가 발생했을 때 이 비정상 이벤트 처리를 사용자 프로그램으로부터 상위 컨텍스트로 전달하여 좀 더 쉽게 복구할 수 있다. 우리는 정상적인 제어 흐름 외부에 있는 코드에서 예외를 처리한다.

우리는 try 키워드를 사용하여 try 블록을 설정한다. 이 try 블록 내에서 예외를 throw할 수 있는 프로그램 문을 실행한다.

그런 다음 catch 키워드를 사용하여 catch 블록을 설정한다. 이 catch 블록에 예외 처리 코드를 삽입한다. catch 블록의 코드는 try 블록 내의 코드가 catch 문에 지정된 형식의 예외를 throw하는 경우에만 실행된다.

2.4.2.2 소스 코드

```
#include <iostream>
#include <stdlib.h>
using namespace std;
void CheckOdd(int x);

int main( void )
{
    unsigned short int dimension, row, column, magicSquare[40][40], size;

    cout << "₩n <1> 2와 20 사이의 홀수: ";

    try
    {
        cin >> dimension;
        CheckOdd(dimension);
        cout << "₩n <2> 입력한 값에 대한 결과";
        cout << "₩n   입력한 값은 2와 20 사이의 홀수입니다.₩n";
    }
    catch(char *ErrorMessage)
    {
        cout << ErrorMessage;
        exit( EXIT_FAILURE );
```

```
    }
    catch(int y)
    {
        cout << "₩n <2> 입력한 값에 대한 결과";
        cout << "₩n   입력한 " << y << "는 홀수가 아닙니다.₩n₩n₩n";
        exit( EXIT_FAILURE );
    }

    for (row=1; row<=dimension; row++)
        for (column=1; column<=dimension; column++)
            magicSquare[row][column] = 0;

    row = 1;
    column = dimension/2 + 1;
    size = 0;

    while ( size<=dimension*dimension )
    {
        size = size + 1;
        magicSquare[row][column] = size;
        row = row - 1;
        column = column + 1;

        if ( (row<1)&&(column<=dimension) )
            row = dimension;

        if ( (row<1)&&(column>dimension) )
        {
            row = row + 2;
            column--;
        }

        if ( (row>=1)&&(column>dimension) )
            column = 1;

        if ( (row>=1)&&(column<=dimension)&&(magicSquare[row][column]>0) )
        {
            row = row + 2;
            column--;
        }
    }

    for (row=1; row<=dimension; row++)
    {
        for (column=1; column<=dimension; column++)
        {
            cout.width(4);
            cout << magicSquare[row][column];
        }

        cout << "₩n";
    }

    cout << "₩n₩n";
    return 0;
}

void CheckOdd(int dimension)
```

```
{
    if ( dimension<3 || dimension>19 )
        throw "₩n <2> 입력한 값에 대한 결과₩n   2와 20 사이의 수가 아닙니다.₩n₩n₩n";
    else if ( dimension%2==0 )
        throw dimension;
}
```

4 기초 통계

4.1 개론

어느 집단의 구성원의 몸무게 등 주어진 자료를 도수분포표(frequency distribution table)로 나타내면 자료의 분포 상황을 이해하는데에 많은 도움이 된다. 이때 그 분포를 하나의 수치로 표현하는 경우 그것을 대표값(representative value)이라 한다. 대표값에는 평균(mean), 중앙값(median), 최빈값(mode)이 있다.

그런데 이러한 대표값만으로 자료의 전체 특성을 파악하기에는 부족하다. 그래서 고안된 개념이 산포도(degree of scattering)이다. 산포도란 주어진 자료가 흩어져 있는 정도를 수치로 나타낸 것이다. 산포도가 작으면 자료가 서로 근접한 수로 이루어져 있는 것이고, 산포도가 크면 자료가 서로 떨어져 있는 수로 이루어져 있는 것이다.

산포도는 절대적 산포도와 상대적 산포도로 나뉘어진다.

절대적 산포도는 한 개의 자료집단에서 계산한 산포도로써, 여기에는 분산(variance), 표준편차(standard deviation), 범위(range), 평균편차(mean deviation)가 있다.

상대적 산포도는 두 개 이상의 자료집단에서 수집된 자료의 범주나 측정단위가 다른 경우에 절대적 산포도의 값을 대표값으로 나누어 자료집단간의 산포도를 비교할 수 있도록 한 것으로써, 여기에는 변동계수(coefficient of variation) 등이 있다.

4.2 평균(mean)

4.2.1 C 언어로 구현

4.2.1.1 이론

평균에는 산술평균(arithmetic mean), 기하평균(geometric mean), 조화평균(harmonic mean), 그리고 평방평균(quadratic mean) 등이 있다.

일반적으로 우리가 평균이라고 하면 산술평균을 말하는데, 산술평균은 모든 자료들의 합을 자료들의 개수로 나눈 값이다. 전체 모집단(population)에서의 산술평균은 모평균(population mean)이라 하고, 모집단으로부터 추출된 표본에서의 산술평균은 표본평균(sample mean)이라고 한다. 보통 모평균은 μ으로 나타내고, 표본평균은 $\bar{x}$으로 나타낸다.

가중평균은 조사대상의 중요도에 따라 가중치를 고려한 평균으로 산술평균을 확장한 형태라고 할 수 있다. 평점평균은 가중평균으로 산출된다. 보기를 들어 3학점짜리 일반물리학 등급이 A+(평점 4.5)이고, 2학점짜리 영어 등급이 B(평점 3)이고, 1학점짜리 영어 LAB 등급이 C+(평점 2.5)이고, 3학점짜리 일반수학 등급이 C(평점 2)라면 평점평균은

$$\frac{3\times 4.5+2\times 3+1\times 2.5+3\times 2}{3+2+1+3}=\frac{28}{9}\cong 3.11$$

이 된다.

기하평균은 모든 자료들의 곱의 n제곱근(n-th root)으로 정의(definition)된다.

하지만 정의에 의하여 기하평균을 구하면 식이 복잡해지고 계산 중간의 값이 너무 커져 비효율적이다. 그래서 좀 더 간단하게 계산하기 위하여 약간의 대수 조작을 한다.

기하평균의 정의식(定義式)

$$G=\sqrt[n]{x_1\times x_2\times x_3\times\cdots\times x_{n-2}\times x_{n-1}\times x_n}$$

의 양변(both sides)에 로그를 취하면

$$\ln G=\ln\sqrt[n]{x_1\times x_2\times x_3\times\cdots\times x_{n-2}\times x_{n-1}\times x_n}=\frac{1}{n}\ln[x_1\times x_2\times x_3\times\cdots\times x_{n-2}\times x_{n-1}\times x_n]=\frac{1}{n}\sum_{i=1}^{n}\ln x_i$$

이다.

양변에 지수를 취하면 구하고자 하는 식

$$G=\exp\left[\frac{1}{n}\sum_{i=1}^{n}\ln x_i\right]$$

을 얻는다.

기하평균이 쓰이는 보기를 들어 보면, 최근 4년간의 경제성장률이 4%, −3%, 6%, 5%일 때 4년 동안의 평균경제성장률은

$$\sqrt[4]{(1+0.04)(1-0.03)(1+0.06)(1+0.05)}-1\cong 0.02938$$

에 의해 대략 2.938%이다.

조화평균은 자료들의 개수를 각 자료의 역수(reciprocal number)의 합으로 나눈 값이다.

마지막으로 평방평균은 뒤에 나올 분산(variance)이나 표준편차(standard deviation) 등의 계산에 많이 쓰이는 평균으로써

$$Q=\sqrt{\frac{{x_1}^2+{x_2}^2+{x_3}^2+\cdots+{x_{n-2}}^2+{x_{n-1}}^2+{x_n}^2}{n}}$$

와 같이 정의된다.

4.2.1.2 소스 코드

```
#include <stdio.h>
#include <math.h>

void main( void )
{
    unsigned short int number=6, i;
    double data[] = { 4.3, 7.2, 8.4, 5.8, 9.2, 3.9 };
    double total=0.0, temp=0.0, square=0.0;
    double arithmeticMean, geometricMean, harmonicMean, quadraticMean;

    for (i=0; i<number; i++)
    {
        total = total + data[i];
        temp = temp + 1.0/data[i];
```

```
        square = square + pow(data[i], 2.0);
    }

    arithmeticMean = total / ((double)number);
    geometricMean = exp(log(total)/(double)number);
    harmonicMean = ((double)number) / temp;
    quadraticMean = sqrt(square/((double)number));

    printf( "\n <1> 입력한 자료들\n" );

    for (i=0; i<number; i++)
        printf( "%10lf", data[i] );

    printf( "\n\n <2> 산술평균: %lf", arithmeticMean );
    printf( "\n\n <3> 기하평균: %lf", geometricMean );
    printf( "\n\n <4> 조화평균: %lf", harmonicMean );
    printf( "\n\n <5> 평방평균: %lf", quadraticMean );
    printf( "\n\n\n" );
}
```

4.2.1.3 실행 결과

```
 <1> 입력한 자료들
  4.300000  7.200000  8.400000  5.800000  9.200000  3.900000

 <2> 산술평균: 6.466667

 <3> 기하평균: 1.839947

 <4> 조화평균: 5.836494

 <5> 평방평균: 6.762396
```

4.2.2 C++ 언어로 구현

4.2.2.1 이론

이번에는 클래스를 활용하여 평균을 구하는 프로그램을 작성하여 보자.

처음에 Curriculum 클래스를 정의하였다. public 키워드를 사용하여 모든 멤버 변수들을 선언하였으므로, 우리는 개체를 이용하여 이 멤버 변수들에 접근할 수 있다.

4.2.2.2 소스 코드

```
#include <iostream>
using namespace std;

class Curriculum
{
public:
    int mechanics;
    int thermodynamics;
    int optics;
    int astronomy;
    int sum;
```

```
    int average;
};

void main( void )
{
    Curriculum myScore;     // 개체 생성

    myScore.mechanics = 87;
    myScore.thermodynamics = 46;
    myScore.optics = 58;
    myScore.astronomy = 63;
    myScore.sum = myScore.mechanics + myScore.thermodynamics + myScore.optics + myScore.astronomy;
    myScore.average = myScore.sum / 4;

    cout << "₩n 총점은 " << myScore.sum << "점이고 평균은 " << myScore.average << "점이다.₩n₩n₩n";
}
```

4.2.2.3 실행 결과

```
총점은 254점이고 평균은 63점이다.
```

4.3 표본분산과 표본표준편차

4.3.1 C 언어로 구현

4.3.1.1 이론

분산(variance)은 대표적인 산포도로써 편차(deviation) 제곱의 산술평균(arithmetic mean)으로 정의(definition)된다.

모집단(population)에서의 분산은 모분산(population variance)이라 하고 σ^2으로 나타낸다. 표본에서의 분산은 표본분산(sample variance)이라 하고 S^2으로 나타낸다.

만약 X_1, X_2, X_3, ⋯, X_{n-2}, X_{n-1}, X_n이 표본의 크기(sample size)가 n인 확률표본이라면, 표본분산은 통계량(statistic)

$$S^2 = \frac{\sum_{i=1}^{n}\left(X_i - \overline{X}\right)^2}{n-1}$$

으로 정의된다.

그런데 정의에 의하여 분산을 구하는 것은 좋지 않다. 표본평균 $\overline{X} = \frac{\sum_{i=1}^{n} X_i}{n}$이 어림수(round number)일 때, 정의식(定義式)에 의하여 표본분산을 구하면 오차(error)가 쌓이기 때문이다.

그런 문제를 해결하기 위하여 매우 유용한 식

$$S^2 = \frac{\sum_{i=1}^{n}\left(X_i - \overline{X}\right)^2}{n-1} = \frac{\sum_{i=1}^{n}\left[{X_i}^2 - 2\overline{X}X_i + \overline{X}^2\right]}{n-1} = \frac{\sum_{i=1}^{n}{X_i}^2 - 2\overline{X}\sum_{i=1}^{n}X_i + n\overline{X}^2}{n-1} = \frac{n\sum_{i=1}^{n}{X_i}^2 - 2n\overline{X}\sum_{i=1}^{n}X_i + n^2\overline{X}^2}{n(n-1)}$$

$$= \frac{n\sum_{i=1}^{n}{X_i}^2 - 2n\overline{X}\left(n\overline{X}\right) + n^2\overline{X}^2}{n(n-1)} = \frac{n\sum_{i=1}^{n}{X_i}^2 - n^2\overline{X}^2}{n(n-1)} = \frac{n\sum_{i=1}^{n}{X_i}^2 - \left(\sum_{i=1}^{n}X_i\right)^2}{n(n-1)}$$

을 유도할 수 있다. 즉

$$S^2 = \frac{n\sum_{i=1}^{n} {X_i}^2 - (\sum_{i=1}^{n} X_i)^2}{n(n-1)}$$

이 성립한다.

이 식을 사용하면 단지 마지막에 한 번만 나눗셈을 하게 되므로, 정의식에 의하여 분산을 구하는 것에 비하여 오차를 줄일 수 있다.

표준편차(standard deviation)는 분산의 양의 제곱근(positive square root)으로 정의되고, 역시 분산과 함께 자주 사용된다.

모집단에서의 표준편차는 모표준편차(population standard deviation)라 하고 이것은 모분산의 양의 제곱근이다. 표본에서의 표준편차는 표본표준편차(sample standard deviation)라 하고 이것은 표본분산의 양의 제곱근이다.

프로그램을 분석하여 보자.

sizeof 연산자의 쓰임새를 잘 보길 바란다.

앞 section의 프로그램에서는 배열 data[ ]의 원소들(elements)의 전체 개수를 number 변수를 통하여 지정하였다. 앞 section의 경우에는 원소들의 개수가 많지 않아 배열의 개수를 일일이 세어도 별 문제가 되지 않는다. 만약 원소들의 개수가 훨씬 많아진다면 일일이 개수를 세는 것은 비능률적이다. 거기에다 프로그램의 길이가 긴 경우에는 코드의 판독성을 떨어뜨리게 된다. sizeof 연산자를 사용하면 이러한 문제를 해결할 수 있다.

프로그램에서 아래의 변수 지정

```
number = sizeof(data) / sizeof(double);
```

은 배열 data[ ]의 원소들의 전체 개수를 구한다. 분자는 배열 data[ ]에 할당되는 전체 byte의 크기를 구하고, 분모는 배열 data[ ]의 원소의 자료형의 byte를 구한다. 따라서 이 코드는 배열 data[ ]의 원소들의 전체 개수를 number 변수에 할당한다.

만약 배열 data[]의 원소의 자료형이 정수형이라면

```
number = sizeof(data) / sizeof(int);
```

와 같이 함으로써 배열 data[]의 원소들의 전체 개수를 구할 수 있다.

4.3.1.2 소스 코드

```
#include <stdio.h>
#include <math.h>

void main( void )
{
    unsigned short int number, i;
    double data[] = { 4.3, -7.2, 8.4, 5.8, -9.2, 3.9, 0.1, 6.9, -7.0 };
    double total=0.0, sumSquare=0.0, sampleVar;

    number = sizeof(data) / sizeof(double);

    for (i=0; i<number; i++)
    {
        total = total + data[i];
        sumSquare = sumSquare + data[i]*data[i];
    }

    sampleVar = (double(number)*sumSquare-total*total) / double(number*(number-1));
    printf( "₩n <1> 입력한 자료들₩n" );
```

```
    for (i=0; i<number; i++)
        printf( "%8.3lf", data[i] );

    printf( "\n\n <2> 표본분산: %lf", sampleVar );
    printf( "\n\n <3> 표본표준편차: %lf", sqrt(sampleVar) );
    printf( "\n\n\n" );
}
```

4.3.1.3 실행 결과

```
 <1> 입력한 자료들
   4.300  -7.200   8.400   5.800  -9.200   3.900   0.100   6.900  -7.000

 <2> 표본분산: 45.875000

 <3> 표본표준편차: 6.773109
```

4.3.2 C++ 언어로 구현

4.3.2.1 이론

좀 전에 우리는 클래스를 활용하여 평균을 구하는 프로그램을 작성하여 보았다.

이번에는 클래스를 활용하여 표본분산과 표본표준편차를 구하는 프로그램을 작성하여 보자. 그런데 아까와 차이가 있다. 이번에는 Curriculum 클래스에 멤버 변수 외에 멤버 함수도 선언되어 있다.

멤버 함수를 어떻게 정의하였는가를 잘 보아라. 보통의 함수를 정의하는 것과 크게 다른 점이 없다. 다만 :: 연산자의 앞 뒤에 각각 클래스 이름과 멤버 함수 이름을 써 준다.

4.3.2.2 소스 코드

```
#include <math.h>
#include <iostream>
using namespace std;

class Curriculum
{
public:
    double mechanics;
    double thermodynamics;
    double optics;
    double astronomy;
    double sumSq;
    double sum;
    double Var;
    double SD;
    void functionVariance();
    void functionStandardDeviation();
};

void Curriculum::functionVariance()
{
    sumSq = mechanics*mechanics + thermodynamics*thermodynamics + optics*optics + astronomy*astronomy;
    sum = mechanics + thermodynamics + optics + astronomy;
```

```
    Var = (4.0*sumSq-sum*sum) / (4.0*3.0);
}

void Curriculum::functionStandardDeviation()
{
    SD = sqrt(Var);
}

void main( void )
{
    Curriculum Score;        // 개체 생성

    Score.mechanics = 8.7;
    Score.thermodynamics = 4.6;
    Score.optics = 5.8;
    Score.astronomy = 6.3;
    Score.functionVariance();
    Score.functionStandardDeviation();

    cout << "₩n 표분분산은 " << Score.Var << "이고 표본표준편차는 " << Score.SD << "이다.₩n₩n₩n";
}
```

4.3.2.3 실행 결과

표분분산은 2.963333이고 표본표준편차는 1.721433이다.

4.4 정렬(sort)

4.4.1 이론

주어진 자료들을 작은 수에서 큰 수의 순서로 나열하는 것을 오름차순 정렬(ascending sort)이라고 한다. 그와 반대로 주어진 자료들을 큰 수에서 작은 수의 순서로 나열하는 것을 내림차순 정렬(descending sort)이라고 한다.

정렬 알고리즘에는 여러 가지가 있다.

간단한 정렬 알고리즘으로는 삽입정렬(insertion sort), 선택정렬(selection sort), 버블정렬(bubble sort) 등이 있다. 이 방법들은 안정적이다.

고속 정렬 알고리즘으로는 퀵정렬(quick sort), 집산정렬(heap sort, tree sort), 합병정렬(merge sort) 등이 있다. 합병정렬을 제외하고는 안정적이지 않다.

셸정렬(shell sort)은 간단한 방법과 고속인 방법의 중간 쯤에 있다.

4.4.2 소스 코드

```
#include <stdio.h>

void Output( double data[], int number );
```

```
int AsendingSort( double data[], int number );
int DescendingSort( double data[], int number );

void main( void )
{
    unsigned short int number;
    double data[] = { 4.3, -7.2, 8.4, 5.8, -9.2, 3.9, 0.6, -2.1, 1.7, -6.4 };

    number = sizeof(data) / sizeof(double);

    printf( "₩n <1> 입력한 자료들₩n" );
    Output( data, number );
    printf( "₩n₩n <2> 오름차순 정렬₩n" );
    AsendingSort( data, number );
    Output( data, number );
    printf( "₩n₩n <3> 내림차순 정렬₩n" );
    DescendingSort( data, number );
    Output( data, number );
    printf( "₩n₩n₩n" );
}

void Output( double data[], int number )
{
    unsigned short int i;

    for (i=0; i<number; i++)
        printf( "%10.4lf", data[i] );
}

int AsendingSort( double data[], int number )
{
    signed short int i, j, k, m, n;
    double temp;

    m = number / 2;

    for (k=m; k>0; k/=2)
        for (i=k; i<number; i++)
        {
            j = i - k;

            while ( 1 )
            {
                n = j + k;

                if ( (j<0)||(data[j]<=data[n]) )
                    break;

                temp = data[j];
                data[j] = data[n];
                data[n] = temp;
                j -= k;
            }
        }

    return 0;
}
```

```
int DescendingSort( double data[], int number )
{
    signed short int i, j, k, m, n;
    double temp;

    m = number / 2;

    for (k=m; k>0; k/=2)
        for (i=k; i<number; i++)
        {
            j = i - k;

            while ( 1 )
            {
                n = j + k;

                if ( (j<0)||(data[j]>=data[n]) )
                    break;

                temp = data[j];
                data[j] = data[n];
                data[n] = temp;
                j -= k;
            }
        }

    return 0;
}
```

4.4.3 실행 결과

```
<1> 입력한 자료들
   4.3000   -7.2000    8.4000    5.8000   -9.2000    3.9000    0.6000   -2.1000    1.7000
  -6.4000

<2> 오름차순 정렬
  -9.2000   -7.2000   -6.4000   -2.1000    0.6000    1.7000    3.9000    4.3000    5.8000
   8.4000

<3> 내림차순 정렬
   8.4000    5.8000    4.3000    3.9000    1.7000    0.6000   -2.1000   -6.4000   -7.2000
  -9.2000
```

4.5 표본범위와 표본중앙값

4.5.1 이론

확률표본 X_1, X_2, X_3, $\cdots$, X_{n-2}, X_{n-1}, X_n을 오름차순으로 정렬시킨 뒤 순서대로 $X_{(1)}$, $X_{(2)}$, $X_{(3)}$, $\cdots$, $X_{(n-2)}$, $X_{(n-1)}$,

$X_{(n)}$이라고 하자. 이들을 순서통계량(order statistic)이라고 한다.

표본범위(sample range)는 통계량 $X_{(n)} - X_{(1)}$으로 정의된다.

표본중앙값(sample median)은 통계량

$$\tilde{X} = \begin{cases} X_{\left(\frac{n+1}{2}\right)} & (n \text{ 홀수}) \\ \dfrac{X_{\left(\frac{n}{2}\right)} + X_{\left(\frac{n}{2}+1\right)}}{2} & (n \text{ 짝수}) \end{cases}$$

으로 정의된다. 즉 표본중앙값(sample median)은 표본값들을 오름차순이나 내림차순으로 정렬하였을 때 가운데에 위치하는 관측값을 말한다. 만약 표본의 크기가 짝수이면 가운데에 있는 두 관측값의 산술평균(arithmetic mean)을 표본중앙값으로 한다.

4.5.2 소스 코드

```
#include <stdio.h>

void Output( double data[], int number );
int Median( double data[], int number, double *range, double *central );
int AsendingSort( double data[], int number );

void main( void )
{
    unsigned short int number, n;
    double data[6] = { 4.3, 7.2, 8.4, 5.8, 9.2, 3.9 }, range, central;

    number = sizeof(data) / sizeof(double);
    n = number - 1;

    printf( "\n <1> 입력한 자료들\n" );
    Output( data, number );
    Median( data, number, &range, &central );
    printf( "\n\n <2> 오름차순 정렬\n" );
    AsendingSort( data, number );
    Output( data, number );
    printf( "\n\n <3> 표본범위: %lf", range );
    printf( "\n\n <4> 표본중앙값: %lf", central );
    printf( "\n\n\n" );
}

void Output( double data[], int number )
{
    for (unsigned short int i=0; i<number; i++)
        printf( "%10lf", data[i] );
}

int Median( double data[], int number, double *range, double *central )
{
    unsigned short int i, j, k, m;

    AsendingSort( data, number );
    m = number - 1;
    *range = data[m] - data[0];
    i = m / 2;
```

```
    j = i * 2;
    k = i + 1;

    if ( m!=j )
        *central = (data[i]+data[k]) / 2.0;
    else
        *central = data[i];

    return 0;
}

int AsendingSort( double data[], int number )
{
    signed short int i, j, k, m, n;
    double temp;

    m = number / 2;

    for (k=m; k>0; k/=2)
        for (i=k; i<number; i++)
        {
            j = i - k;

            while ( 1 )
            {
                n = j + k;

                if ( (j<0)||(data[j]<=data[n]) )
                    break;

                temp = data[j];
                data[j] = data[n];
                data[n] = temp;
                j -= k;
            }
        }

    return 0;
}
```

4.5.3 실행 결과

```
<1> 입력한 자료들
 4.300000  7.200000  8.400000  5.800000  9.200000  3.900000

<2> 오름차순 정렬
 3.900000  4.300000  5.800000  7.200000  8.400000  9.200000

<3> 표본범위: 5.300000

<4> 표본중앙값: 6.500000
```

4.6 왜도(skewness)와 첨도(kurtosis)

4.6.1 C 언어로 구현

4.6.1.1 이론

도수분포(frequency distribution)가 대칭일 때는 산술평균, 중앙값(median), 최빈값(mode)은 모두 일치하지만, 비대칭일 때는 그렇지 않다. 여기에서 도출되는 개념이 왜도(skewness)이다.

왜도는 통계 집단의 도수분포에서 평균값에 관한 비대칭의 방향과 그 정도를 나타낸다.

왜도가 음수이면 오른쪽으로 기울어진 분포를 이루고 중앙값이 산술평균보다 큰 경우이다. 왜도가 0이면 대칭분포를 이루는 경우이다. 왜도가 양수이면 왼쪽으로 기울어진 분포를 이루고 분포의 중앙값이 산술평균보다 작은 경우이다.

첨도(kurtosis)는 자료가 얼마나 밀집되어 있는지 나타내는 척도(measure)이다.

첨도가 3보다 작으면 봉우리(peak)가 낮고 완만한 분포를 이루고, 첨도가 3이면 정규분포를 이루며, 첨도가 3보다 크면 봉우리가 높고 뾰족한 분포를 이룬다.

왜도와 첨도를 수식으로 정의하기 위해 우선 원적률(raw moment)과 중심적률(central moment)을 정의하자. 원적률의 경우 그냥 적률이라고 하는 경우가 더 많은 것 같다.

확률변수 X가 있다. X^k의 기대값 $\langle X^k \rangle$을 k차 원적률이라고 한다.

확률변수 X의 k차 중심적률은 $\langle (X - \langle X \rangle)^k \rangle$으로 정의된다.

평균이 μ이고 분산이 σ^2인 확률분포를 따르는 확률변수 X에 대하여 표준화변수 $Z = \frac{X-\mu}{\sigma}$를 정의하자. 그러면 Z의 평균은 0이고 분산은 1이다. 이때 표준화변수 Z의 삼차적률 $\langle Z^3 \rangle$을 확률변수 X의 왜도라 하고, 사차적률 $\langle Z^4 \rangle$을 첨도라고 한다.

X가 평균이 μ이고 분산이 σ^2인 정규분포를 따를 경우 X의 k차 중심적률을 계산하여 보면

$$\langle (X - \langle X \rangle)^k \rangle = \begin{cases} 0 & (k \text{ 홀수}) \\ \dfrac{\sigma^k k!}{2^{\frac{k}{2}} \frac{k}{2}!} & (k \text{ 짝수}) \end{cases}$$

이다. 따라서 정규분포의 경우에 왜도의 값은 0이고 첨도의 값은 3이다.

첨도가 3보다 큰 경우를 급첨(leptokurtic)이라고 한다.

4.6.1.2 소스 코드

```
#include <stdio.h>
#include <math.h>

void main( void )
{
    unsigned short int number, i;
    int data[]={ 4, 7, 8, -5, 9, 3, 1, 0, 6, 2, -7, 0, 4, 6 }, total=0;
    double dev[sizeof(data)/sizeof(int)], squareDev[sizeof(data)/sizeof(int)],
      cubeDev[sizeof(data)/sizeof(int)], square2Dev[sizeof(data)/sizeof(int)];
    double mean=0.0;
    double sumSquareDev=0.0, sumCubeDev=0.0, sumSquare2Dev=0.0;
```

```
    double skewness, kurtosis;

    number = sizeof(data) / sizeof(int);

    for (i=0; i<number; i++)
        total = total + data[i];

    mean = double(total) / double(number);

    for (i=0; i<number; i++)
    {
        dev[i] = data[i] - mean;                // 편차
        squareDev[i] = pow(dev[i], 2.0);        // 편차의 제곱
        cubeDev[i] = pow(dev[i], 3.0);          // 편차의 세제곱
        square2Dev[i] = pow(dev[i], 4.0);       // 편차의 네제곱
        sumSquareDev += squareDev[i];
        sumCubeDev += cubeDev[i];
        sumSquare2Dev += square2Dev[i];
    }

    skewness = sumCubeDev / (number*pow(sumSquareDev/number, 1.5));
    kurtosis = sumSquare2Dev / (number*pow(sumSquareDev/number, 2.0));
    printf( "₩n <1> 입력한 자료들₩n" );

    for (i=0; i<number; i++)
        printf( "%4d", data[i] );

    printf( "₩n₩n <2> 왜도: %lf", skewness );
    printf( "₩n₩n <3> 첨도: %lf", kurtosis );
    printf( "₩n₩n₩n" );
}
```

4.6.1.3 실행 결과

```
<1> 입력한 자료들
   4   7   8  -5   9   3   1   0   6   2  -7   0   4   6

<2> 왜도: -0.685241

<3> 첨도: 2.709017
```

4.6.2 C++ 언어로 구현

4.6.2.1 이론

우리는 클래스를 활용하여 평균을 구하는 프로그램을 작성하여 보았다. 그때에는 클래스에 멤버 변수만 있었다.

또한 우리는 클래스를 활용하여 표본분산과 표본표준편차를 구하는 프로그램을 작성하여 보았다. 그때에는 클래스에 멤버 변수와 멤버 함수가 있었다.

이번에는 클래스를 활용하여 왜도와 첨도를 구하는 프로그램을 작성하여 보자. 그런데 아까와 차이가 있다. 이번에는 Curriculum 클래스에 생성자와 소멸자가 선언되어 있다.

공통적으로 생성자와 소멸자는 상속되지 않는다.

생성자는 매개 변수를 가질 수가 있으므로 오버로드될 수 있다.

소멸자에는 매개 변수가 필요하지 않으므로 소멸자는 오버로드될 수 없으며 따라서 클래스는 소멸자를 많아야 한 개만 가질 수 있다. 또한 소멸자는 사용자가 호출할 수 없으며 자동으로 호출된다.

4.6.2.2 소스 코드

```
#include <iostream>
using namespace std;
#include <math.h>

class Curriculum
{
private:
    double mechanics;
    double thermodynamics;
    double optics;
    double astronomy;

public:
    double mean;
    double sumSquareDeviation;
    double sumCubeDeviation;
    double skewness;
    double sumSquare2Deviation;
    double kurtosis;
    void functionSkewness();
    void functionKurtosis();
    Curriculum();
    ~Curriculum();
};

Curriculum::Curriculum()
{
    mechanics = 8.7;
    thermodynamics = 4.6;
    optics = 5.8;
    astronomy = 6.3;
}

Curriculum::~Curriculum()
{
    cout << "\n\n <2> 소멸자가 호출되었습니다.\n\n\n";
}

void Curriculum::functionSkewness()
{
    mean = (mechanics+thermodynamics+optics+astronomy) / 4.0;
    sumSquareDeviation = pow(mechanics-mean,2.0) + pow(thermodynamics-mean,2.0)
      + pow(optics-mean,2.0) + pow(astronomy-mean,2.0);
    sumCubeDeviation = pow(mechanics-mean,3.0) + pow(thermodynamics-mean,3.0)
      + pow(optics-mean,3.0) + pow(astronomy-mean,3.0);
    skewness = sumCubeDeviation / (4.0*pow(sumSquareDeviation/4.0,1.5));
}

void Curriculum::functionKurtosis()
{
    sumSquare2Deviation = pow(mechanics-mean,4.0) + pow(thermodynamics-mean,4.0)
```

```
        + pow(optics-mean,4.0) + pow(astronomy-mean,4.0);
    kurtosis = sumSquare2Deviation / (4.0*pow(sumSquareDeviation/4.0,2.0));
}

void main( void )
{
    Curriculum myScore;

    myScore.functionSkewness();
    myScore.functionKurtosis();

    cout << "₩n <1> 왜도:" << myScore.skewness << "  첨도:" << myScore.kurtosis;
}
```

4.6.2.3 실행 결과

```
<1> 왜도:0.562277  첨도:2.0229

<2> 소멸자가 호출되었습니다.
```

4.7 연습 문제

문항1 순열(permutation), 중복순열(repeated permutation), 원형순열(circular permutation), 조합(combination), 중복조합(repeated combination)을 구하는 프로그램을 작성하여라.

문항2 여러 가지 정렬 알고리즘에 대하여 공부하고 프로그램으로 구현하여 보아라.

5 기초 선형대수

5.1 개론

mn개의 실수를

$$\begin{pmatrix} a_{11} & a_{12} & a_{13} & \cdots & a_{1,n-2} & a_{1,n-1} & a_{1n} \\ a_{21} & a_{22} & a_{23} & \cdots & a_{2,n-2} & a_{2,n-1} & a_{2n} \\ a_{31} & a_{32} & a_{33} & \cdots & a_{3,n-2} & a_{3,n-1} & a_{3n} \\ \vdots & \vdots & \vdots & \ddots & \vdots & \vdots & \vdots \\ a_{m-2,1} & a_{m-2,2} & a_{m-2,3} & \cdots & a_{m-2,n-2} & a_{m-2,n-1} & a_{m-2,n} \\ a_{m-1,1} & a_{m-1,2} & a_{m-1,3} & \cdots & a_{m-1,n-2} & a_{m-1,n-1} & a_{m-1,n} \\ a_{m1} & a_{m2} & a_{m3} & \cdots & a_{m,n-2} & a_{m,n-1} & a_{mn} \end{pmatrix}$$

와 같이 가로와 세로로 배열한 것을 $m \times n$ 행렬이라고 한다. 행렬을 나타낼 때에는 대문자를 사용하여 $\mathbf{A}$으로 나타내거나 두 개의 아래첨자를 덧붙여 A_{ij}으로 나타낸다. 여기에서 A_{ij}는 행렬 $\mathbf{A}$의 i행 j열의 성분(entry)이라는 것을 의미한다.

위의 행렬에서

$$\begin{gathered} (a_{11} \quad a_{12} \quad a_{13} \quad \cdots \quad a_{1,n-2} \quad a_{1,n-1} \quad a_{1n}), \\ (a_{21} \quad a_{22} \quad a_{23} \quad \cdots \quad a_{2,n-2} \quad a_{2,n-1} \quad a_{2n}), \\ (a_{31} \quad a_{32} \quad a_{33} \quad \cdots \quad a_{3,n-2} \quad a_{3,n-1} \quad a_{3n}), \\ \vdots, \\ (a_{m-2,1} \quad a_{m-2,2} \quad a_{m-2,3} \quad \cdots \quad a_{m-2,n-2} \quad a_{m-2,n-1} \quad a_{m-2,n}), \\ (a_{m-1,1} \quad a_{m-1,2} \quad a_{m-1,3} \quad \cdots \quad a_{m-1,n-2} \quad a_{m-1,n-1} \quad a_{m-1,n}), \\ (a_{m1} \quad a_{m2} \quad a_{m3} \quad \cdots \quad a_{m,n-2} \quad a_{m,n-1} \quad a_{mn}) \end{gathered}$$

과 같은 m개의 행벡터(row vector)를 생각하여 보자. 이것을 행렬의 행(row)이라 하고, 차례대로 제1행, 제2행, 제3행, ⋯, 제$m-2$행, 제 $m-1$행, 제 m행이라 부른다. 또

$$\begin{pmatrix} a_{11} \\ a_{21} \\ a_{31} \\ \vdots \\ a_{m-2,1} \\ a_{m-1,1} \\ a_{m1} \end{pmatrix}, \begin{pmatrix} a_{12} \\ a_{22} \\ a_{32} \\ \vdots \\ a_{m-2,2} \\ a_{m-1,2} \\ a_{m2} \end{pmatrix}, \begin{pmatrix} a_{13} \\ a_{23} \\ a_{33} \\ \vdots \\ a_{m-2,3} \\ a_{m-1,3} \\ a_{m3} \end{pmatrix}, \quad \cdots, \begin{pmatrix} a_{1,n-2} \\ a_{2,n-2} \\ a_{3,n-2} \\ \vdots \\ a_{m-2,n-2} \\ a_{m-1,n-2} \\ a_{m,n-2} \end{pmatrix}, \begin{pmatrix} a_{1,n-1} \\ a_{2,n-1} \\ a_{3,n-1} \\ \vdots \\ a_{m-2,n-1} \\ a_{m-1,n-1} \\ a_{m,n-1} \end{pmatrix}, \begin{pmatrix} a_{1n} \\ a_{2n} \\ a_{3n} \\ \vdots \\ a_{m-2,n} \\ a_{m-1,n} \\ a_{mn} \end{pmatrix}$$

과 같이 행렬의 성분을 세로로 취한 것들은 열(column)이라 하고 차례대로 제1열, 제2열, 제3열, ⋯, 제 $n-2$열, 제 $n-1$열, 제n열이라고 부른다.

5.2 행렬의 덧셈과 뺄셈

5.2.1 이론

두 행렬 **A**과 **B**이 $m \times n$ 행렬일 때 $C_{ij} = A_{ij} + B_{ij}$으로 만들어지는 행렬 **C**을 두 행렬 **A**과 **B**의 합(sum)이라 하고 $\mathbf{A} + \mathbf{B}$로 나타낸다.

이에 대하여, $D_{ij} = A_{ij} - B_{ij}$으로 만들어지는 행렬 **D**을 두 행렬 **A**과 **B**의 차라 하고 $\mathbf{A} - \mathbf{B}$로 나타낸다.

5.2.2 소스 코드

```
#include <stdio.h>
#include <stdlib.h>
#include <iostream.h>

void main( void )
{
    const unsigned short int max=20;
    char operation;
    unsigned short int rowNumber, columnNumber;
    unsigned short int row, column;
    double A[max][max], B[max][max];
    double sum[max][max], difference[max][max];

    printf ( "₩n <1> 연산을 수행할 행렬의 행의 개수, 열의 개수: " );
    scanf( "%u, %u", &rowNumber, &columnNumber );

    if ( (rowNumber<1.0)||(columnNumber<1.0)||(rowNumber>20.0)||(columnNumber>20.0) )
    {
        printf( "₩n <2> 입력한 값들에 대한 결과₩n" );
        printf( "    올바른 입력이 아닙니다. 프로그램을 종료합니다. ₩n₩n₩n" );
        exit( EXIT_FAILURE );
    }

    for (row=0; row<max; row++)
        for (column=0; column<max; column++)
        {
            A[row][column] = B[row][column] = 0.0;
            sum[row][column] = difference[row][column] = 0.0;
        }

    for (row=0; row<rowNumber; row++)
        for (column=0; column<columnNumber; column++)
        {
            printf( "    행렬A의 %u행 %u열의 성분: ", row+1, column+1 );
            scanf( "%lf", &A[row][column] );
        }

    for (row=0; row<rowNumber; row++)
        for (column=0; column<columnNumber; column++)
```

```
        {
            printf( "    행렬B의 %u행 %u열의 성분: ", row+1, column+1 );
            scanf( "%lf", &B[row][column] );
        }

    cout << "₩n <2> 덧셈을 수행하려면 +를, 뺄셈을 수행하려면 -를 입력하시오: ";
    cin >> operation;
    printf( "₩n <3> 입력한 값들에 대한 결과₩n" );

    switch( operation )
    {
        case '+' :
        {
            for (row=0; row<rowNumber; row++)
            {
                for (column=0; column<columnNumber; column++)
                {
                    sum[row][column]=A[row][column] + B[row][column];
                    printf( "%10.4lf", sum[row][column] );
                }

                printf( "₩n" );
            }

            break;
        }
        case '-' :
        {
            for (row=0; row<rowNumber; row++)
            {
                for (column=0; column<columnNumber; column++)
                {
                    difference[row][column] = A[row][column] - B[row][column];
                    printf( "%10.4lf", difference[row][column] );
                }

                printf( "₩n" );
            }

            break;
        }
        default :
        {
            printf( "    올바른 입력이 아닙니다. 프로그램을 종료합니다. ₩n" );
            break;
        }
    }

    printf( "₩n₩n" );
}
```

5.2.3 실행 결과

5.2.3.1 두 행렬의 차

```
<1> 연산을 수행할 행렬의 행의 개수, 열의 개수: 2, 3
  행렬A의1행1열의 성분: -3.2
  행렬A의1행2열의 성분: 0.4
  행렬A의1행3열의 성분: 0.7
  행렬A의2행1열의 성분: -6.52
  행렬A의2행2열의 성분: -9.1
  행렬A의2행3열의 성분: 8.5
  행렬B의1행1열의 성분: -7.8
  행렬B의1행2열의 성분: 3.4
  행렬B의1행3열의 성분: -5.9
  행렬B의2행1열의 성분: 7.0
  행렬B의2행2열의 성분: -0.8
  행렬B의2행3열의 성분: 5.5

<2> 덧셈을 수행하려면 +를, 뺄셈을 수행하려면 -를 입력하시오: -

<3> 입력한 값들에 대한 결과
    4.6000   -3.0000    6.6000
  -13.5200   -8.3000    3.0000
```

5.2.3.2 두 행렬의 합

```
<1> 연산을 수행할 행렬의 행의 개수, 열의 개수: 2,2
  행렬A의1행1열의 성분: 3.0
  행렬A의1행2열의 성분: -8.4
  행렬A의2행1열의 성분: 7.4
  행렬A의2행2열의 성분: -0.5
  행렬B의1행1열의 성분: -6.9
  행렬B의1행2열의 성분: -2.0
  행렬B의2행1열의 성분: 1.7
  행렬B의2행2열의 성분: 4.1

<2> 덧셈을 수행하려면 +를, 뺄셈을 수행하려면 -를 입력하시오: +

<3> 입력한 값들에 대한 결과
   -3.9000  -10.4000
    9.1000    3.6000
```

5.3 행렬의 곱셈

5.3.1 이론

두 행렬 **A**과 **B**의 곱(matrix multiplication) **AB**은 **A**의 열(column)의 개수와 **B**의 행(row)의 개수가 일치할 때만 정의(definition)된다. $m \times n$ 행렬 **A**과 $n \times l$ 행렬 **B**을 곱한 행렬을 $\mathbf{C} = \mathbf{AB}$이라고 할 때, **C**의 제i행 제j열의 성분(entry)은 $C_{ij} = \sum_{k=1}^{n} A_{ik}B_{kj}$이다. **A**의 제$i$행의 성분과 **B**의 제$j$열의 성분을 차례로 짝지어 곱한 뒤에 이것들을 더

한 것이 **AB**의 제i행 제j열의 성분이다.

프로그램을 실행시킨 후 **A**의 열(column)의 개수와 **B**의 행(row)의 개수를 다르게 입력하면 exit 함수에 의해 프로그램이 종료된다.

프로그램을 보면

```
for (row=0; row<rowNumberA; row++)
    for (column=0; column<columnNumberB; column++)
    {
        sum = 0.0;

        for (interior=0; interior<columnNumberA; interior++)
            sum += *(A[row]+interior) * (*(B+interior))[column];

        *((*(multiplication+row))+column) = sum;
    }
```

가 있다. 여기에서

```
sum += *(A[row]+interior) * (*(B+interior))[column];
```

은

```
sum += A[row][interior] * B[interior][column];
```

와 같다. 또한

```
*((*(multiplication+row))+column) = sum;
```

은

```
multiplication[row][column] = sum;
```

와 같다.

5.3.2 소스 코드

```
#include <stdio.h>
#include <stdlib.h>

void main( void )
{
    const unsigned short int max=15;
    unsigned short int rowNoA, columnNoA, rowNoB, columnNoB;
    unsigned short int row, column, interior;
    double A[max][max], B[max][max], multiplication[max][max];
    double sum;

    printf( "₩n <1> 곱셈을 수행할 첫 번째 행렬 A의 행의 개수, 열의 개수: " );
    scanf( "%u, %u", &rowNoA, &columnNoA );

    if ( (rowNoA<1.0)||(columnNoA<1.0)||(rowNoA>15.0)||(columnNoA>15.0) )
    {
        printf( "₩n <2> 입력한 값들에 대한 결과₩n" );
        printf( "   올바른 입력이 아닙니다. 프로그램을 종료합니다. ₩n₩n₩n" );
        exit( EXIT_FAILURE );
    }
```

```
    printf( "₩n <2> 곱셈을 수행할 두 번째 행렬 B의 행의 개수, 열의 개수: " );
    scanf( "%u, %u", &rowNoB, &columnNoB );

    if ( (rowNoB<1.0)||(columnNoB<1.0)||(rowNoB>15.0)||(columnNoB>15.0) )
    {
        printf( "₩n <3> 입력한 값들에 대한 결과₩n" );
        printf( "    올바른 입력이 아닙니다. 프로그램을 종료합니다. ₩n₩n₩n" );
        exit( EXIT_FAILURE );
    }

    if ( columnNoA!=rowNoB )
    {
        printf( "₩n <3> 입력한 값들에 대한 결과₩n" );
        printf( "    올바른 입력이 아닙니다. 프로그램을 종료합니다. ₩n₩n₩n" );
        exit( EXIT_FAILURE );
    }
    else
    {
        printf( "₩n <3> 두 행렬의 성분들을 입력하시오. ₩n" );

        for (row=0; row<rowNoA; row++)
            for (column=0; column<columnNoA; column++)
            {
                printf( "    행렬A의 %u행 %u열의 성분: ", row+1, column+1 );
                scanf( "%lf", &A[row][column] );
            }

        for (row=0; row<rowNoB; row++)
            for (column=0; column<columnNoB; column++)
            {
                printf( "    행렬B의 %u행 %u열의 성분: ", row+1, column+1 );
                scanf( "%lf", &B[row][column] );
            }
    }

    for (row=0; row<rowNoA; row++)
        for (column=0; column<columnNoB; column++)
        {
            sum = 0.0;

            for (interior=0; interior<columnNoA; interior++)
                sum += *(A[row]+interior) * (*(B+interior))[column];

            *((*(multiplication+row))+column) = sum;
        }

    printf( "₩n <4> 입력한 값들에 대한 결과₩n" );

    for (row=0; row<rowNoA; row++)
    {
        for (column=0; column<columnNoB; column++)
            printf( "%10.4lf", multiplication[row][column] );

        printf( "₩n" );
    }

    printf( "₩n₩n" );
}
```

5.3.3 실행 결과

```
<1> 곱셈을 수행할 첫 번째 행렬 A의 행의 개수, 열의 개수: 2,2

<2> 곱셈을 수행할 두 번째 행렬 B의 행의 개수, 열의 개수: 2,3

<3> 두 행렬의 성분들을 입력하시오.
  행렬 A의 1행 1열의 성분: -8
  행렬 A의 1행 2열의 성분: 0
  행렬 A의 2행 1열의 성분: 2
  행렬 A의 2행 2열의 성분: -7
  행렬 B의 1행 1열의 성분: 5
  행렬 B의 1행 2열의 성분: 6
  행렬 B의 1행 3열의 성분: 4
  행렬 B의 2행 1열의 성분: 7
  행렬 B의 2행 2열의 성분: 1
  행렬 B의 2행 3열의 성분: 3

<4> 입력한 값들에 대한 결과
 -40.0000  -48.0000  -32.0000
 -39.0000    5.0000  -13.0000
```

5.4 행렬식(determinant)

5.4.1 C 언어로 구현

5.4.1.1 이론

이 section에서는 정방행렬(square matrix)에 하나의 실수를 대응시켜 $|\mathbf{A}|$ 또는 $\det\mathbf{A}$으로 나타내는 행렬식을 정의한다. 원래 행렬식을 정의하려면 순열(permutation), 짝순열(even permutation), 홀순열(odd permutation) 등의 개념이 선행되어야 하는데, 이렇게 정의하려면 좀 길어지므로 원래의 정의와 동일한 결과를 얻는 여인수 전개에 의하여 행렬식을 정의할 것이다. 자세하게 알고 싶은 독자는 선형대수학 교과서를 참고하기 바란다.

$\mathbf{A}$이 1×1 행렬일 때 그 행렬의 유일한 성분을 $\mathbf{A}$의 행렬식으로 정의한다.

$\mathbf{A}$이 2×2 행렬

$$\mathbf{A} = \begin{pmatrix} a_{11} & a_{12} \\ a_{21} & a_{22} \end{pmatrix}$$

일 때에는 $a_{11}a_{22} - a_{12}a_{21}$를 $\mathbf{A}$의 행렬식이라 정의하고,

$$|\mathbf{A}| = \det\mathbf{A} = \begin{vmatrix} a_{11} & a_{12} \\ a_{21} & a_{22} \end{vmatrix}$$

와 같이 표시한다.

$\mathbf{A}$이 3×3 행렬

$$\mathbf{A} = \begin{pmatrix} a_{11} & a_{12} & a_{13} \\ a_{21} & a_{22} & a_{23} \\ a_{31} & a_{32} & a_{33} \end{pmatrix}$$

일 때에는

$$|\mathbf{A}| = \begin{vmatrix} a_{11} & a_{12} & a_{13} \\ a_{21} & a_{22} & a_{23} \\ a_{31} & a_{32} & a_{33} \end{vmatrix} = a_{11}a_{22}a_{33} + a_{12}a_{23}a_{31} + a_{13}a_{21}a_{32} - a_{11}a_{23}a_{32} - a_{12}a_{21}a_{33} - a_{13}a_{22}a_{31}$$

와 같이 행렬식을 정의한다.

$n \geq 2$일 때, $n \times n$ 정방행렬

$$\mathbf{A} = \begin{pmatrix} a_{11} & a_{12} & a_{13} & \cdots & a_{1,n-2} & a_{1,n-1} & a_{1n} \\ a_{21} & a_{22} & a_{23} & \cdots & a_{2,n-2} & a_{2,n-1} & a_{2n} \\ a_{31} & a_{32} & a_{33} & \cdots & a_{3,n-2} & a_{3,n-1} & a_{3n} \\ \vdots & \vdots & \vdots & \ddots & \vdots & \vdots & \vdots \\ a_{n-2,1} & a_{n-2,2} & a_{n-2,3} & \cdots & a_{n-2,n-2} & a_{n-2,n-1} & a_{n-2,n} \\ a_{n-1,1} & a_{n-1,2} & a_{n-1,3} & \cdots & a_{n-1,n-2} & a_{n-1,n-1} & a_{n-1,n} \\ a_{n1} & a_{n2} & a_{n3} & \cdots & a_{n,n-2} & a_{n,n-1} & a_{nn} \end{pmatrix}$$

의 행렬식을 일반적으로 정의하여 보자.

A의 제i행과 제j열을 없앴을 때 생기는 $(n-1) \times (n-1)$ 정방행렬의 행렬식을 M_{ij}으로 나타내고, 이것을 행렬 **A**에서 A_{ij}의 소행렬식(minor determinant)이라고 한다. 보기를 들어

$$\mathbf{A} = \begin{pmatrix} a_{11} & a_{12} & a_{13} & a_{14} \\ a_{21} & a_{22} & a_{23} & a_{24} \\ a_{31} & a_{32} & a_{33} & a_{34} \\ a_{41} & a_{42} & a_{43} & a_{44} \end{pmatrix}$$

일 때 **A**의 모든 성분들의 소행렬식을 구하면

$$\begin{cases} M_{11} = \begin{vmatrix} a_{22} & a_{23} & a_{24} \\ a_{32} & a_{33} & a_{34} \\ a_{42} & a_{43} & a_{44} \end{vmatrix}, & M_{12} = \begin{vmatrix} a_{21} & a_{23} & a_{24} \\ a_{31} & a_{33} & a_{34} \\ a_{41} & a_{43} & a_{44} \end{vmatrix}, & M_{13} = \begin{vmatrix} a_{21} & a_{22} & a_{24} \\ a_{31} & a_{32} & a_{34} \\ a_{41} & a_{42} & a_{44} \end{vmatrix}, & M_{14} = \begin{vmatrix} a_{21} & a_{22} & a_{23} \\ a_{31} & a_{32} & a_{33} \\ a_{41} & a_{42} & a_{43} \end{vmatrix} \\ M_{21} = \begin{vmatrix} a_{12} & a_{13} & a_{14} \\ a_{32} & a_{33} & a_{34} \\ a_{42} & a_{43} & a_{44} \end{vmatrix}, & M_{22} = \begin{vmatrix} a_{11} & a_{13} & a_{14} \\ a_{31} & a_{33} & a_{34} \\ a_{41} & a_{43} & a_{44} \end{vmatrix}, & M_{23} = \begin{vmatrix} a_{11} & a_{12} & a_{14} \\ a_{31} & a_{32} & a_{34} \\ a_{41} & a_{42} & a_{44} \end{vmatrix}, & M_{24} = \begin{vmatrix} a_{11} & a_{12} & a_{13} \\ a_{31} & a_{32} & a_{33} \\ a_{41} & a_{42} & a_{43} \end{vmatrix} \\ M_{31} = \begin{vmatrix} a_{12} & a_{13} & a_{14} \\ a_{22} & a_{23} & a_{24} \\ a_{42} & a_{43} & a_{44} \end{vmatrix}, & M_{32} = \begin{vmatrix} a_{11} & a_{13} & a_{14} \\ a_{21} & a_{23} & a_{24} \\ a_{41} & a_{43} & a_{44} \end{vmatrix}, & M_{33} = \begin{vmatrix} a_{11} & a_{12} & a_{14} \\ a_{21} & a_{22} & a_{24} \\ a_{41} & a_{42} & a_{44} \end{vmatrix}, & M_{34} = \begin{vmatrix} a_{11} & a_{12} & a_{13} \\ a_{21} & a_{22} & a_{23} \\ a_{41} & a_{42} & a_{43} \end{vmatrix} \\ M_{41} = \begin{vmatrix} a_{12} & a_{13} & a_{14} \\ a_{22} & a_{23} & a_{24} \\ a_{32} & a_{33} & a_{34} \end{vmatrix}, & M_{42} = \begin{vmatrix} a_{11} & a_{13} & a_{14} \\ a_{21} & a_{23} & a_{24} \\ a_{31} & a_{33} & a_{34} \end{vmatrix}, & M_{43} = \begin{vmatrix} a_{11} & a_{12} & a_{14} \\ a_{21} & a_{22} & a_{24} \\ a_{31} & a_{32} & a_{34} \end{vmatrix}, & M_{44} = \begin{vmatrix} a_{11} & a_{12} & a_{13} \\ a_{21} & a_{22} & a_{23} \\ a_{31} & a_{32} & a_{33} \end{vmatrix} \end{cases}$$

이다.

또한 $(-1)^{i+j}M_{ij}$를 행렬 **A**에서 A_{ij}의 여인수(cofactor)라고 한다.

제k행의 각 성분과 그 성분의 여인수를 곱하여 모두 합한

$$\sum_{j=1}^{n} (-1)^{k+j} A_{kj} M_{kj}$$

를 $|\mathbf{A}|$의 제k행으로의 여인수 전개(cofactor expansion)라고 한다. 또 제k열의 각 성분과 그 성분의 여인수를 곱하여 모두 합한

$$\sum_{i=1}^{n} (-1)^{i+k} A_{ik} M_{ik}$$

를 $|\mathbf{A}|$의 제k열로의 여인수 전개라고 한다. 그러므로 n가지의 각 행으로의 여인수 전개와 n가지의 각 열로의 여인수 전개가 가능하다.

그런데 |**A**|을 어떤 행이나 어떤 열로 여인수 전개를 하든지간에 모두 같은 값을 갖는다.[1]

이제 행렬식을 정의하기 위한 모든 준비는 끝났다.

행렬 **A**의 임의의 행이나 열로의 여인수 전개로 |**A**|을 정의한다. 즉 **A**이 $n \times n$ 행렬이고 k와 l이 1부터 n까지의 정수일 때, 행렬 **A**의 행렬식은

$$|\mathbf{A}| = \begin{vmatrix} a_{11} & a_{12} & a_{13} & \cdots & a_{1,n-2} & a_{1,n-1} & a_{1n} \\ a_{21} & a_{22} & a_{23} & \cdots & a_{2,n-2} & a_{2,n-1} & a_{2n} \\ a_{31} & a_{32} & a_{33} & \cdots & a_{3,n-2} & a_{3,n-1} & a_{3n} \\ \vdots & \vdots & \vdots & \ddots & \vdots & \vdots & \vdots \\ a_{n-2,1} & a_{n-2,2} & a_{n-2,3} & \cdots & a_{n-2,n-2} & a_{n-2,n-1} & a_{n-2,n} \\ a_{n-1,1} & a_{n-1,2} & a_{n-1,3} & \cdots & a_{n-1,n-2} & a_{n-1,n-1} & a_{n-1,n} \\ a_{n1} & a_{n2} & a_{n3} & \cdots & a_{n,n-2} & a_{n,n-1} & a_{nn} \end{vmatrix} = \sum_{j=1}^{n} (-1)^{k+j} A_{kj} M_{kj} = \sum_{i=1}^{n} (-1)^{i+l} A_{il} M_{il}$$

이다.

5.4.1.2 소스 코드

```
#include <stdio.h>
#include <stdlib.h>
#include <math.h>

void Input();
double Det();
double Minor( int processRow, int processCol, double trans[] );

unsigned short int order;
double matrix[20][20];

void main()
{
    double temp;

    Input();
    temp = Det();
    printf( "₩n <3> 입력한 값들에 대한 결과" );
    printf( "₩n  행렬식은 %lf₩n₩n₩n", temp );
}

void Input()
{
    register unsigned short int row, column;

    printf( "₩n <1> 정방행렬의 order: " );
    scanf( "%u", &order );

    if ( (order<1.0)||(order>20) )
    {
        printf( "₩n <2> 입력한 값들에 대한 결과₩n" );
        printf( "   올바른 입력이 아닙니다. 프로그램을 종료합니다.₩n₩n₩n" );
        exit( EXIT_FAILURE );
    }

    printf( "₩n <2> 행렬의 성분들을 입력하시오.₩n" );
```

---

1 이것의 증명은 상당히 복잡하므로 기본판에서는 증명을 생략한다. 완전판에는 증명이 실려 있다.

```
    for (row=0; row<order; row++)
        for (column=0; column<order; column++)
        {
            printf( "  %u행 %u열의 성분: ", row+1, column+1 );
            scanf( "%lf", &matrix[row][column] );
        }
}

double Det()
{
    register double check[20];
    register double determinant = 0.0;
    register unsigned short int r, column=0;

    for (r=0; r<order; r++)
        check[r] = 1.0;

    if ( order==1 )
        determinant = matrix[0][0];

    for (r=0; r<order; r++)
    {
        check[r] = 0.0;
        determinant += matrix[r][0] * pow(-1.0, r) * Minor(r, column+1, check);
        check[r] = 1.0;
    }

    return determinant;
}

double Minor( register int processRow, register int processCol, register double trans[] )
{
    register double result = 0.0;
    register unsigned short int i = 0;

    if ( (order-processCol)==0 )
        return 1.0;

    for (int row=0; row<order; row++)
        if ( trans[row]!=0.0 )
        {
            trans[row] = 0.0;
            result += matrix[row][processCol] * pow(-1.0,double(i)) * Minor(row,processCol+1,trans);
            trans[row] = 1.0;
            i++;
        }

    return result;
}
```

5.4.1.3 실행 결과

```
<1> 정방행렬의 order: 4

<2> 행렬의 성분들을 입력하시오
 1행 1열의 성분: -5
 1행 2열의 성분: 0
 1행 3열의 성분: 7
```

```
1행 4열의 성분: -9
2행 1열의 성분: -4
2행 2열의 성분: 8
2행 3열의 성분: 2
2행 4열의 성분: 4
3행 1열의 성분: -3
3행 2열의 성분: 0
3행 3열의 성분: -1
3행 4열의 성분: 2
4행 1열의 성분: -5
4행 2열의 성분: 9
4행 3열의 성분: 7
4행 4열의 성분: -6

<3> 입력한 값들에 대한 결과
 행렬식은 -798.000000
```

5.4.2 C++ 언어로 구현

5.4.2.1 이론

이전 프로그램에서 배열에 관련된 부분을 바꿔보도록 하자. 여기에서 우리는 이차원 배열을 생성하기 위해서 포인터의 포인터를 이용한다. 그리하여 이차원 배열을 구성하는 행의 개수와 열의 개수를 둘 다 동적으로(dynamically) 결정할 것이다.

new 연산자는 힙(heap)이라고 불리우는 프로그램 메모리 영역(program memory area)으로부터 단일한 개체(single object)나 개체들의 단일 차원의 배열(singly dimensioned array of objects) 또는 개체들의 다차원 배열(multidimensional array of objects)을 동적으로 할당한다.

delete 연산자는 new 연산자로 인하여 생성된 개체를 해제한다. delete 연산자는 void 형의 결과를 가지므로 값을 반환하지 않는다. delete 연산자의 대상이 되는 피연산자(operand)는 new 연산자에 의하여 반환된 포인터이어야 한다. new 연산자를 이용하여 할당한 것이 아닌 개체의 포인터에 delete 연산자를 사용하면 엉뚱한 결과를 초래한다.

아래의 프로그램에서 우리는 행렬의 행의 크기와 열의 크기를 독립적으로 결정할 수 있다. 다만 행렬식이 정방행렬에 대해서만 의미가 있으므로, 입력을 받은 하나의 값으로 행의 크기와 열의 크기를 설정하였다.

5.4.2.2 소스 코드

```
unsigned short int order, row, column;
double **matrix;

#include <math.h>
double Minor( int processRow, int processCol, double trans[] )
{
    register double result = 0.0;
    register unsigned short int i = 0;

    if ( (order-processCol)==0 )
        return 1.0;

    for (int row=0; row<order; row++)
        if ( trans[row]!=0.0 )
        {
```

```
            trans[row] = 0.0;
            result += matrix[row][processCol] * pow(-1.0,double(i)) * Minor(row,processCol+1,trans);
            trans[row] = 1.0;
            i++;
        }

    return result;
}

double Det(double **matrix)
{
    double check[20];
    double determinant = 0.0;
    unsigned short int r, column = 0;

    for (r=0; r<order; r++)
        check[r] = 1.0;

    if ( order==1 )
        determinant = matrix[0][0];

    for (r=0; r<order; r++)
    {
        check[r] = 0.0;
        determinant += matrix[r][0] * pow(-1.0, r) * Minor(r, column+1, check);
        check[r] = 1.0;
    }

    return determinant;
}

void Deallocate(double **matrix)
{
    for (int i=0; i<row; i++)
        delete[] matrix[i];

    delete[] matrix;
}

#include <stdio.h>

void main()
{
    printf( "₩n <1> 정방행렬의 order: " );
    scanf( "%u", &order );
    row = column = order;

    matrix = new double*[row];

    for (int j=0; j<row; j++)
        matrix[j] = new double[column];

    printf( "₩n <2> 행렬의 성분들을 입력하시오.₩n" );

    for (int i=0; i<row; i++)
        for (int j=0; j<column; j++)
        {
            printf( "  %u행 %u열의 성분: ", i+1, j+1 );
```

```
            scanf( "%lf", &matrix[i][j] );
        }

    printf( "\n <3> 입력한 값들에 대한 결과" );
    printf( "\n  행렬식은 %lf\n\n\n", Det(matrix) );
    Deallocate(matrix);
}
```

5.5 행렬식과 삼각꼴행렬(triangular matrix)

5.5.1 이론

같은 크기의 두 정방행렬 $\mathbf{A}$과 $\mathbf{B}$을 곱하여 얻어진 행렬의 행렬식은 $\mathbf{A}$의 행렬식과 $\mathbf{B}$의 행렬식의 곱과 동일하다.

삼각꼴행렬에 대해 알아보자.

우선 주대각선 성분(main diagonal entry)을 정의해야 한다. 정방행렬 $\mathbf{A}$에 대하여 A_{11}, A_{22}, A_{33}, ⋯, $A_{n-2,n-2}$, $A_{n-1,n-1}$, A_{nn}을 행렬 $\mathbf{A}$의 주대각선 성분이라고 한다.

삼각꼴행렬은 상부삼각행렬(upper triangular matrix)과 하부삼각행렬(lower triangular matrix)로 나누어진다. 상부삼각행렬은 주대각선 아래의 모든 성분들이 0인 행렬이고, 하부삼각행렬은 주대각선 위의 모든 성분들이 0인 행렬이다. 즉 상부삼각행렬 $\mathbf{U}$은 $i > j$이면 $U_{ij} = 0$인 행렬이고, 하부삼각행렬 $\mathbf{L}$은 $i < j$이면 $L_{ij} = 0$인 행렬이다.

삼각꼴행렬의 행렬식은 주대각선 성분들의 곱과 같다. 보기를 들어

$$\begin{vmatrix} \pi & 3 & -7 \\ 0 & 6 & 4 \\ 0 & 0 & -4 \end{vmatrix} = \pi \times 6 \times (-4) = -24\pi$$

이다.

삼각꼴행렬의 행렬식은 주대각선 성분들의 곱과 같다는 사실을 수학적 귀납법(mathematical induction)으로 증명해 보자. 상부삼각행렬의 경우에 대해서만 증명할 것이다.

증명: 1×1 행렬에서는 명백히 성립한다.

크기가 $(n-1) \times (n-1)$인 정방행렬에서 행렬식은 주대각선 성분들의 곱과 같다고 가정하고, $n \times n$ 정방행렬에서 성립함을 보이자.

아래의 상부삼각행렬

$$\mathbf{U} = \begin{pmatrix} u_{11} & u_{12} & u_{13} & u_{14} & \cdots & u_{1,n-3} & u_{1,n-2} & u_{1,n-1} & u_{1n} \\ 0 & u_{22} & u_{23} & u_{24} & \cdots & u_{2,n-3} & u_{2,n-2} & u_{2,n-1} & u_{2n} \\ 0 & 0 & u_{33} & u_{34} & \cdots & u_{3,n-3} & u_{3,n-2} & u_{3,n-1} & u_{3n} \\ 0 & 0 & 0 & u_{44} & \cdots & u_{4,n-3} & u_{4,n-2} & u_{4,n-1} & u_{4n} \\ \vdots & \vdots & \vdots & \vdots & \ddots & \vdots & \vdots & \vdots & \vdots \\ 0 & 0 & 0 & 0 & \cdots & u_{n-3,n-3} & u_{n-3,n-2} & u_{n-3,n-1} & u_{n-3,n} \\ 0 & 0 & 0 & 0 & \cdots & 0 & u_{n-2,n-2} & u_{n-2,n-1} & u_{n-2,n} \\ 0 & 0 & 0 & 0 & \cdots & 0 & 0 & u_{n-1,n-1} & u_{n-1,n} \\ 0 & 0 & 0 & 0 & \cdots & 0 & 0 & 0 & u_{nn} \end{pmatrix}$$

의 행렬식을 제1열로 전개하면 제1행 제1열의 성분을 제외하고는 모든 성분들이 0이므로

$$|\mathbf{U}| = \sum_{j=1}^{n} (-1)^{j+1} U_{j1} M_{j1} = U_{11} M_{11}$$

이 된다.

위에서 M_{11}은 주대각선 성분이 U_{22}, U_{33}, U_{44}, $\cdots$, $U_{n-2,n-2}$, $U_{n-1,n-1}$, U_{nn}이고 크기가 $(n-1) \times (n-1)$인 상부삼각행렬의 행렬식이므로, 가정에 의하여

$$M_{11} = U_{22} U_{33} U_{44} \cdots U_{n-2,n-2} U_{n-1,n-1} U_{nn}$$

이 된다.

따라서

$$|\mathbf{U}| = U_{11} U_{22} U_{33} U_{44} \cdots U_{n-2,n-2} U_{n-1,n-1} U_{nn}$$

이 성립한다. ∎

위의 두 정리로부터 만약 어떤 행렬이 두 삼각꼴행렬의 곱으로 나타내어진다면, 원래의 행렬의 행렬식은 두 삼각꼴행렬의 모든 주대각선 성분들을 곱한 값이라는 것을 알 수 있다. 따라서 두 삼각꼴행렬을 구하는 일반적인 공식이 있고 그 공식을 구하기 위해 소비되는 연산의 양이 천문학적이지 않다면, 우리는 여인수 전개에 의해 행렬식을 구하지 않아도 될 것이다.

5.6 콜레스키 분해(Cholesky decomposition)

5.6.1 이론

콜레스키 분해를 공부하기 전에, 대칭행렬(symmetric matrix)과 정칙행렬(nonsingular matrix)에 대하여 알아보자.

대칭행렬은 $A_{ij} = A_{ji}$인 정방행렬을 말하고, 정칙행렬은 행렬식의 값이 0이 아닌 행렬을 말한다.

콜레스키 분해란, 보기를 들어, 정칙행렬 $\mathbf{A}$이

$$\mathbf{A} = \begin{pmatrix} a_{11} & a_{12} & a_{13} \\ a_{12} & a_{22} & a_{23} \\ a_{13} & a_{23} & a_{33} \end{pmatrix}$$

과 같이 대칭행렬일 경우에 행렬 $\mathbf{A}$을 하부삼각행렬

$$\mathbf{L} = \begin{pmatrix} l_{11} & 0 & 0 \\ l_{21} & l_{22} & 0 \\ l_{31} & l_{32} & l_{33} \end{pmatrix}$$

과 $\mathbf{L}$의 전치행렬인 상부삼각행렬

$$\mathbf{U} = \begin{pmatrix} l_{11} & l_{12} & l_{13} \\ 0 & l_{22} & l_{23} \\ 0 & 0 & l_{33} \end{pmatrix}$$

의 곱

$$\mathbf{LU} = \begin{pmatrix} l_{11} & 0 & 0 \\ l_{21} & l_{22} & 0 \\ l_{31} & l_{32} & l_{33} \end{pmatrix} \begin{pmatrix} l_{11} & l_{12} & l_{13} \\ 0 & l_{22} & l_{23} \\ 0 & 0 & l_{33} \end{pmatrix} = \begin{pmatrix} {l_{11}}^2 & l_{11} l_{12} & l_{11} l_{13} \\ l_{21} l_{11} & {l_{12}}^2 + {l_{22}}^2 & l_{21} l_{13} + l_{22} l_{23} \\ l_{31} l_{11} & l_{31} l_{12} + l_{32} l_{22} & {l_{13}}^2 + {l_{23}}^2 + {l_{33}}^2 \end{pmatrix}$$

으로 쓸 수 있다는 것을 말한다. 이것은 행렬식의 값이 영이 아닌 임의의 대칭행렬에 일반적으로 적용된다.

대응하는 각 성분들을 같게 놓고 풀면 일반적인 공식을 유도(derivation)할 수 있다. 결과는

$$\begin{cases} L_{11} = \sqrt{A_{11}} \\ L_{k1} = \dfrac{A_{k1}}{L_{11}} \quad (2 \le k \le n) \\ L_{ki} = \dfrac{1}{L_{ii}}\left(A_{ki} - \displaystyle\sum_{j=1}^{i-1} L_{ij}L_{kj}\right) \quad (2 \le i \le k-1) \\ L_{kk} = \sqrt{A_{kk} - \displaystyle\sum_{j=1}^{k-1} {L_{kj}}^2} \quad (2 \le k \le n) \end{cases}$$

이다.

L_{kk}을 계산하면 음수의 제곱근이 나오는 경우가 있으나, 행렬 **A**이 양의 정(定)부호(positive definite)이면 이런 일은 발생하지 않는다.

양의 정부호행렬(positive definite matrix)이란 **A**을 order가 n인 실대칭행렬이라고 할 때, 임의의 $1 \times n$ 행렬

$$\mathbf{x} = (x_1 \quad x_2 \quad x_3 \quad \cdots \quad x_{n-2} \quad x_{n-1} \quad x_n) \neq \mathbf{0}$$

에 대해서

$$\mathbf{xAx}^t > 0$$

가 성립하는 행렬 **A**을 말한다. 참고로 **A**이 양의 정부호일 필요충분조건(necessary and sufficient condition)은 **A**의 모든 고유값(eigenvalue)들이 양수라는 것이다.

5.6.2 소스 코드

```
#include <stdio.h>
#include <stdlib.h>
#include <math.h>

void main( void )
{
    const unsigned short int max=20;
    unsigned short int order, row, column, tempRow;
    double lower[max][max], upper[max][max], original[max][max];
    double temp;

    printf( "₩n <1> 정방행렬의 order: " );
    scanf( "%u", &order );

    for (row=0; row<order; row++)
        for (column=0; column<order; column++)
            lower[row][column] = upper[row][column] = 0.0;

    if ( (order<3)||(order>20) )
    {
        printf( "₩n <2> 입력한 값들에 대한 결과" );
        printf( " ₩n  올바른 입력이 아닙니다. 프로그램을 종료합니다.₩n₩n₩n" );
        exit( EXIT_FAILURE );
    }
```

```
printf( "₩n <2> 행렬의 성분들을 입력하시오.₩n" );

for (row=0; row<order; row++)
    for (column=0; column<order; column++)
    {
        printf( "  %u행 %u열의 성분: ", row+1, column+1 );
        scanf( "%lf", &original[row][column] );
    }

upper[0][0] = sqrt(original[0][0]);

for (column=1; column<order; column++)
    upper[0][column] = original[0][column] / upper[0][0];

for (row=1; row<order; row++)
{
    temp = 0.0;

    for (tempRow=0; tempRow<row; tempRow++)
        temp += upper[tempRow][row] * upper[tempRow][row];

    upper[row][row] = sqrt(original[row][row]-temp);

    for (column=row+1; column<order; column++)
    {
        temp = 0.0;

        for (tempRow=0; tempRow< row; tempRow++)
            temp += upper[tempRow][row] * upper[tempRow][column];

        upper[row][column] = (original[row][column]-temp) / upper[row][row];
    }
}

for (row=0; row<order; row++)
    for (column=0; column<order; column++)
        lower[row][column] = upper[column][row];

printf( "₩n <3> 하부삼각행렬₩n" );

for (row=0; row<order; row++)
{
    for (column=0; column<order; column++)
        printf( "  %10.6lf ", lower[row][column] );

    printf( "₩n" );
}

printf( "₩n <4> 상부삼각행렬₩n" );

for (row=0; row<order; row++)
{
    for (column=0; column<order; column++)
        printf( "  %10.6lf ", upper[row][column] );

    printf( "₩n" );
}
```

```
    printf( "\n\n" );
}
```

5.6.3 실행 결과

```
<1> 정방행렬의 order: 4

<2> 행렬의 성분들을 입력하시오.
 1행 1열의 성분: 9
 1행 2열의 성분: -6
 1행 3열의 성분: -3
 1행 4열의 성분: 6
 2행 1열의 성분: -6
 2행 2열의 성분: 20
 2행 3열의 성분: 2
 2행 4열의 성분: -16
 3행 1열의 성분: -3
 3행 2열의 성분: 2
 3행 3열의 성분: 5
 3행 4열의 성분: -2
 4행 1열의 성분: 6
 4행 2열의 성분: -16
 4행 3열의 성분: -2
 4행 4열의 성분: 14

<3> 하부삼각행렬
    3.000000     0.000000     0.000000     0.000000
   -2.000000     4.000000     0.000000     0.000000
   -1.000000     0.000000     2.000000     0.000000
    2.000000    -3.000000     0.000000     1.000000

<4> 상부삼각행렬
    3.000000    -2.000000    -1.000000     2.000000
    0.000000     4.000000     0.000000    -3.000000
    0.000000     0.000000     2.000000     0.000000
    0.000000     0.000000     0.000000     1.000000
```

5.7 Crout decomposition

5.7.1 이론

임의의 정칙행렬

$$\mathbf{A} = \begin{pmatrix} a_{11} & a_{12} & a_{13} & \cdots & a_{1,n-2} & a_{1,n-1} & a_{1n} \\ a_{21} & a_{22} & a_{23} & \cdots & a_{2,n-2} & a_{2,n-1} & a_{2n} \\ a_{31} & a_{32} & a_{33} & \cdots & a_{3,n-2} & a_{3,n-1} & a_{3n} \\ \vdots & \vdots & \vdots & \ddots & \vdots & \vdots & \vdots \\ a_{n-2,1} & a_{n-2,2} & a_{n-2,3} & \cdots & a_{n-2,n-2} & a_{n-2,n-1} & a_{n-2,n} \\ a_{n-1,1} & a_{n-1,2} & a_{n-1,3} & \cdots & a_{n-1,n-2} & a_{n-1,n-1} & a_{n-1,n} \\ a_{n1} & a_{n2} & a_{n3} & \cdots & a_{n,n-2} & a_{n,n-1} & a_{nn} \end{pmatrix}$$

은 하부삼각행렬(lower triangular matrix)

$$\mathbf{L} = \begin{pmatrix} l_{11} & 0 & 0 & \cdots & 0 & 0 & 0 \\ l_{21} & l_{22} & 0 & \cdots & 0 & 0 & 0 \\ l_{31} & l_{32} & l_{33} & \cdots & 0 & 0 & 0 \\ \vdots & \vdots & \vdots & \ddots & \vdots & \vdots & \vdots \\ l_{n-2,1} & l_{n-2,2} & l_{n-2,3} & \cdots & l_{n-2,n-2} & 0 & 0 \\ l_{n-1,1} & l_{n-1,2} & l_{n-1,3} & \cdots & l_{n-1,n-2} & l_{n-1,n-1} & 0 \\ l_{n1} & l_{n2} & l_{n3} & \cdots & l_{n,n-2} & l_{n,n-1} & l_{nn} \end{pmatrix}$$

과 대각선성분이 모두 1인 상부삼각행렬(upper triangular matrix)

$$\mathbf{U} = \begin{pmatrix} 1 & u_{12} & u_{13} & \cdots & u_{1,n-2} & u_{1,n-1} & u_{1n} \\ 0 & 1 & u_{23} & \cdots & u_{2,n-2} & u_{2,n-1} & u_{2n} \\ 0 & 0 & 1 & \cdots & u_{3,n-2} & u_{3,n-1} & u_{3n} \\ \vdots & \vdots & \vdots & \ddots & \vdots & \vdots & \vdots \\ 0 & 0 & 0 & \cdots & 1 & u_{n-2,n-1} & u_{n-2,n} \\ 0 & 0 & 0 & \cdots & 0 & 1 & u_{n-1,n} \\ 0 & 0 & 0 & \cdots & 0 & 0 & 1 \end{pmatrix}$$

의 곱으로 쓸 수 있다. 이와 같이 어떤 정칙행렬을 하부삼각행렬과 상부삼각행렬의 곱으로 나타내는 것을 Crout decomposition이라고 한다.

두 삼각꼴행렬(triangular matrix)을 곱한 후에 원래의 행렬과 대응하는 성분들을 같게 놓고 식을 풀면 **L**과 **U**을 구할 수 있다.

행렬의 곱의 정의에 의하여 **A**의 제1행의 성분은 **L**의 제1행과 **U**의 각 열의 곱과 같으므로

$$\begin{cases} L_{11} = A_{11} \\ L_{11}U_{12} = A_{12} \\ L_{11}U_{13} = A_{13} \\ \cdots \\ L_{11}U_{1,n-2} = A_{1,n-2} \\ L_{11}U_{1,n-1} = A_{1,n-1} \\ L_{11}U_{1n} = A_{1n} \end{cases}$$

이다.

A의 제2행의 성분은 **L**의 제2행과 **U**의 각 열의 곱과 같으므로

$$\begin{cases} L_{21} = A_{21} \\ L_{21}U_{12} + L_{22} = A_{22} \\ L_{21}U_{13} + L_{22}U_{23} = A_{23} \\ \cdots \\ L_{21}U_{1,n-2} + L_{22}U_{2,n-2} = A_{2,n-2} \\ L_{21}U_{1,n-1} + L_{22}U_{2,n-1} = A_{2,n-1} \\ L_{21}U_{1n} + L_{22}U_{2n} = A_{2n} \end{cases}$$

이다.

A의 제3행의 성분은 **L**의 제3행과 **U**의 각 열의 곱과 같으므로

$$\begin{cases} L_{31} = A_{31} \\ L_{31}U_{12} + L_{32} = A_{32} \\ L_{31}U_{13} + L_{32}U_{23} + L_{33} = A_{33} \\ \cdots \\ L_{31}U_{1,n-2} + L_{32}U_{2,n-2} + L_{33}U_{3,n-2} = A_{3,n-2} \\ L_{31}U_{1,n-1} + L_{32}U_{2,n-1} + L_{33}U_{3,n-1} = A_{3,n-1} \\ L_{31}U_{1n} + L_{32}U_{2n} + L_{33}U_{3n} = A_{3n} \end{cases}$$

이다.

위와 같은 방식으로 계속해 나가면 마지막은 **A**의 제 n행의 성분이 되는데, **A**의 제n행은 **L**의 제n행과 **U**의 각 열의 곱과 같으므로

$$\begin{cases} L_{n1} = A_{n1} \\ L_{n1}U_{12} + L_{n2} = A_{n2} \\ L_{n1}U_{13} + L_{n2}U_{23} + L_{n3} = A_{n3} \\ \cdots \\ L_{n1}U_{1,n-2} + L_{n2}U_{2,n-2} + L_{n3}U_{3,n-2} + \cdots + L_{n,n-4}U_{n-4,n-2} + L_{n,n-3}U_{n-3,n-2} + L_{n,n-2} = A_{n,n-2} \\ L_{n1}U_{1,n-1} + L_{n2}U_{2,n-1} + L_{n3}U_{3,n-1} + \cdots + L_{n,n-3}U_{n-3,n-1} + L_{n,n-2}U_{n-2,n-1} + L_{n,n-1} = A_{n,n-1} \\ L_{n1}U_{1n} + L_{n2}U_{2n} + L_{n3}U_{3n} + \cdots + L_{n,n-2}U_{n-2,n} + L_{n,n-1}U_{n-1,n} + L_{nn} = A_{nn} \end{cases}$$

이 성립한다.

지금까지 구한 모든 식들을 푼 후에 계산의 결과들을 정리하여 보면

$$\begin{cases} L_{i1} = A_{i1} \quad (1 \le i \le n) \\ U_{1j} = \dfrac{A_{1j}}{A_{11}} \quad (2 \le j \le n) \\ L_{ij} = A_{ij} - \displaystyle\sum_{k=1}^{j-1} L_{ik}U_{kj} \quad (2 \le j \le n-1, \quad j \le i \le n) \\ U_{ij} = \dfrac{A_{ij} - \sum_{k=1}^{i-1} L_{ik}U_{kj}}{L_{ii}} \quad (2 \le j \le n-1, \quad 2 \le i \le j-1) \\ L_{nn} = A_{nn} - \displaystyle\sum_{k=1}^{n-1} L_{nk}U_{kn} \end{cases}$$

을 얻을 수 있다.

프로그램을 실행시킨 후에 힐베르트 행렬을 입력하여 보았다. 힐베르트 행렬이란 성분이 $H_{ij} = \frac{1}{i+j-1}$으로 주어지는 행렬을 말한다. 그런데 scanf 함수가 분수 입력을 허용하지 않으므로, 분수를 입력하기 위해서는 행렬 성분을 입력받는 code fragment를 약간 수정해야 한다. 필자는 분자(numerator)를 입력받는 부분과 분모(denominator)를 입력받는 부분으로 나누었다.

5.7.2 소스 코드

```
#include <stdio.h>

const unsigned short int max=20;

double Upper(int i, int j), Lower(int i, int j);
double Original[max][max];
double UpperMatrix[max][max], LowerMatrix[max][max];
unsigned short int rowNumber;

void main()
{
```

```
    unsigned short int column, i, j;
    double numerator[max][max];
    double denominator[max][max];

    printf( "\n <1> 행렬의 order: " );
    scanf( "%d", &rowNumber );
    column = rowNumber;
    printf( "\n <2> 행렬의 성분들을 입력하시오.\n" );

    for (i=0; i<rowNumber; i++)
        for (j=0; j<rowNumber; j++)
        {
            printf( "   %d행 %d열의 성분의 분자: ", i+1, j+1 );
            scanf( "%lf", &numerator[i][j] );
            printf( "   %d행 %d열의 성분의 분모: ", i+1, j+1 );
            scanf( "%lf", &denominator[i][j] );
            Original[i][j] = numerator[i][j] / denominator[i][j];
        }

    for (i=0; i<rowNumber; i++)
        for (j=0; j<rowNumber; j++)
        {
            UpperMatrix[i][j] = Upper( i, j );
            LowerMatrix[i][j] = Lower( i, j );
        }

    printf( "\n <3> 입력한 값들에 대한 결과" );

    printf( "\n          하부삼각행렬\n" );

    for (i=0; i<rowNumber; i++)
        for (j=0; j<rowNumber; j++)
            printf( " %10lf%c", LowerMatrix[i][j], (j==rowNumber-1)? '\n':' ' );

    printf( "          상부삼각행렬\n" );

    for (i=0; i<rowNumber; i++)
        for (j=0; j<rowNumber; j++)
            printf( " %10lf%c", UpperMatrix[i][j], (j==rowNumber-1)? '\n':' ' );

    printf( "\n\n" );
}

double Upper( int i, int j )
{
    unsigned short int k;
    double sum;

    if ( i==j )
        return 1.0;
    else if ( i>j )
        return 0.0;
    else if ( i==0 )
        return Original[0][j]/Original[0][0];
    else
    {
        sum = 0.0;
```

```
        for (k=0; k<i; k++)
            sum += LowerMatrix[i][k] * UpperMatrix[k][j];

        return (Original[i][j]-sum)/LowerMatrix[i][i];
    }
}

double Lower( int j, int i )
{
    unsigned short int k;
    double sum, value;

    if ( i==0 )
        value = Original[j][0];
    else if ( i>j )
        value = 0.0;
    else if ( j==i )
    {
        sum = 0.0;

        for (k=0; k<i; k++)
            sum += LowerMatrix[i][k] * UpperMatrix[k][i];

        value = Original[i][i] - sum;
    }
    else
    {
        sum = 0.0;

        for (k=0; k<i; k++)
            sum += LowerMatrix[j][k] * UpperMatrix[k][i];

        value = Original[j][i] - sum;
    }

    return value;
}
```

5.7.3 실행 결과

```
<1> 행렬의 order: 5

<2> 행렬의 성분들을 입력하시오.
  1행 1열의 성분의 분자: 1
  1행 1열의 성분의 분모: 1
  1행 2열의 성분의 분자: 1
  1행 2열의 성분의 분모: 2
  1행 3열의 성분의 분자: 1
  1행 3열의 성분의 분모: 3
  1행 4열의 성분의 분자: 1
  1행 4열의 성분의 분모: 4
  1행 5열의 성분의 분자: 1
  1행 5열의 성분의 분모: 5
  2행 1열의 성분의 분자: 1
  2행 1열의 성분의 분모: 2
```

```
2행 2열의 성분의 분자: 1
2행 2열의 성분의 분모: 3
2행 3열의 성분의 분자: 1
2행 3열의 성분의 분모: 4
2행 4열의 성분의 분자: 1
2행 4열의 성분의 분모: 5
2행 5열의 성분의 분자: 1
2행 5열의 성분의 분모: 6
3행 1열의 성분의 분자: 1
3행 1열의 성분의 분모: 3
3행 2열의 성분의 분자: 1
3행 2열의 성분의 분모: 4
3행 3열의 성분의 분자: 1
3행 3열의 성분의 분모: 5
3행 4열의 성분의 분자: 1
3행 4열의 성분의 분모: 6
3행 5열의 성분의 분자: 1
3행 5열의 성분의 분모: 7
4행 1열의 성분의 분자: 1
4행 1열의 성분의 분모: 4
4행 2열의 성분의 분자: 1
4행 2열의 성분의 분모: 5
4행 3열의 성분의 분자: 1
4행 3열의 성분의 분모: 6
4행 4열의 성분의 분자: 1
4행 4열의 성분의 분모: 7
4행 5열의 성분의 분자: 1
4행 5열의 성분의 분모: 8
5행 1열의 성분의 분자: 1
5행 1열의 성분의 분모: 5
5행 2열의 성분의 분자: 1
5행 2열의 성분의 분모: 6
5행 3열의 성분의 분자: 1
5행 3열의 성분의 분모: 7
5행 4열의 성분의 분자: 1
5행 4열의 성분의 분모: 8
5행 5열의 성분의 분자: 1
5행 5열의 성분의 분모: 9

<3> 입력한 값들에 대한 결과
        하부삼각행렬
 1.000000   0.000000   0.000000   0.000000   0.000000
 0.500000   0.083333   0.000000   0.000000   0.000000
 0.333333   0.083333   0.005556   0.000000   0.000000
 0.250000   0.075000   0.008333   0.000357   0.000000
 0.200000   0.066667   0.009524   0.000714   0.000023
        상부삼각행렬
 1.000000   0.500000   0.333333   0.250000   0.200000
 0.000000   1.000000   1.000000   0.900000   0.800000
 0.000000   0.000000   1.000000   1.500000   1.714286
 0.000000   0.000000   0.000000   1.000000   2.000000
 0.000000   0.000000   0.000000   0.000000   1.000000
```

5.8 두리틀 분해(Doolittle decomposition)

5.8.1 이론

임의의 정칙행렬

$$\mathbf{A}=\begin{pmatrix} a_{11} & a_{12} & a_{13} & \cdots & a_{1,n-2} & a_{1,n-1} & a_{1n} \\ a_{21} & a_{22} & a_{23} & \cdots & a_{2,n-2} & a_{2,n-1} & a_{2n} \\ a_{31} & a_{32} & a_{33} & \cdots & a_{3,n-2} & a_{3,n-1} & a_{3n} \\ \vdots & \vdots & \vdots & \ddots & \vdots & \vdots & \vdots \\ a_{n-2,1} & a_{n-2,2} & a_{n-2,3} & \cdots & a_{n-2,n-2} & a_{n-2,n-1} & a_{n-2,n} \\ a_{n-1,1} & a_{n-1,2} & a_{n-1,3} & \cdots & a_{n-1,n-2} & a_{n-1,n-1} & a_{n-1,n} \\ a_{n1} & a_{n2} & a_{n3} & \cdots & a_{n,n-2} & a_{n,n-1} & a_{nn} \end{pmatrix}$$

은 대각선 성분이 모두 1인 하부삼각행렬(lower triangular matrix)

$$\mathbf{L}=\begin{pmatrix} 1 & 0 & 0 & \cdots & 0 & 0 & 0 \\ l_{21} & 1 & 0 & \cdots & 0 & 0 & 0 \\ l_{31} & l_{32} & 1 & \cdots & 0 & 0 & 0 \\ \vdots & \vdots & \vdots & \ddots & \vdots & \vdots & \vdots \\ l_{n-2,1} & l_{n-2,2} & l_{n-2,3} & \cdots & 1 & 0 & 0 \\ l_{n-1,1} & l_{n-1,2} & l_{n-1,3} & \cdots & l_{n-1,n-2} & 1 & 0 \\ l_{n1} & l_{n2} & l_{n3} & \cdots & l_{n,n-2} & l_{n,n-1} & 1 \end{pmatrix}$$

과 상부삼각행렬(upper triangular matrix)

$$\mathbf{U}=\begin{pmatrix} u_{11} & u_{12} & u_{13} & \cdots & u_{1,n-2} & u_{1,n-1} & u_{1n} \\ 0 & u_{22} & u_{23} & \cdots & u_{2,n-2} & u_{2,n-1} & u_{2n} \\ 0 & 0 & u_{33} & \cdots & u_{3,n-2} & u_{3,n-1} & u_{3n} \\ \vdots & \vdots & \vdots & \ddots & \vdots & \vdots & \vdots \\ 0 & 0 & 0 & \cdots & u_{n-2,n-2} & u_{n-2,n-1} & u_{n-2,n} \\ 0 & 0 & 0 & \cdots & 0 & u_{n-1,n-1} & u_{n-1,n} \\ 0 & 0 & 0 & \cdots & 0 & 0 & u_{nn} \end{pmatrix}$$

의 곱으로 쓸 수 있다. 이와 같이 어떤 정칙행렬을 하부삼각행렬과 상부삼각행렬의 곱으로 나타내는 것을 두리틀 분해라고 한다.

두 삼각꼴행렬(triangular matrix)을 곱한 후에 원래의 행렬과 대응하는 성분들을 같게 놓고 식을 풀면 **L**과 **U**을 구할 수 있다.

행렬의 곱의 정의에 의하여 **A**의 제1행의 성분은 **L**의 제1행과 **U**의 각 열의 곱과 같으므로

$$\begin{cases} U_{11}=A_{11} \\ U_{12}=A_{12} \\ U_{13}=A_{13} \\ \cdots \\ U_{1,n-2}=A_{1,n-2} \\ U_{1,n-1}=A_{1,n-1} \\ U_{1n}=A_{1n} \end{cases}$$

이다.

A의 제2행의 성분은 **L**의 제2행과 **U**의 각 열의 곱과 같으므로

$$\begin{cases} L_{21}U_{11} = A_{21} \\ L_{21}U_{12} + U_{22} = A_{22} \\ L_{21}U_{13} + U_{23} = A_{23} \\ \cdots \\ L_{21}U_{1,n-2} + U_{2,n-2} = A_{2,n-2} \\ L_{21}U_{1,n-1} + U_{2,n-1} = A_{2,n-1} \\ L_{21}U_{1n} + U_{2n} = A_{2n} \end{cases}$$

이다.

A의 제3행의 성분은 **L**의 제3행과 **U**의 각 열의 곱과 같으므로

$$\begin{cases} L_{31}U_{11} = A_{31} \\ L_{31}U_{12} + L_{32}U_{22} = A_{32} \\ L_{31}U_{13} + L_{32}U_{23} + U_{33} = A_{33} \\ \cdots \\ L_{31}U_{1,n-2} + L_{32}U_{2,n-2} + U_{3,n-2} = A_{3,n-2} \\ L_{31}U_{1,n-1} + L_{32}U_{2,n-1} + U_{3,n-1} = A_{3,n-1} \\ L_{31}U_{1n} + L_{32}U_{2n} + U_{3n} = A_{3n} \end{cases}$$

이다.

위와 같은 방식으로 계속해 나가면 마지막은 **A**의 제 n행의 성분이 되는데, **A**의 제n행은 **L**의 제n행과 **U**의 각 열의 곱과 같으므로

$$\begin{cases} L_{n1}U_{11} = A_{n1} \\ L_{n1}U_{12} + L_{n2}U_{22} = A_{n2} \\ L_{n1}U_{13} + L_{n2}U_{23} + L_{n3}U_{33} = A_{n3} \\ \cdots \\ L_{n1}U_{1,n-2} + L_{n2}U_{2,n-2} + L_{n3}U_{3,n-2} + \cdots + L_{n,n-4}U_{n-4,n-2} + L_{n,n-3}U_{n-3,n-2} + L_{n,n-2}U_{n-2,n-2} = A_{n,n-2} \\ L_{n1}U_{1,n-1} + L_{n2}U_{2,n-1} + L_{n3}U_{3,n-1} + \cdots + L_{n,n-3}U_{n-3,n-1} + L_{n,n-2}U_{n-2,n-1} + L_{n,n-1}U_{n-1,n-1} = A_{n,n-1} \\ L_{n1}U_{1n} + L_{n2}U_{2n} + L_{n3}U_{3n} + \cdots + L_{n,n-2}U_{n-2,n} + L_{n,n-1}U_{n-1,n} + U_{nn} = A_{nn} \end{cases}$$

이 성립한다.

지금까지 구한 모든 식들을 푼 후에 계산 결과를 정리하면

$$\begin{cases} U_{1j} = A_{1j} \quad (1 \le j \le n) \\ L_{i1} = \dfrac{A_{i1}}{U_{11}} \quad (1 \le i \le n) \\ U_{ij} = A_{ij} - \displaystyle\sum_{k=1}^{i-1} L_{ik}U_{kj} \quad (2 \le i \le n, \quad i < j) \\ L_{ij} = \dfrac{A_{ij} - \sum_{k=1}^{j-1} L_{ik}U_{kj}}{U_{jj}} \quad (2 \le i \le n, \quad j < i) \\ U_{nn} = A_{nn} - \displaystyle\sum_{k=1}^{n-1} L_{nk}U_{kn} \end{cases}$$

을 얻을 수 있다.

5.9 크래머[2]의 공식

5.9.1 이론

크래머의 공식은 연립일차방정식(system of linear equations)의 근의 공식이라고 할 수 있는데, 우선 몇 가지 용어를 정의하자.

연립일차방정식

$$\begin{cases} a_{11}x_1 + a_{12}x_2 + a_{13}x_3 + \cdots + a_{1,n-2}x_{n-2} + a_{1,n-1}x_{n-1} + a_{1n}x_n = b_1 \\ a_{21}x_1 + a_{22}x_2 + a_{23}x_3 + \cdots + a_{2,n-2}x_{n-2} + a_{2,n-1}x_{n-1} + a_{2n}x_n = b_2 \\ a_{31}x_1 + a_{32}x_2 + a_{33}x_3 + \cdots + a_{3,n-2}x_{n-2} + a_{3,n-1}x_{n-1} + a_{3n}x_n = b_3 \\ \cdots \\ a_{n-2,1}x_1 + a_{n-2,2}x_2 + a_{n-2,3}x_3 + \cdots + a_{n-2,n-2}x_{n-2} + a_{n-2,n-1}x_{n-1} + a_{n-2,n}x_n = b_{n-2} \\ a_{n-1,1}x_1 + a_{n-1,2}x_2 + a_{n-1,3}x_3 + \cdots + a_{n-1,n-2}x_{n-2} + a_{n-1,n-1}x_{n-1} + a_{n-1,n}x_n = b_{n-1} \\ a_{n1}x_1 + a_{n2}x_2 + a_{n3}x_3 + \cdots + a_{n,n-2}x_{n-2} + a_{n,n-1}x_{n-1} + a_{nn}x_n = b_n \end{cases}$$

에서 계수들을 성분으로 갖는 $n \times n$ 행렬

$$\begin{pmatrix} a_{11} & a_{12} & a_{13} & \cdots & a_{1,n-2} & a_{1,n-1} & a_{1n} \\ a_{21} & a_{22} & a_{23} & \cdots & a_{2,n-2} & a_{2,n-1} & a_{2n} \\ a_{31} & a_{32} & a_{33} & \cdots & a_{3,n-2} & a_{3,n-1} & a_{3n} \\ \vdots & \vdots & \vdots & \ddots & \vdots & \vdots & \vdots \\ a_{n-2,1} & a_{n-2,2} & a_{n-2,3} & \cdots & a_{n-2,n-2} & a_{n-2,n-1} & a_{n-2,n} \\ a_{n-1,1} & a_{n-1,2} & a_{n-1,3} & \cdots & a_{n-1,n-2} & a_{n-1,n-1} & a_{n-1,n} \\ a_{n1} & a_{n2} & a_{n3} & \cdots & a_{n,n-2} & a_{n,n-1} & a_{nn} \end{pmatrix}$$

을 계수행렬(matrix of coefficients)이라고 하는데

$$\mathbf{X} = \begin{pmatrix} x_1 \\ x_2 \\ x_3 \\ \vdots \\ x_{n-2} \\ x_{n-1} \\ x_n \end{pmatrix}, \quad \mathbf{B} = \begin{pmatrix} b_1 \\ b_2 \\ b_3 \\ \vdots \\ b_{n-2} \\ b_{n-1} \\ b_n \end{pmatrix}$$

으로 하면 위의 연립방정식은 $\mathbf{AX} = \mathbf{B}$으로 나타낼 수 있다.

$\mathbf{AX} = \mathbf{B}$에서 $\mathbf{B} = \mathbf{0}$이면 동차(homogeneous)라 하고, 그렇지 않으면 비동차(nonhomogeneous)라고 한다.

계수행렬 $\mathbf{A}$이 정칙행렬일 때, 비동차연립일차방정식(nonhomogeneous system of linear equations) $\mathbf{AX} = \mathbf{B}$은 유일한 해를 갖는다. $\mathbf{A}(k;\mathbf{B})$을 $\mathbf{A}$의 제 k열을 $\mathbf{B}$로 바꾸어 얻어진 행렬이라고 하면 유일한 해 x_k는

$$x_k = \frac{|\mathbf{A}(k;\mathbf{B})|}{|\mathbf{A}|}$$

와 같이 주어진다. 이 공식을 크래머의 공식이라고 한다.

크래머의 공식을 증명하여 보자.

증명: $\mathbf{A}$의 제k열에 x_k를 곱하여 얻어진 행렬의 행렬식은

---

[2] Gabriel Cramer

Born: 31 July 1704 in Geneva, Switzerland

Died: 4 Jan 1752 in Bagnols-sur-Cèze, France

$$x_k|\mathbf{A}| = \begin{vmatrix} a_{11} & a_{12} & \cdots & a_{1k}x_k & \cdots & a_{1,n-1} & a_{1n} \\ a_{21} & a_{22} & \cdots & a_{2k}x_k & \cdots & a_{2,n-1} & a_{2n} \\ a_{31} & a_{32} & \cdots & a_{3k}x_k & \cdots & a_{3,n-1} & a_{3n} \\ \vdots & \vdots & \ddots & \vdots & \ddots & \vdots & \vdots \\ a_{n-2,1} & a_{n-2,2} & \cdots & a_{n-2,k}x_k & \cdots & a_{n-2,n-1} & a_{n-2,n} \\ a_{n-1,1} & a_{n-1,2} & \cdots & a_{n-1,k}x_k & \cdots & a_{n-1,n-1} & a_{n-1,n} \\ a_{n1} & a_{n2} & \cdots & a_{nk}x_k & \cdots & a_{n,n-1} & a_{nn} \end{vmatrix}$$

이다.

위의 행렬식의 제 k열에 $j \neq k$인 제 j열의 x_j배를 모두 더해 주면

$$x_k|\mathbf{A}| = \begin{vmatrix} a_{11} & a_{12} & \cdots & a_{11}x_1 + a_{12}x_2 + \cdots + a_{1,n-1}x_{n-1} + a_{1n}x_n & \cdots & a_{1,n-1} & a_{1n} \\ a_{21} & a_{22} & \cdots & a_{21}x_1 + a_{22}x_2 + \cdots + a_{2,n-1}x_{n-1} + a_{2n}x_n & \cdots & a_{2,n-1} & a_{2n} \\ a_{31} & a_{32} & \cdots & a_{31}x_1 + a_{32}x_2 + \cdots + a_{3,n-1}x_{n-1} + a_{3n}x_n & \cdots & a_{3,n-1} & a_{3n} \\ \vdots & \vdots & \ddots & \vdots & \ddots & \vdots & \vdots \\ a_{n-2,1} & a_{n-2,2} & \cdots & a_{n-2,1}x_1 + a_{n-2,2}x_2 + \cdots + a_{n-2,n-1}x_{n-1} + a_{n-2,n}x_n & \cdots & a_{n-2,n-1} & a_{n-2,n} \\ a_{n-1,1} & a_{n-1,2} & \cdots & a_{n-1,1}x_1 + a_{n-1,2}x_2 + \cdots + a_{n-1,n-1}x_{n-1} + a_{n-1,n}x_n & \cdots & a_{n-1,n-1} & a_{n-1,n} \\ a_{n1} & a_{n2} & \cdots & a_{n1}x_1 + a_{n2}x_2 + \cdots + a_{n,n-1}x_{n-1} + a_{nn}x_n & \cdots & a_{n,n-1} & a_{nn} \end{vmatrix}$$

이다.

그런데 $(x_1 \quad x_2 \quad x_3 \quad \cdots \quad x_{n-2} \quad x_{n-1} \quad x_n)^t$이 $\mathbf{AX} = \mathbf{B}$의 해라면

$$\begin{pmatrix} a_{11}x_1 + a_{12}x_2 + a_{13}x_3 + \cdots + a_{1,n-2}x_{n-2} + a_{1,n-1}x_{n-1} + a_{1n}x_n \\ a_{21}x_1 + a_{22}x_2 + a_{23}x_3 + \cdots + a_{2,n-2}x_{n-2} + a_{2,n-1}x_{n-1} + a_{2n}x_n \\ a_{31}x_1 + a_{32}x_2 + a_{33}x_3 + \cdots + a_{3,n-2}x_{n-2} + a_{3,n-1}x_{n-1} + a_{3n}x_n \\ \vdots \\ a_{n-2,1}x_1 + a_{n-2,2}x_2 + a_{n-2,3}x_3 + \cdots + a_{n-2,n-2}x_{n-2} + a_{n-2,n-1}x_{n-1} + a_{n-2,n}x_n \\ a_{n-1,1}x_1 + a_{n-1,2}x_2 + a_{n-1,3}x_3 + \cdots + a_{n-1,n-2}x_{n-2} + a_{n-1,n-1}x_{n-1} + a_{n-1,n}x_n \\ a_{n1}x_1 + a_{n2}x_2 + a_{n3}x_3 + \cdots + a_{n,n-2}x_{n-2} + a_{n,n-1}x_{n-1} + a_{nn}x_n \end{pmatrix} = \begin{pmatrix} b_1 \\ b_2 \\ b_3 \\ \vdots \\ b_{n-2} \\ b_{n-1} \\ b_n \end{pmatrix}$$

이 성립하므로,

$$x_k|\mathbf{A}| = \begin{vmatrix} a_{11} & a_{12} & \cdots & b_1 & \cdots & a_{1,n-1} & a_{1n} \\ a_{21} & a_{22} & \cdots & b_2 & \cdots & a_{2,n-1} & a_{2n} \\ a_{31} & a_{32} & \cdots & b_3 & \cdots & a_{3,n-1} & a_{3n} \\ \vdots & \vdots & \ddots & \vdots & \ddots & \vdots & \vdots \\ a_{n-2,1} & a_{n-2,2} & \cdots & b_{n-2} & \cdots & a_{n-2,n-1} & a_{n-2,n} \\ a_{n-1,1} & a_{n-1,2} & \cdots & b_{n-1} & \cdots & a_{n-1,n-1} & a_{n-1,n} \\ a_{n1} & a_{n2} & \cdots & b_n & \cdots & a_{n,n-1} & a_{nn} \end{vmatrix} = |\mathbf{A}(k;\mathbf{B})|$$

이 된다. 즉

$$x_k = \frac{|\mathbf{A}(k;\mathbf{B})|}{|\mathbf{A}|}$$

을 얻는다. ∎

보기를 들어 계수행렬이 4×4 행렬일 경우 연립방정식의 해는

$$x_1 = \frac{\begin{vmatrix} b_1 & a_{12} & a_{13} & a_{14} \\ b_2 & a_{22} & a_{23} & a_{24} \\ b_3 & a_{32} & a_{33} & a_{34} \\ b_4 & a_{42} & a_{43} & a_{44} \end{vmatrix}}{|\mathbf{A}|}, \quad x_2 = \frac{\begin{vmatrix} a_{11} & b_1 & a_{13} & a_{14} \\ a_{21} & b_2 & a_{23} & a_{24} \\ a_{31} & b_3 & a_{33} & a_{34} \\ a_{41} & b_4 & a_{43} & a_{44} \end{vmatrix}}{|\mathbf{A}|}, \quad x_3 = \frac{\begin{vmatrix} a_{11} & a_{12} & b_1 & a_{14} \\ a_{21} & a_{22} & b_2 & a_{24} \\ a_{31} & a_{32} & b_3 & a_{34} \\ a_{41} & a_{42} & b_4 & a_{44} \end{vmatrix}}{|\mathbf{A}|}, \quad x_4 = \frac{\begin{vmatrix} a_{11} & a_{12} & a_{13} & b_1 \\ a_{21} & a_{22} & a_{23} & b_2 \\ a_{31} & a_{32} & a_{33} & b_3 \\ a_{41} & a_{42} & a_{43} & b_4 \end{vmatrix}}{|\mathbf{A}|}$$

이다.

5.10 가우스-조르단 소거

5.10.1 이론

n개의 방정식으로 구성된 연립방정식

$$a_{11}x_1 + a_{12}x_2 + a_{13}x_3 + \cdots + a_{1,n-2}x_{n-2} + a_{1,n-1}x_{n-1} + a_{1n}x_n = b_1, \qquad [1]$$

$$a_{21}x_1 + a_{22}x_2 + a_{23}x_3 + \cdots + a_{2,n-2}x_{n-2} + a_{2,n-1}x_{n-1} + a_{2n}x_n = b_2, \qquad [2]$$

$$a_{31}x_1 + a_{32}x_2 + a_{33}x_3 + \cdots + a_{3,n-2}x_{n-2} + a_{3,n-1}x_{n-1} + a_{3n}x_n = b_3, \qquad [3]$$

$$\cdots,$$

$$a_{n-2,1}x_1 + a_{n-2,2}x_2 + a_{n-2,3}x_3 + \cdots + a_{n-2,n-2}x_{n-2} + a_{n-2,n-1}x_{n-1} + a_{n-2,n}x_n = b_{n-2},$$

$$a_{n-1,1}x_1 + a_{n-1,2}x_2 + a_{n-1,3}x_3 + \cdots + a_{n-1,n-2}x_{n-2} + a_{n-1,n-1}x_{n-1} + a_{n-1,n}x_n = b_{n-1},$$

$$a_{n1}x_1 + a_{n2}x_2 + a_{n3}x_3 + \cdots + a_{n,n-2}x_{n-2} + a_{n,n-1}x_{n-1} + a_{nn}x_n = b_n$$

을 생각하자.

위의 연립방정식에서 [1]을 제외한 모든 방정식들의 첫 번째 항을 0으로 만들어 미지수 x_1를 소거한다. 그러기 위해서 $\frac{a_{21}}{a_{11}}$을 [1]에 곱하면

$$a_{21}x_1 + \frac{a_{21}a_{12}}{a_{11}}x_2 + \frac{a_{21}a_{13}}{a_{11}}x_3 + \cdots + \frac{a_{21}a_{1,n-2}}{a_{11}}x_{n-2} + \frac{a_{21}a_{1,n-1}}{a_{11}}x_{n-1} + \frac{a_{21}a_{1n}}{a_{11}}x_n = \frac{a_{21}b_1}{a_{11}}$$

을 얻는다.

[2]에서 위의 식을 빼면

$$\left(a_{22} - \frac{a_{21}a_{12}}{a_{11}}\right)x_2 + \left(a_{23} - \frac{a_{21}a_{13}}{a_{11}}\right)x_3 + \cdots + \left(a_{2n} - \frac{a_{21}a_{1n}}{a_{11}}\right)x_n = b_2 - \frac{a_{21}b_1}{a_{11}}$$

이다.

다음으로 [1]에 $\frac{a_{31}}{a_{11}}$을 곱하면

$$a_{31}x_1 + \frac{a_{31}a_{12}}{a_{11}}x_2 + \frac{a_{31}a_{13}}{a_{11}}x_3 + \cdots + \frac{a_{31}a_{1,n-2}}{a_{11}}x_{n-2} + \frac{a_{31}a_{1,n-1}}{a_{11}}x_{n-1} + \frac{a_{31}a_{1n}}{a_{11}}x_n = \frac{a_{31}b_1}{a_{11}}$$

이다.

[3]에서 위의 식을 빼면

$$\left(a_{32} - \frac{a_{31}a_{12}}{a_{11}}\right)x_2 + \left(a_{33} - \frac{a_{31}a_{13}}{a_{11}}\right)x_3 + \cdots + \left(a_{3n} - \frac{a_{31}a_{1n}}{a_{11}}\right)x_n = b_3 - \frac{a_{31}b_1}{a_{11}}$$

이다.

위와 같은 과정을 반복하면 처음의 연립방정식은

$$\begin{cases} a_{11}x_1 + a_{12}x_2 + a_{13}x_3 + \cdots + a_{1,n-2}x_{n-2} + a_{1,n-1}x_{n-1} + a_{1n}x_n = b_1 \\ \left(a_{22} - \frac{a_{21}a_{12}}{a_{11}}\right)x_2 + \left(a_{23} - \frac{a_{21}a_{13}}{a_{11}}\right)x_3 + \cdots + \left(a_{2n} - \frac{a_{21}a_{1n}}{a_{11}}\right)x_n = b_2 - \frac{a_{21}b_1}{a_{11}} \\ \left(a_{32} - \frac{a_{31}a_{12}}{a_{11}}\right)x_2 + \left(a_{33} - \frac{a_{31}a_{13}}{a_{11}}\right)x_3 + \cdots + \left(a_{3n} - \frac{a_{31}a_{1n}}{a_{11}}\right)x_n = b_3 - \frac{a_{31}b_1}{a_{11}} \\ \cdots \\ \left(a_{n-2,2} - \frac{a_{n-2,1}a_{12}}{a_{11}}\right)x_2 + \left(a_{n-2,3} - \frac{a_{n-2,1}a_{13}}{a_{11}}\right)x_3 + \cdots + \left(a_{n-2,n} - \frac{a_{n-2,1}a_{1n}}{a_{11}}\right)x_n = b_{n-2} - \frac{a_{n-2,1}b_1}{a_{11}} \\ \left(a_{n-1,2} - \frac{a_{n-1,1}a_{12}}{a_{11}}\right)x_2 + \left(a_{n-1,3} - \frac{a_{n-1,1}a_{13}}{a_{11}}\right)x_3 + \cdots + \left(a_{n-1,n} - \frac{a_{n-1,1}a_{1n}}{a_{11}}\right)x_n = b_{n-1} - \frac{a_{n-1,1}b_1}{a_{11}} \\ \left(a_{n2} - \frac{a_{n1}a_{12}}{a_{11}}\right)x_2 + \left(a_{n3} - \frac{a_{n1}a_{13}}{a_{11}}\right)x_3 + \cdots + \left(a_{nn} - \frac{a_{n1}a_{1n}}{a_{11}}\right)x_n = b_n - \frac{a_{n1}b_1}{a_{11}} \end{cases}$$

과 같이 변형된다. 이 연립방정식에서 첫 방정식을 제외하면, 이 연립방정식은 미지수가 $n-1$개인 연립방정식이다.

다시 지금까지의 과정을 위의 연립방정식에 적용하면, 미지수가 $n-2$개인 연립방정식을 얻게 된다.

계속 그런 과정을 되풀이하면 마지막 과정은 $n-1$번째 방정식을 이용하여 n번째 방정식으로부터 x_{n-1}의 항을 소거하는 것이 되고 결국에 맨 처음의 연립방정식은

$$\begin{cases} a_{11}x_1 + a_{12}x_2 + a_{13}x_3 + \cdots + a_{1,n-2}x_{n-2} + a_{1,n-1}x_{n-1} + a_{1n}x_n = b_1 \\ a_{22}'x_2 + a_{23}'x_3 + a_{24}'x_4 + \cdots + a_{2,n-2}'x_{n-2} + a_{2,n-1}'x_{n-1} + a_{2n}'x_n = b_2' \\ a_{33}'x_3 + a_{34}'x_4 + a_{35}'x_5 + \cdots + a_{3,n-2}'x_{n-2} + a_{3,n-1}'x_{n-1} + a_{3n}'x_n = b_3' \\ \cdots \\ a_{n-2,n-2}'x_{n-2} + a_{n-2,n-1}'x_{n-1} + a_{n-2,n}'x_n = b_{n-2}' \\ a_{n-1,n-1}'x_{n-1} + a_{n-1,n}'x_n = b_{n-1}' \\ a_{nn}'x_n = b_n' \end{cases}$$

과 같은 형태로 변형된다.

지금까지의 단계를 미지수의 전진소거(forward elimination)라고 한다. 말 그대로 차례대로 미지수를 소거해 나가는 것이다.

전진소거가 끝나면 역대입(back substitution)을 하여 미지수의 값을 구한다. 역대입은 말 그대로 거꾸로 대입해 나간다는 것을 의미한다. 위의 연립방정식의 마지막 방정식에서 시작하여 그 위로 올라간다.

위의 연립방정식에서 맨 마지막의 방정식을 풀면

$$x_n = \frac{b_n'}{a_{nn}'}$$

이다.

방금 구한 x_n를 바로 위에 있는 방정식에 대입하면

$$x_{n-1} = \frac{b_{n-1}' - a_{n-1,n}'x_n}{a_{n-1,n-1}'}$$

를 얻는다. 즉 x_{n-1}를 구할 수 있다.

마찬가지 방법으로 모든 미지수의 값을 구할 수 있다.

x_n를 제외한 미지수는

$$x_i = \frac{b_i' - \sum_{j=i+1}^{n} a_{ij}'x_j}{a_{ii}'}$$

과 같이 나타낼 수 있다.

선형대수학(linear algebra) 이론을 사용하여 가우스 소거법을 설명하면, 주어진 연립일차방정식의 첨가행렬(augmented matrix)에 기본 행연산(elementary row operation)을 시행하여 첨가행렬을 행 사다리꼴(row-echelon form)로 변형하여 해를 구하는 방법이다.

첨가행렬은 계수행렬(matrix of coefficients) **A**의 마지막 열(column)의 오른쪽에 **B**의 성분들을 첨가시켜 만든 $n \times (n+1)$ 행렬이고 $[\mathbf{A}|\mathbf{B}]$로 나타낸다.

기본 행연산은 위에서 방정식을 풀기 위해 적용하였던 기법들을 첨가행렬에 적용시키기 위한 다음의 세 가지 조작들

(1) 한 행에 영이 아닌 스칼라(scalar)를 곱한다.
(2) 한 행에 스칼라를 곱하여 다른 행에 더한다.
(3) 두 행을 서로 바꾼다.

이다.

한편 행 사다리꼴행렬은 다음의 세 가지 성질들

(1) 성분들이 모두 영인 행은 그렇지 않은 행보다 아래쪽에 있다.
(2) 하나의 행에서 처음으로 영이 아닌 성분을 선행성분(leading entry)이라고 하는데, 각 행에서 선행성분은 1이다.
(3) $r_1 < r_2$일 때 r_1째 행의 선행성분은 c_1째 열에 있고 r_2째 행의 선행성분은 c_2째 열에 있으면 $c_1 < c_2$이다.

을 만족하는 행렬이다.

가우스-조르단 소거법은 주어진 연립일차방정식의 첨가행렬을 기약 행 사다리꼴(reduced row-echelon form)로 변형하여 해를 구하는 방법이다.

기약 행 사다리꼴은 어떤 행의 선행성분(leading entry)을 포함하는 열의 다른 모든 성분들이 0인 행 사다리꼴 행렬이다.

가우스 소거법은 문제의 행렬을 역삼각꼴로 만든 후에 역대입에 의해 해를 구하는 방법이고, 가우스-조르단 소거법은 문제의 행렬을 대각꼴로 만들어 역대입이 필요 없이 해를 바로 읽을 수 있도록 한 방법이다.

5.10.2 소스 코드

```
#include <stdio.h>

void main()
{
    unsigned short int numberUnknowns, row, column, k;
    double augmented[30][31];

    printf( "\n <1> 연립방정식의 미지수의 개수: " );
    scanf( "%u", &numberUnknowns );
    printf( "\n <2> 첨가행렬의 성분들을 입력하시오.\n" );

    for (row=0; row<numberUnknowns; row++)
        for (column=0; column<numberUnknowns+1; column++)
        {
            printf( "  %u행 %u열의 성분: ", row+1, column+1 );
```

```
            scanf( "%lf", &augmented[row][column] );
        }

    for (k=0; k<numberUnknowns; k++)
    {
        for (column=k+1; column<=numberUnknowns; column++)
            augmented[k][column] = augmented[k][column] / augmented[k][k];

        augmented[k][k] = 1.0;

        for (row=0; row<numberUnknowns; row++)
        {
            for (column=k+1; column<=numberUnknowns; column++)
                if ( row!=k )
                    augmented[row][column] -= augmented[row][k]*augmented[k][column];

            if ( row!=k )
                augmented[row][k] = 0.0;
        }
    }

    printf( "₩n <3> 입력한 값들에 대한 결과₩n" );

    for (row=0; row<numberUnknowns; row++)
    {
        for (column=0; column<=numberUnknowns; column++)
            printf( "  %7.4lf", augmented[row][column] );

        printf( "₩n" );
    }

    printf( "₩n₩n" );
}
```

5.10.3 실행 결과

```
<1> 연립방정식의 미지수의 개수: 4

<2> 첨가행렬의 성분들을 입력하시오.
 1행 1열의 성분: 3.0
 1행 2열의 성분: -3.0
 1행 3열의 성분: -1.0
 1행 4열의 성분: 0.0
 1행 5열의 성분: 3.0
 2행 1열의 성분: 5.0
 2행 2열의 성분: -2.0
 2행 3열의 성분: 4.0
 2행 4열의 성분: -6.0
 2행 5열의 성분: -17.0
 3행 1열의 성분: 4.0
 3행 2열의 성분: 1.0
 3행 3열의 성분: -1.0
 3행 4열의 성분: -7.0
 3행 5열의 성분: 22.0
 4행 1열의 성분: 2.0
```

```
4행 2열의 성분: -3.0
4행 3열의 성분: -2.0
4행 4열의 성분: -1.0
4행 5열의 성분: 6.0

<3> 입력한 값들에 대한 결과
  1.0000   0.0000   0.0000   0.0000   3.0000
  0.0000   1.0000   0.0000   0.0000   4.0000
  0.0000   0.0000   1.0000   0.0000  -6.0000
  0.0000   0.0000   0.0000   1.0000   0.0000
```

5.11 가우스-사이델 방법(Gauss-Seidel method)

5.11.1 이론

연립방정식

$$\begin{cases} 3x_1 - x_2 - x_3 = 3 \\ 2x_1 - 4x_2 + 3x_3 = 20 \\ 4x_1 + x_2 - 6x_3 = -17 \end{cases}$$

을 가우스-사이델 방법으로 풀어 보자.

제일 먼저 대각선상에 있는 미지수에 대해 각 방정식을 푼다. 그러면

$$x_1 = \frac{x_2 + x_3 + 3}{3}, \tag{4}$$

$$x_2 = \frac{2x_1 + 3x_3 - 20}{4}, \tag{5}$$

$$x_3 = \frac{4x_1 + x_2 + 17}{6} \tag{6}$$

이다.

$x_2 = x_3 = 0$이라 가정하고 이것을 [4]에 대입하면

$$x_1 = \frac{x_2 + x_3 + 3}{3} = \frac{3}{3} = 1$$

이다.

이번에는 $x_3 = 0$과 $x_1 = 1$을 [5]에 대입하여

$$x_2 = \frac{2x_1 + 3x_3 - 20}{4} = \frac{2 - 20}{4} = -4.5$$

을 얻는다.

이제 $x_1 = 1$과 $x_2 = -4.5$를 [6]에 대입하여

$$x_3 = \frac{4x_1 + x_2 + 17}{6} = \frac{4 - 4.5 + 17}{6} = 2.75$$

을 얻는다.

첫 번째 반복 계산은 끝난 것이다.

마찬가지 방법으로 두 번째 반복 계산을 한다.

$x_2 = -4.5$과 $x_3 = 2.75$을 [4]에 대입하면

$$x_1 = \frac{x_2 + x_3 + 3}{3} = \frac{-4.5 + 2.75 + 3}{3} = 0.416667$$

이다.

$x_3 = 2.75$과 $x_1 = 0.416667$을 [5]에 대입하면

$$x_2 = \frac{2x_1 + 3x_3 - 20}{4} = -2.72917$$

이다.

$x_1 = 0.416667$과 $x_2 = -2.72917$을 [6]에 대입하면

$$x_3 = \frac{4x_1 + x_2 + 17}{6} = 2.65625$$

이다.

두 번째 반복 계산은 끝난 것이다.

마찬가지 방법으로 세 번째 반복 계산을 한다.

$x_2 = -2.72917$과 $x_3 = 2.65625$을 [4]에 대입하면

$$x_1 = \frac{x_2 + x_3 + 3}{3} = 0.975693$$

이다.

$x_3 = 2.65625$과 $x_1 = 0.975693$을 [5]에 대입하면

$$x_2 = \frac{2x_1 + 3x_3 - 20}{4} = -2.51997$$

이다.

$x_1 = 0.975693$과 $x_2 = -2.51997$을 [6]에 대입하면

$$x_3 = \frac{4x_1 + x_2 + 17}{6} = 3.0638$$

이다.

위와 같은 방식으로 반복 계산하여 필요한 오차 범위 내의 근을 구할 수 있다.

가우스-사이델 방법은 각 방정식에서 대각선에 걸쳐 있는 계수가 나머지 계수들의 절대값의 합보다 크면 수렴(convergence)한다. 주의할 것은 이 수렴판정(convergence test) 기준이 수렴에 대한 필요조건(necessary condition)은 아니라는 것이다.

5.11.2 소스 코드

```
#include <stdio.h>
#include <math.h>
```

```
int GaussSeidel(double A[], int row, int column, int iteration, double error, double X[]);

void main( void )
{
    unsigned short int i, row=3, column=4, iteration=130;
    double A[3][4] = { {3.0, -1.0, -1.0, 3.0}, {2.0, -4.0, 3.0, 20.0}, {4.0, 1.0, -6.0, -17.0} };
    double X[3];
    double error=0.0000000000000003;

    GaussSeidel( (double *)A, row, column, iteration, error, X );
    printf( "\n" );

    for (i=0; i<row; i++)
        printf( "  x%u = %.19lf\n", i+1, X[i] );

    printf( "\n\n" );
}

int GaussSeidel(double A[], int row, int column, int iteration, double error, double X[])
{
    int i, j, k, s, t;
    double def, sum, w, y, ay;

    for (i=0; i<row; i++)
        X[i] = 0.0;     // 초기 가정값으로 모두 0을 선택한다.

    k = 1;

    while ( 1 )
    {
        def = 0.0;

        for (i=0; i<row; i++)
        {
            sum = 0.0;
            s = i * column;
            w = A[s+i];

            for (j=0; j<row; j++)
                if ( i!=j )
                    sum += A[s+j] * X[j];

            t = s + row;
            y = (A[t]-sum) / w;
            ay = fabs(y-X[i]);

            if ( ay>def )
                def = ay;

            X[i] = y;
        }

        if ( def<=error )
            return 0;

        if ( k>=iteration )
            return 1;
```

```
        k++;
    }

    return 0;
}
```

5.11.3 실행 결과

```
x1 = 1.99999999999999991000
x2 = -1.00000000000000013000
x3 = 3.99999999999999987000
```

5.12 연습 문제

문항1 하부삼각행렬의 행렬식의 값은 주대각선 성분들의 곱과 같다. 이것을 증명하여라.

문항3 Crout decomposition 프로그램을 실행시킨 후에 order가 4인 힐베르트 행렬을 입력하여라.

문항4 크래머의 공식을 프로그램으로 구현하여라.

문항5 정방행렬 $\mathbf{A}$ 의 역행렬을 $\mathbf{A}^{-\text{inv}} = \frac{\text{adj}\,\mathbf{A}}{\det\mathbf{A}}$ 으로 표현할 수 있다. 이때 $\text{adj}\,\mathbf{A}$ 은 i 행 j 열의 성분이 $(-1)^{i+j}\det\mathbf{A}\,(j|i)$인 행렬을 의미한다. 여기에서 $\det\mathbf{A}\,(j|i)$은 j행과 i열을 삭제함으로써 $\mathbf{A}$로부터 얻어지는 행렬의 행렬식이다. 역행렬을 프로그램으로 구현하여라.

7 MFC(microsoft foundation classes)

7.1 개론

MFC(Microsoft Foundation Classes)는 윈도우즈용 프로그램 개발을 보다 쉽게 하도록 도와준다. MFC에 대해 알기 위해서는 그 전에 먼저 API(Application Programming Interface)에 대해 알아야 한다.

API는 Application Program Interface의 頭文字語(acronym)로써, 응용 프로그램이 컴퓨터의 운영 체제에 의해 수행되는 lower-level services를 요청하고 수행하기 위해 사용하는 명령어들의 집합이다. Windows 3.1은 Win16 API를 사용하며 Windows NT, Windows 95, Windows 98 플랫폼은 Win32 API를 사용한다.

MFC는 개체 지향 프로그래밍 기술의 적용과 코드의 재사용을 위해서 윈도우즈 프로그래밍을 위한 API인 Win32 API를 기능별로 구분해서 클래스로 작성해 놓은 것이다. MFC는 윈도우즈 운영 체제에서의 프로그래밍을 위한 "응용 프로그램 프레임워크"이다. MFC는 창(window), 메뉴, 대화 상자에 필요한 코드의 많은 부분을 제공한다. 독자는 프레임워크 안에 원하는 코드를 추가하면 된다. MFC를 사용하면 개발시간(development time)을 단축할 수 있고, 코드를 다른 기종에 이식하는데 있어서의 어려움을 줄일 수 있으며, Windows 소켓 API를 통한 네트워크 프로그래밍을 단순화시킬 수 있다.

API와 MFC에 대해 자세하게 설명하는 것은 이 책의 범위를 벗어나는 일이므로, 이것들에 대한 구체적인 설명은 생략한다. 자세한 것이 궁금한 독자(reader)들은 Visual C++ 6.0이나 API 또는 MFC에 관한 전문 서적을 참고하여라.

7.2 MFC

7.2.1 준비 과정

우리는 함수의 그래프나 그림을 그리기 위해 MFC를 사용할 것이다. 그런데 우리의 이러한 목적을 달성하기 위해서 반드시 거쳐야 할 과정이 있다. 계속 이어지는 설명을 잘 읽고 그대로 따라하기를 바란다.

아래의 화면

은 Visual C++ 6.0을 실행한 화면을 나타낸다.

좌측 상단을 보면 "File", "Edit", "View", "Insert", "Project", "Build", "Tools", "Window", "Help"가 나열되어 있는 메뉴 모음(menu bar)이 있다.

"File" 메뉴를 클릭하면 하위 메뉴(submenu)가 나타난다. 이 중에서 "New" 명령을 선택하면 아래의 "New" 대화 상자

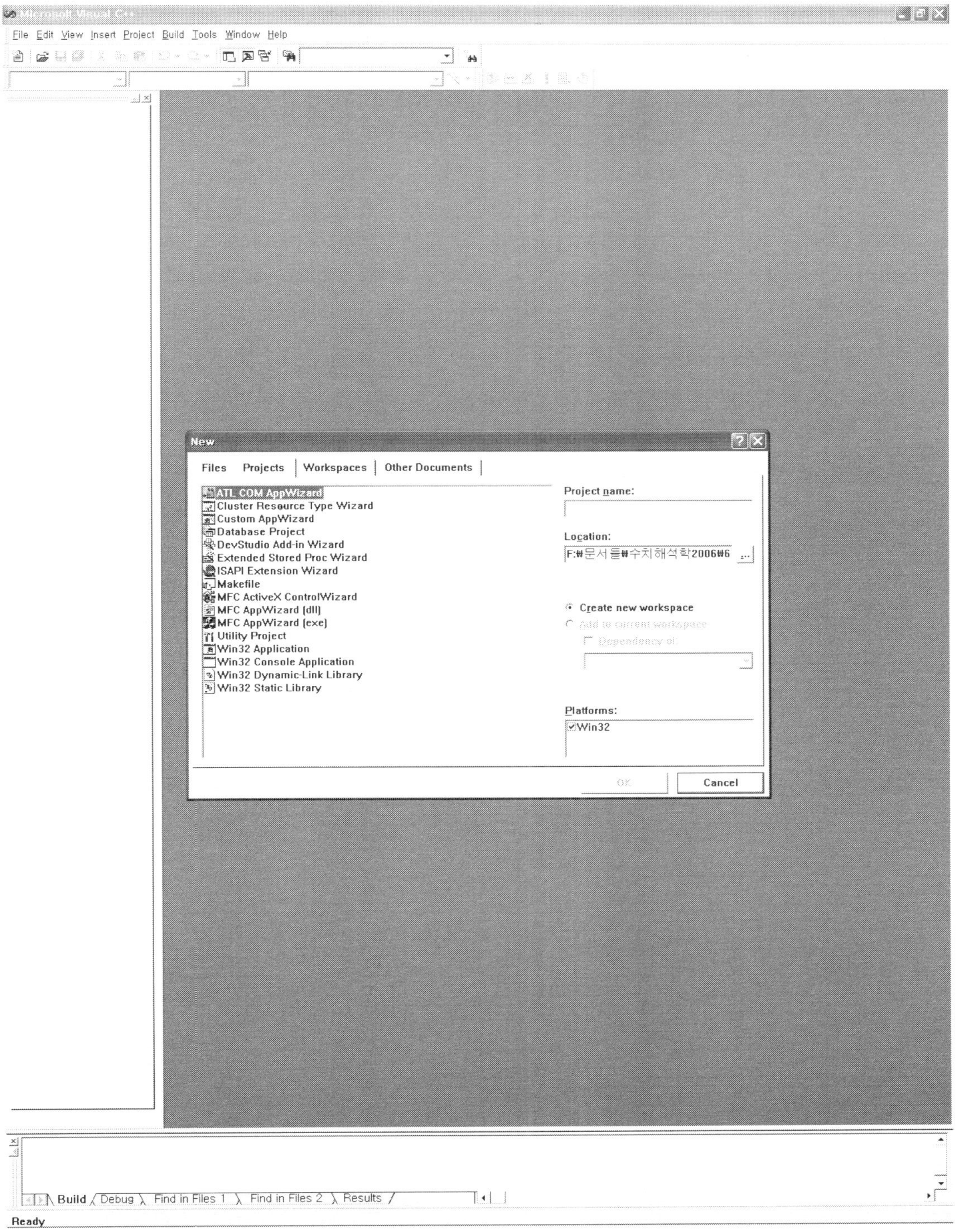

가 나타난다.

이 대화 상자에는 "Files", "Projects", "Workspaces", "Other Documents"의 네 개의 탭이 있다. 별다른 조작을 하지 않았다면 "Projects" 탭이 선택되어 있을 것이다.

왼쪽 부분에는 우리가 만들 수 있는 여러 종류의 프로젝트의 목록이 있는데, default으로 "ATL COM AppWizard" 프로젝트가 선택되어 있다.

ATL은 Microsoft의 Active Template Library를 말하는 것이다. 이게 뭔지 전혀 몰라도 된다. 우리는 단지 우리의 목적에 맞는 프로젝트가 어떤 것인지 알고, 그것을 선택해 주면 될 뿐이다.

밑에서 여섯번째에 "MFC AppWizard(exe)"가 있다. 이것은 단독으로 실행이 가능하고 기본적인 MFC 응용 프로그램을 만들고자 할 때 사용하는 프로젝트로써, 우리가 선택해야 할 프로젝트이다.

"Project name"은 자신이 원하는 프로젝트 이름을 써넣는 곳이다. 만약 함수의 그래프를 그릴 거라면 "Project name"에 "함수의 그래프"를 입력하면 좋을 것이다.

"Location"은 앞으로의 몇 단계의 과정을 거친 후에 생성될 프로젝트가 저장(save)될 위치를 말하는 것으로, 자신이 원하는 경로(path)를 지정해 주면 된다. 다만 하나의 프로젝트는 하나의 폴더에 저장하는 것이 좋으므로, 새로운 폴더를 만들어 저장할 것을 권장한다. "Location"에 의해 생성되는 폴더는 프로젝트가 저장되는 한 단계 위의 상위 폴더이고, "Project name"에서 지정한 프로젝트의 이름과 동일한 이름의 하위 폴더가 이 폴더 아래에 만들어지고 그 폴더에 프로젝트의 파일들이 모두 저장된다.

그 아래쪽을 보면 "Create new workspace"와 "Win32"가 선택되어 있다. 이것들은 건드리지 않는다.

목록에 있는 여러 프로젝트들 중에서 "MFC AppWizard(exe)"를 클릭한다. 그러면 아래의 화면

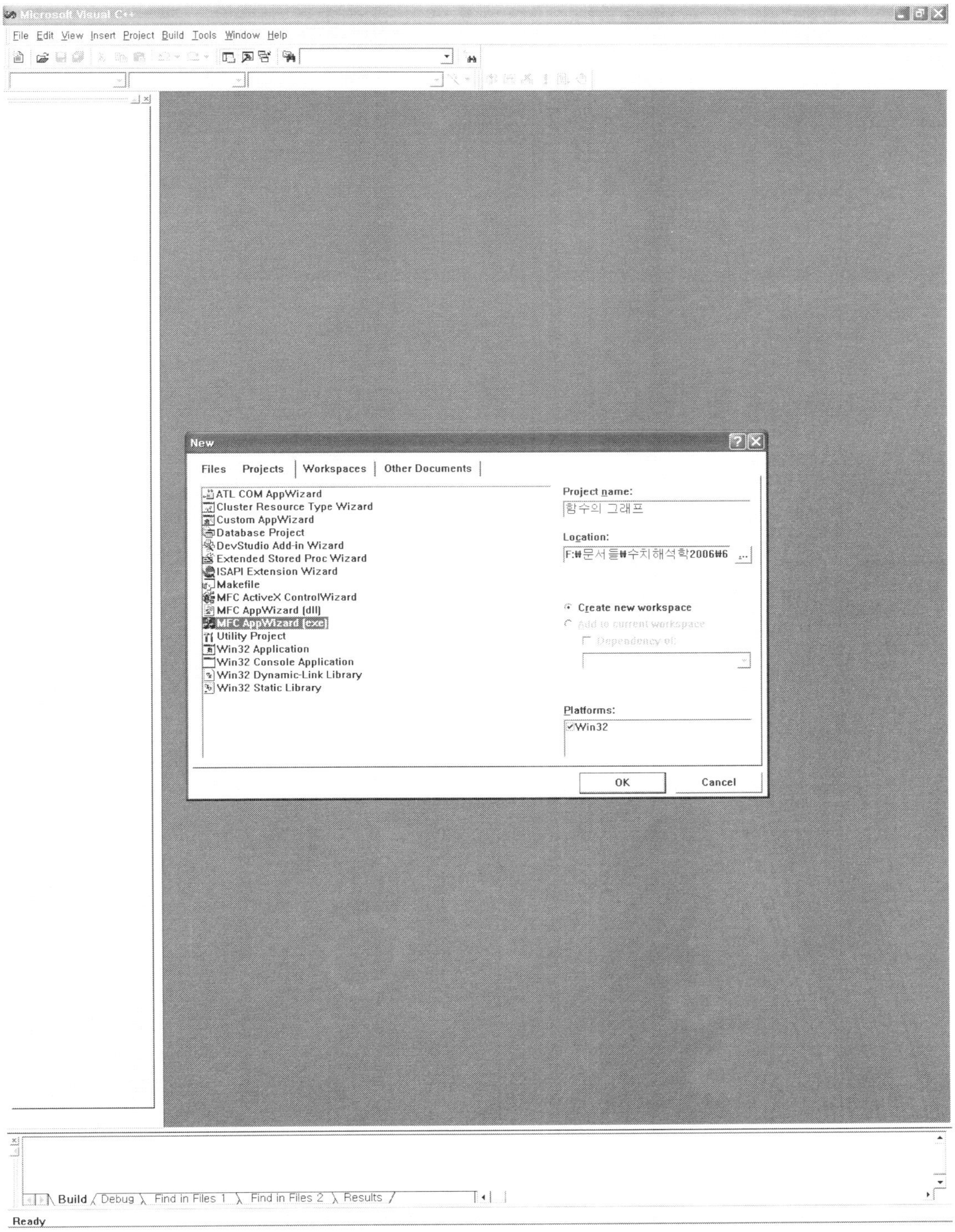

과 같다.

이제 "OK" 단추를 누르면 응용 프로그램 작성을 위한 기본적인 소스 코드를 자동으로 생성해 주는 MFC AppWizard가 실행된다. 우리는 MFC AppWizard를 통하여 나중에 생성될 프로젝트의 architecture, features, functions을 선택할 수 있다.

"OK" 단추를 누른다. 그러면 아래의 "MFC AppWizard - Step 1" 대화 상자

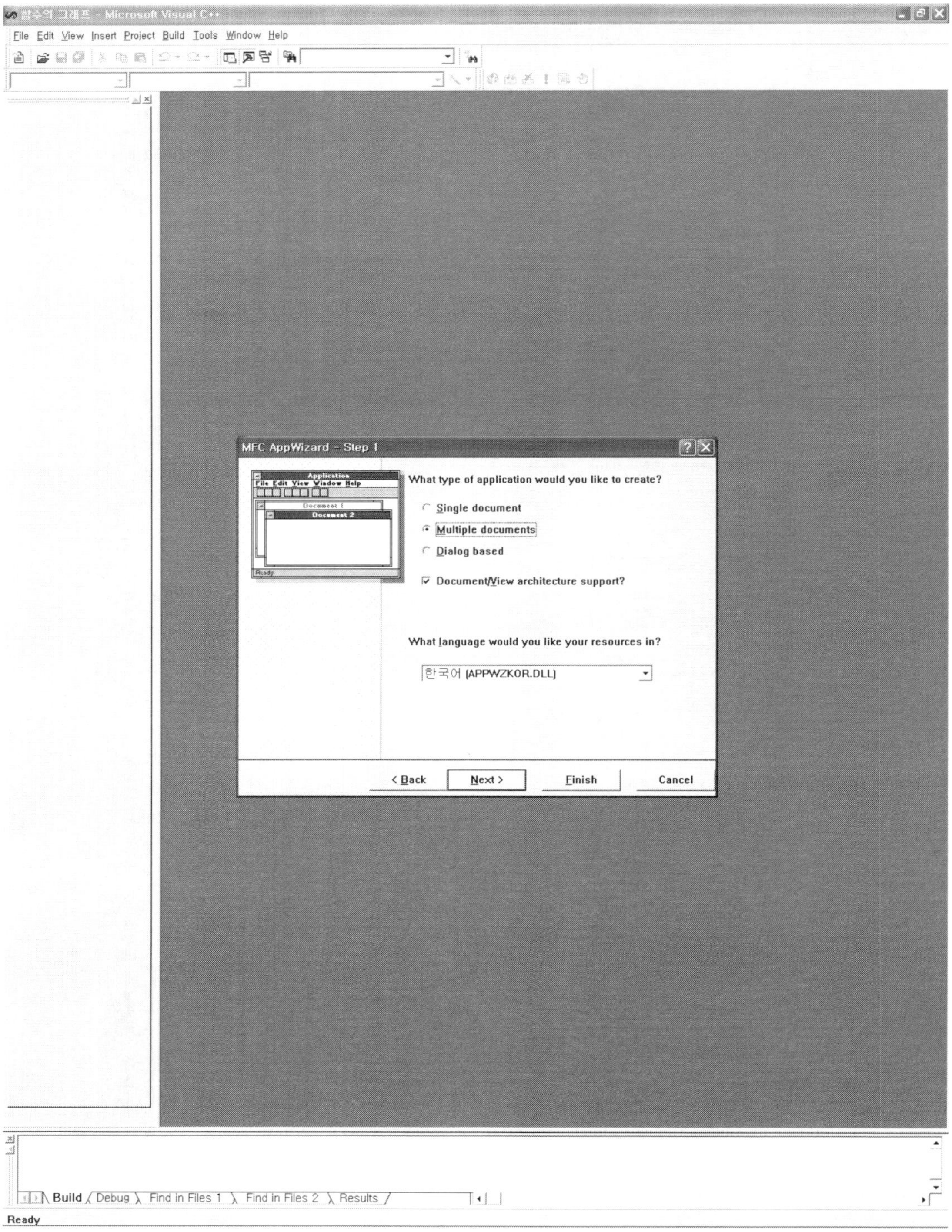

가 나타난다. 이 대화 상자는 우리가 만들고자 하는 응용 프로그램의 기본적인 구조와 리소스(resource)에서 사용할 언어를 결정하는 역할을 한다.

"What type of application would you like to create?"이라는 질문의 답에 세 가지의 architectures가 나열되어 있고, "Multiple documents"가 default으로 선택되어 있다.

"Single document"를 클릭하여 설정을 바꾸어 보아라. 또한 "Dialog based"으로도 설정을 바꾸어 보아라. "Single document"와 "Multiple documents", 그리고 "Dialog based"의 차이가 무엇인지 대충 알 수 있을 것이다.

3번째의 "Dialog based"는 응용 프로그램이 메뉴와 document/view architecture를 갖지 않는 하나의 대화 상자만을 가지도록 한다. Windows의 보조프로그램에 들어 있는 계산기

는 "Dialog based" 유형의 응용 프로그램이다.

우리의 목적에 적합한 유형은 SDI(Single Document Interface) 구조이다.

세 가지의 architectures 중에서 아래의 화면

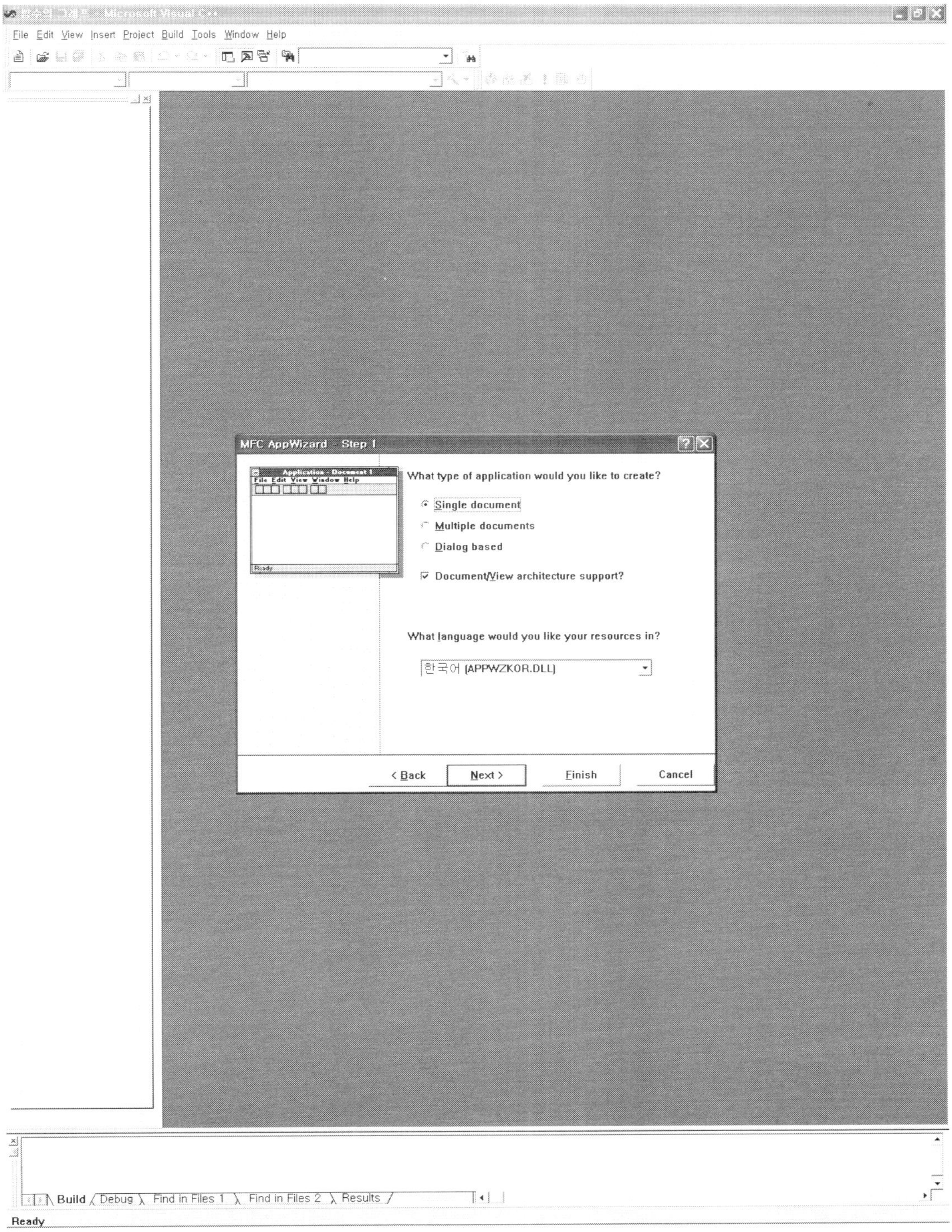

처럼 "Single document"을 선택한다.

"Single document" 유형의 응용 프로그램으로는 Windows의 보조프로그램에 들어 있는 "Windows 탐색기"가 있다. 이 유형의 응용 프로그램은 하나의 작업 창을 가진다.

한편 하나의 응용 프로그램에서 여러 개의 "소스 코드 편집 창"을 제공하는 "Visual C++ 6.0"은 "Multiple documents" 유형의 응용 프로그램이다. 만약 "Visual C++ 6.0"이 SDI 구조라면 매우 불편할 것이다. 왜냐하면 다른 파일을 편집하려면 현재 편집 중인 파일을 닫고 다른 파일을 열어야 하기 때문이다. 이런 작업을 계속 반복해야 한다면 매우 불편할 수밖에 없다.

아래쪽에는 "What language would you like your resources in?"이라는 질문에 "한국어"가 default으로 되어 있다. "한글판 Visual C++ 6.0"을 설치해서 그런 것이다. 이것 때문에 나중에 프로그램의 메뉴가 "파일(F)", "편집(E)", "보기(V)", "도움말(H)"과 같이 한글로 나타난다. 또한 메뉴 말고도 단추 같은 다른 리소스에서도 "확인", "취소" 등과 같이 한글을 사용하게 된다.

다음 단계로 넘어가기 위해 "Next >" 단추를 누른다. 그러면 아래의 "MFC AppWizard - Step 2 of 6" 대화 상자

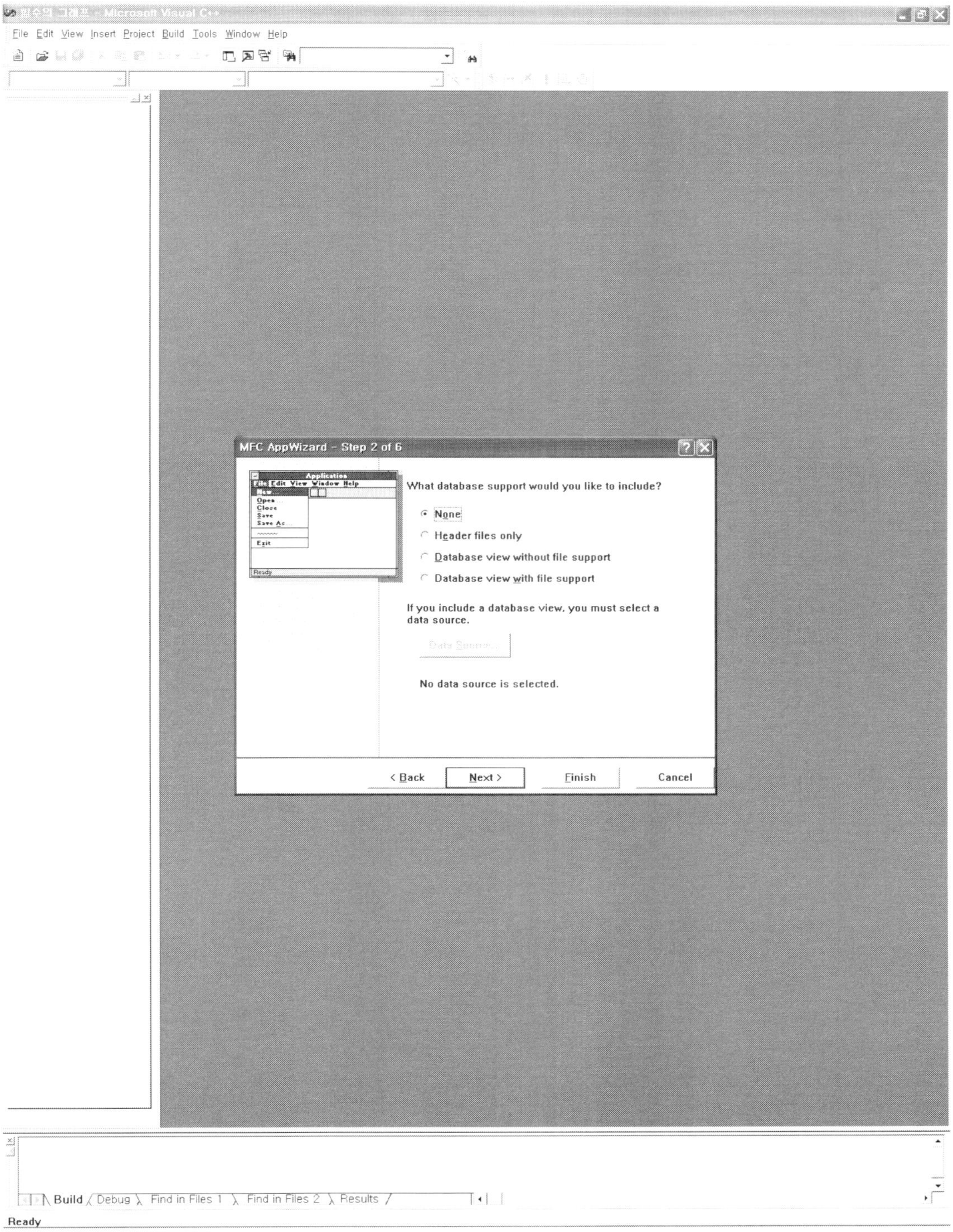

가 나타난다. 이 단계는 database를 지원하는 기능을 포함시킬 것인지의 여부를 결정하는 단계다. 우리의 목적과 database는 전혀 관계가 없다. dafault으로 선택되어 있는 "None"을 그대로 놓아 둔다. "Next >" 단추를 눌러 다음 단계로 넘어간다. 그러면 아래의 "MFC AppWizard - Step 3 of 6" 대화 상자

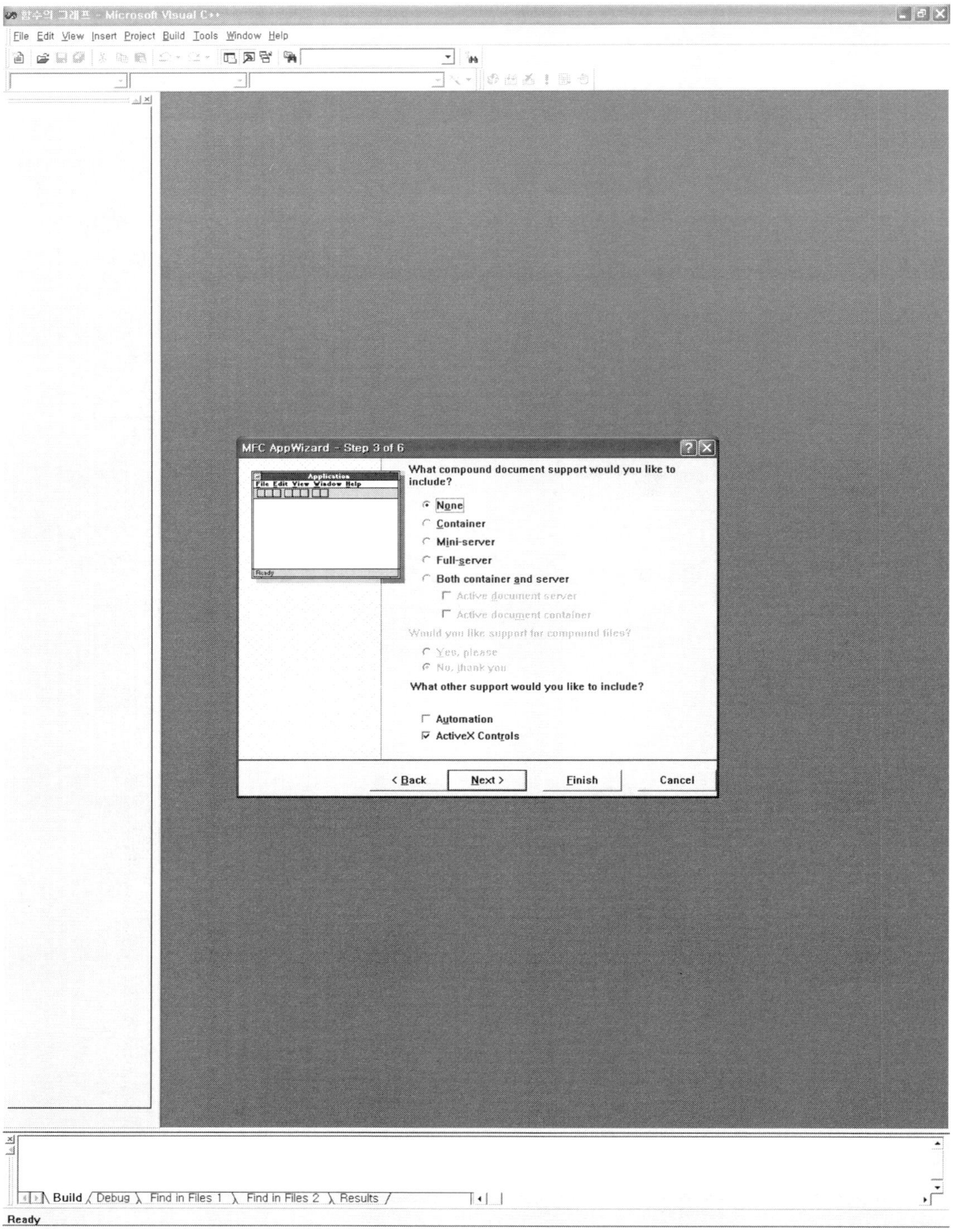

가 나타난다. 이 단계는 복합문서(compound document)를 지원하는 기능을 포함할 것인지 여부와 ActiveX에 관한 코드를 생성할 것인지 여부를 결정하는 단계이다.

복합문서는 그림 파일, 소리 파일 등이 삽입되어 있는 워드프로세서 파일처럼 여러 종류의 데이터를 담고 있는 문서를 말한다. "What compound document support would you like to include?"이라는 질문의 답에 default으로 "None"이 선택되어 있다. 그대로 놓아둔다.

한편 아래 부분에는 "Automation"과 "ActiveX Controls"이 있다. 이것들은 ActiveX에 속하는 기술이다. default으로 선택되어 있는 "ActiveX Controls"은 ActiveX의 여러 가지 기술들 중 핵심 기술이다. 요즈음에는 ActiveX를 Active technologies이라고 한다. Active technologies는 소프트웨어 components가, 그들이 어떤 언어에서 생성되었는지에 개의치 않고, 네트워크화된 환경에서 다른 components와 서로 상호작용하는 것이 가능하게 하기 위해 Component Object Model(COM)을 사용한다. Active technologies는 데스크톱이나 인터넷에서 실행되는 응용 프로그램들을 생성하는 데에 사용될 수 있다. 우리의 목적과 ActiveX와는 무관하다. 체크 표시를 해제하여라.

다음 단계로 넘어가기 위해 "Next >" 단추를 누른다. 그러면 아래 그림처럼 "MFC AppWizard - Step 4 of 6" 대화 상자

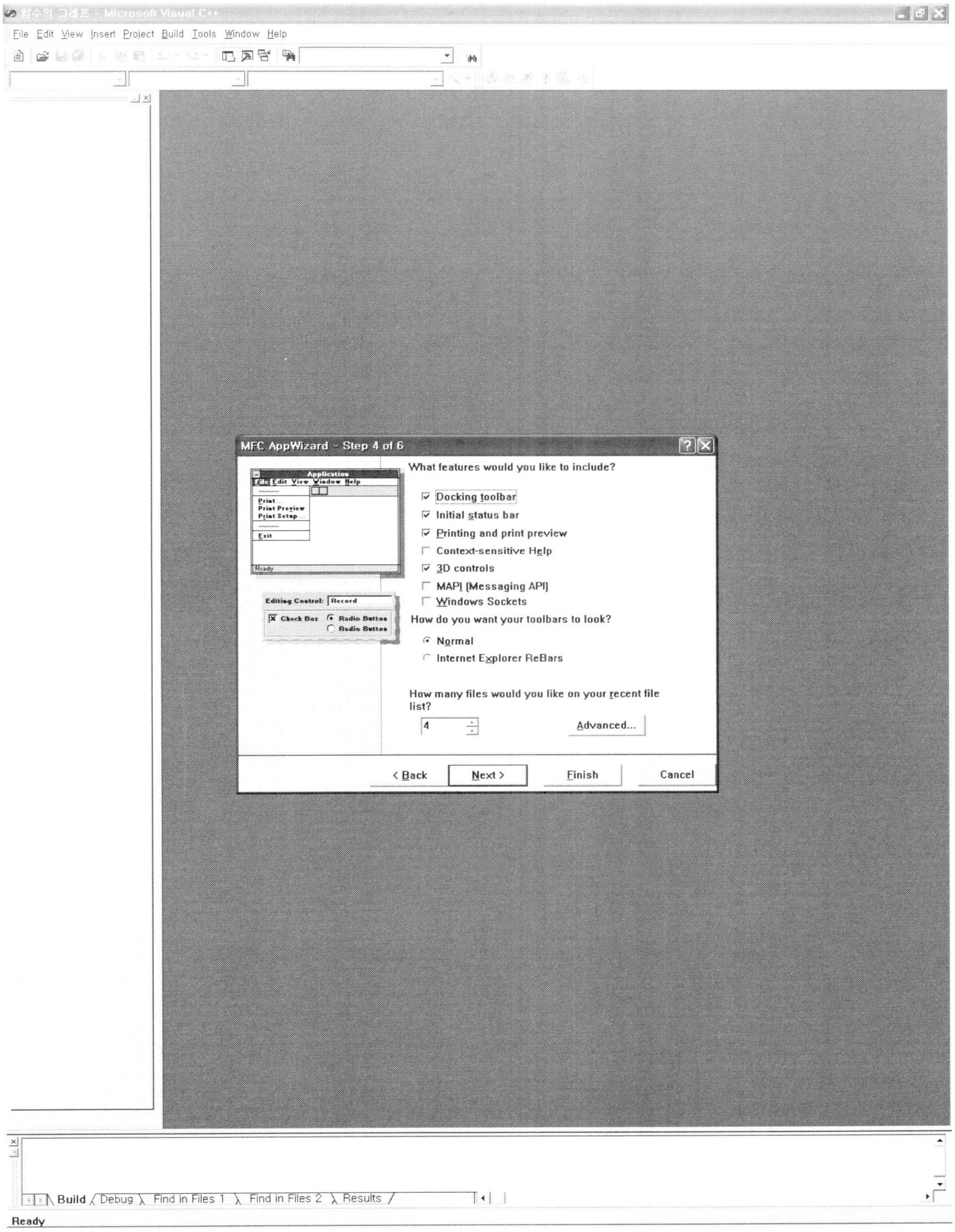

가 나타난다. 이 단계는 응용 프로그램의 사용자 인터페이스를 다양하게 조종하는 역할을 한다. 쉽게 말하면, 응용 프로그램을 어떤 모습으로 보이게 할 것인지 결정하는 것이다.

"Docking toolbar"는 응용 프로그램이 명령어를 실행시킬 수 있는 단추들이 들어 있는 docking toolbar를 가지도

록 한다.

"Initial Status Bar"은 main 창의 아래 부분에 상태 표시줄이 나타나게 한다.

"Printing and print Preview"는 말 그대로 인쇄와 인쇄 미리보기 기능 설정에 관한 것이다.

"Context-sensitive Help"를 선택하면 도움말 작성을 위해 도움말 프로젝트 파일(.hpj)과 배치 파일 MakeHelp.bat을 만든다.

"3D controls"는 응용 프로그램의 사용자 인터페이스에 삼차원 모양을 넣는 코드 작성 여부를 결정한다.

"MAPI(Messageing API)"는 mail-enabled and mail-aware 응용 프로그램들이 mail messages를 생성, 조작, 저장하기 위해 사용하는 함수들의 집합이다. MAPI는 응용 프로그램 개발자들이 underlying messaging system에 독립적인 mail-enabled and mail-aware 응용 프로그램들을 생성하기 위해 사용할 수 있는 공통의 인터페이스를 제공한다.

"Windows Sockets"는 소켓 프로그래밍을 할 수 있도록 지원한다. 소켓은 통신의 종점(communication endpoint)이다. Windows Sockets 응용 프로그램은 네트워크를 통하여 데이터의 패킷을 주고받는다. 소켓에는 양방향성의 스트림과 데이터그램의 두 가지가 있다. 사용자가 통신의 양 끝에서 MFC를 사용할 때, MFC sockets을 사용하면 매우 좋다.

그 밑으로 "How do you want your toolbars to look?"이라는 질문에 default으로 선택되어 있는 "Normal"은 보통의 입체 단추를 가진 도구바를 제공하고 "Internet Explorer Rebars"는 익스플로러의 도구바와 같은 모양의 도구바를 제공한다.

하단에는 "How many files would you like on your recent file list?"이라는 질문이 있다. Windows의 레지스트리를 많이 편집해 본 사람들이라면 레지스트리 항목 중에 MRU(most recently used) 항목을 알 것이다. MRU 항목에는 가장 최근에 사용한 파일 목록이 저장되어 있는데 이 값에 따라 목록에 저장할 수 있는 파일 개수가 달라진다. 파일의 개수가 이 값을 넘게 되면 가장 오래된 파일 순서대로 삭제되고 새로운 파일로 갱신된다.

"Advanced Options" 단추가 있는데, 여기에서 한 가지 설정해 줄 사항이 있다.

"Advanced Options" 단추를 누르면 아래

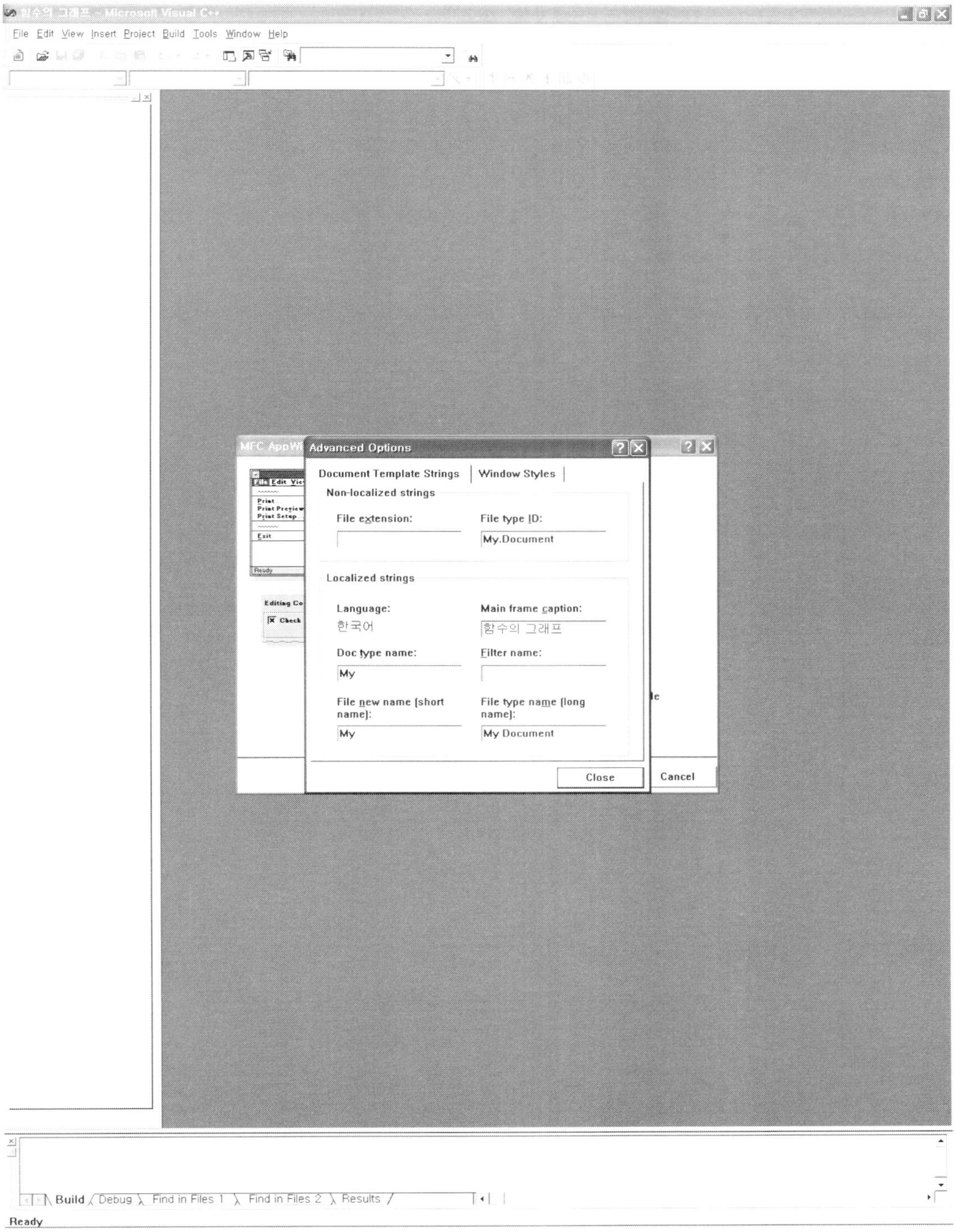

와 같이 된다.

"Document Template Strings" 탭과 "Window Styles" 탭이 있다.

사용자는 "Window Styles" 탭에서 "main frame창"의 스타일을 바꿀 수 있다.

frame 두께를 thick으로 할 것인지 thin으로 할 것인지 지정할 수 있다. 혹시 thick와 thin이 무슨 뜻인지 모른다면, 영어 사전을 찾아보아라.

창이 "최소화 단추(Minimize button)"나 "최대화 단추(Maximize button)"를 가질 것인지의 여부를 지정할 수 있다.

창이 초기에 어떤 크기로 나타날 것인지의 여부를 지정할 수 있다. 창이 초기에 최대 크기로 나타날 것인지 최소 크기로 나타날 것인지 아니면 default으로 설정되어 있는 크기로 나타날 것인지를 지정할 수 있다.

SDI 응용 프로그램의 경우, 프레임워크에서 창의 스타일은 default으로 캡션(caption)과 border를 가지고 있으며 제목 표시줄에 "Control-menu box"를 가지고 있다.

"Window Styles" 탭을 선택한다. 그러면 아래의 화면

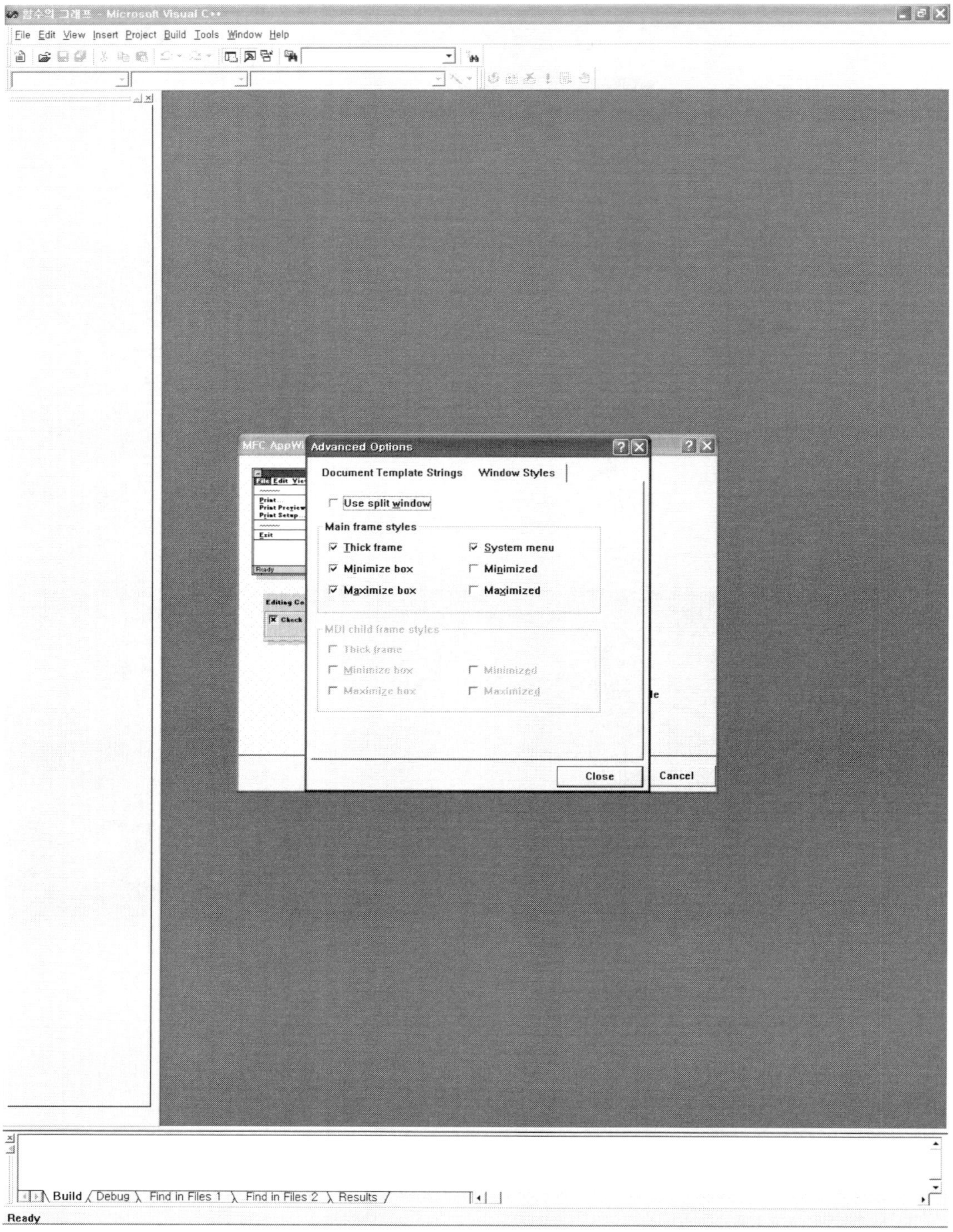

과 같이 된다.

화면 중간 쯤에 "Main frame styles"가 있다. 몇 가지 옵션이 있는데 "Minimized"와 "Maximized"은 프로그램을

실행시키면 생성되는 "main frame 창"을 기본적으로 어떤 크기로 시작할 것인지 설정한다. "Maximized"을 설정하여 주면 프로그램이 실행된 후에 최대 크기의 "main frame창"이 만들어지고, "Minimized"을 설정하여 주면 프로그램이 실행된 후에 최소 크기의 "main frame 창"이 만들어진다.

"Maximized"를 설정해 준 후 "Close" 단추를 누른다. 그러면 다시 "MFC AppWizard - Step 4 of 6" 대화 상자로 되돌아온다.

다음 단계로 진행하기 위해 "Next >" 단추를 누른다. 그러면 아래의 "MFC AppWizard - Step 5 of 6" 대화 상자

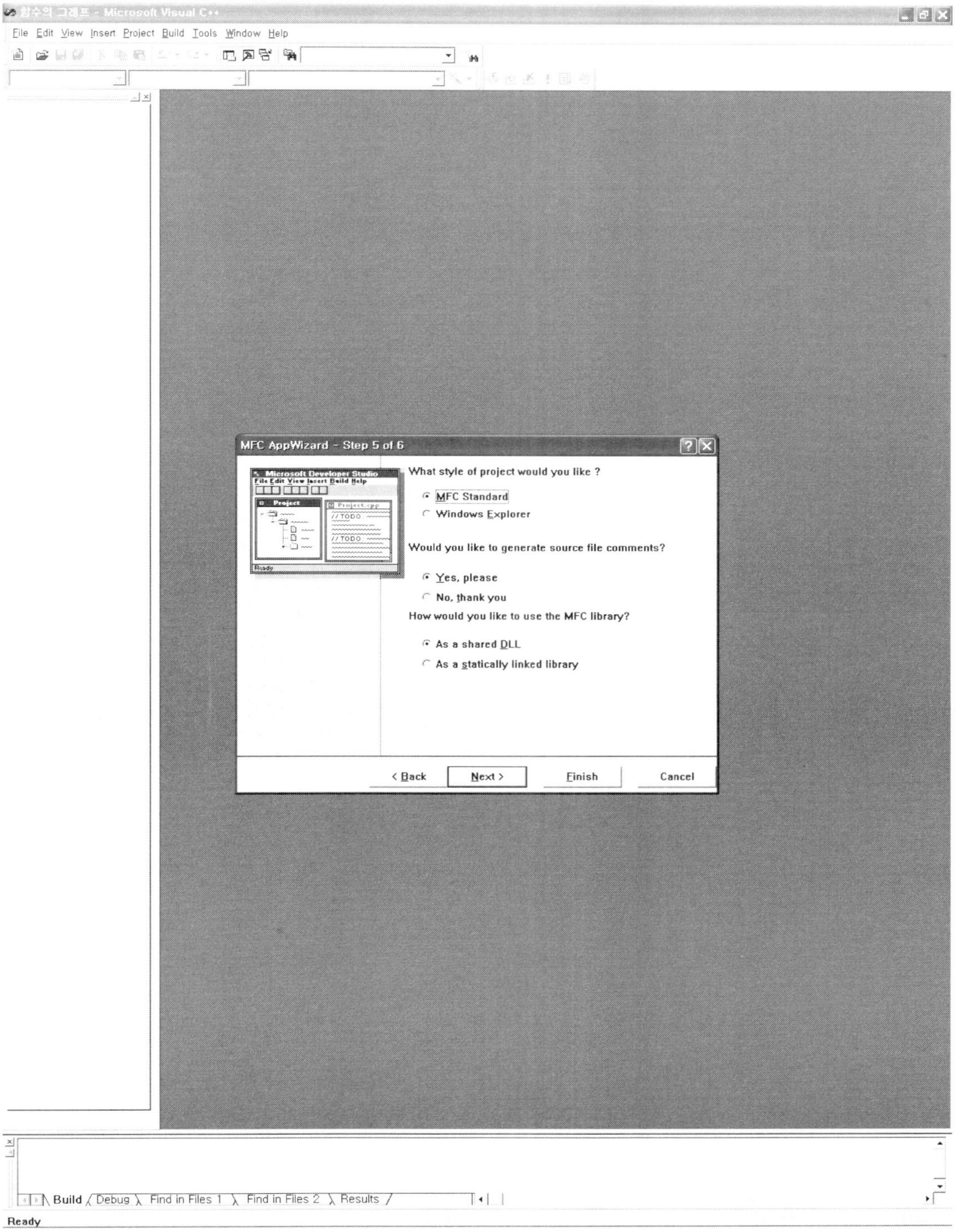

가 나타난다. 이 단계는 사실상 프로젝트 생성을 위한 옵션 선택의 마지막 단계라고 할 수 있다.

"What style of project would you like?"이라는 질문에 "MFC Standard"가 default으로 선택되어 있다. 이것은 응용 프로그램에 하나의 view를 보여 준다. "Windows Explorer"는 프로젝트의 스타일이 Windows의 익스플로러와 매우 비슷해서 붙여진 이름이다. 이것은 "MFC Standard"와는 달리 정적 분할 window를 수직으로 나누어 view가 별도로 나타나게 한다.

두번째로 "Would you like to generate source file comments"이라는 질문에 "Yes, please"가 default으로 선택되어 있다. 이 옵션은 소스 코드에 주석문을 표시하는 기능을 한다. 주석을 달면 AppWizard에 의해 만들어지는 함수 내부에 어떤 코드를 써야 할 지 알 수 있으므로 코딩할 때 상당히 도움이 된다.

세 번째 선택사항인 "How would you like to use the MFC library?"은 응용 프로그램이 MFC 라이브러리에 연결되는 방식을 선택하는 것이다. MFC 라이브러리를 프로그램에 연결하는 방법에는 정적인 연결과 동적인 연결의 두 가지가 있다. 정적으로 연결할 경우 프로그램의 단독 실행이 가능하지만 프로그램의 크기가 커진다. 동적으로 연결할 경우 프로그램의 크기가 줄어들므로 보통은 동적으로 연결한다.

이 단계에서도 변경할 것은 없다.

다음 단계로 넘어가기 위해 "Next >" 단추를 누른다. 그러면 아래의 "MFC AppWizard - Step 6 of 6" 대화 상자

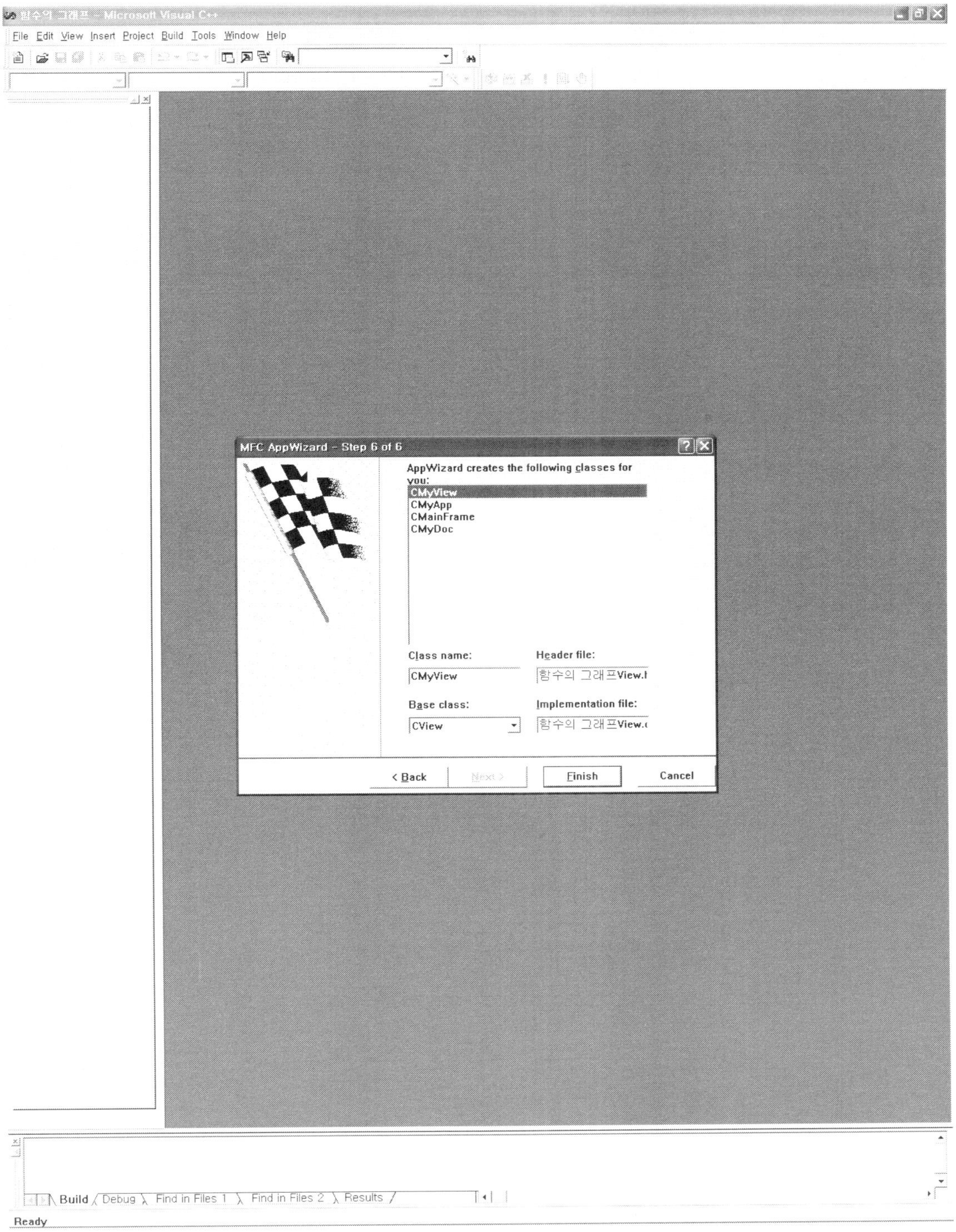

가 나타난다. 이 단계는 AppWizard가 생성할 클래스들에 대해, 각 클래스의 이름, base class, 헤더 파일, 구현 파일을 보여 준다.

위의 화면에 나타나 있는 것처럼 CMyView 클래스에 대해, base 클래스는 CView 클래스이고, 헤더 파일은 "함수의 그래프View.h"이며, 구현 파일은 "함수의 그래프View.cpp"이다. 또한 CMyView 클래스 아래에 있는 CMyApp 클래스에 대해, base 클래스는 CWinApp 클래스이고, 헤더 파일은 "함수의 그래프.h"이며, 구현 파일은 "함수의 그래프.cpp"이다. CMyApp 클래스 아래에 있는 CMainFrame 클래스에 대해, base 클래스는 CFrameWnd 클래스이고, 헤더 파일은 "MainFrm.h"이며, 구현 파일은 "MainFrm.cpp"이다. 마지막으로 CMainFrame 클래스 아래에 있는 CMyDoc 클래스에 대해, base 클래스는 CDocument 클래스이고, 헤더 파일은 "함수의 그래프Doc.h"이며, 구현 파일은 "함수의 그래프Doc.cpp"이다. 사용자는 이 단계에서 응용 프로그램의 클래스들의 이름을 바꿀 수 있다.

이 단계에서도 변경할 것이 없다.

이제 모든 설정을 완료하기 위해 "Finish" 단추를 누르면 아래의 "New Project Information" 대화 상자

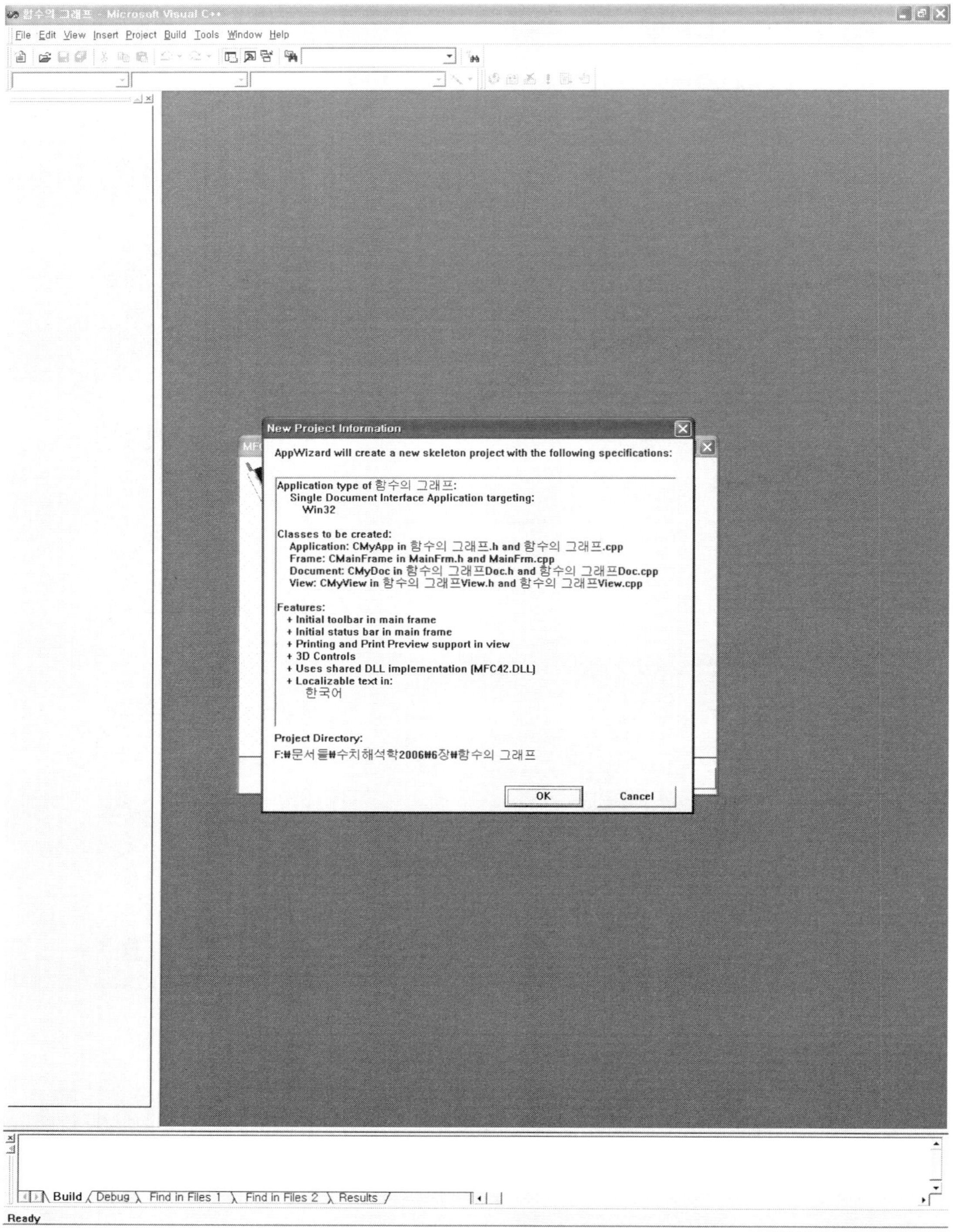

가 나타난다.

위의 대화 상자의 안에 있는 내용들을 천천히 살펴보아라. 무엇을 뜻하는지 잘은 몰라도 낯이 익은 내용들이라는 것을 알 수 있다. 이 대화 상자는 지금까지 우리가 선택하였던 여러 가지 선택 사항들을 바탕으로 하여, 생성할 skeleton project의 specifications를 보여준다. 여러 가지 내용들이 나타나 있다.

위의 화면과 비교해 보고 이상이 없으면 "OK" 단추를 누른다. 그러면 아래 화면

이 나타난다.

처음 Visual C++ 6.0을 실행시켰을 때와 비교하여 보아라. "ClassView", "ResourceView", "FileView"의 세 가지 탭을 갖는 "Project Workspace창"이 나타났다. "ClassView"가default으로 선택되어 있다.

"ClassView"는 클래스들과 클래스들의 멤버들을 보여준다. 클래스의 멤버들을 표시하려면 클래스 아이콘을 더블클릭하거나 아이콘 아래의 "+" 기호를 클릭한다.

"ResourceView"는 프로젝트에 포함되어 있는 리소스 파일들을 표시한다. 폴더를 펼치면 리소스 유형을 알 수

있다.

"FileView"는 프로젝트와 관련되어 있는 파일들을 표시한다. 우리는 "FileView"를 통해 프로젝트와 project workspace에 포함된 파일들의 관계를 알 수 있는데, 이 관계는 물리적인 관계가 아니라 논리적인 관계이다.

"FileView"를 클릭한다. 그러면 "Project Workspace창"이 아래의 화면

처럼 바뀐다.

"함수의 그래프 files" 앞에 "+" 기호가 있다. 이걸 클릭하여 트리 구조를 펼치면 아래의 화면

이 나타난다.

"Source Files", "Header Files", "Resource Files", "ReadMe.txt"의 네 가지 하위 항목이 있는 것을 볼 수 있다.

"ReadMe.txt"를 제외한 세 항목 앞에는 "+" 기호가 있다. "ReadMe.txt"에는 응용 프로그램을 구성하는 여러 파일들에 관하여 간단한 설명이 들어 있다. 한 번쯤 이 파일을 읽어 보는 것도 좋을 것이다.

"Source Files" 앞에 있는 "+" 기호를 클릭한다. 그러면 아래의 화면

처럼 확장자가 rc인 파일 하나와 확장자가 cpp인 파일 몇 개가 보일 것이다.

"함수의 그래프.cpp"는 CMyApp 클래스를 포함하는 main source 파일이다.

"함수의 그래프.rc"는 프로그램이 사용하는 모든 윈도우즈 리소스들의 목록이다. 이 파일은 res 하위폴더에 저장되어 있는 아이콘, 비트맵, 커서를 포함한다. Visual C++에서 직접 이 파일을 편집할 수 있다. 참고로 res 하위폴더에 "함수의 그래프.rc2"가 있는데, 이 파일은 Visual C++에 의해 편집되지 않는 리소스들을 포함한다.

"MainFrm.cpp"는 CMainFrame frame 클래스를 포함한다.

"함수의 그래프Doc.cpp"는 CMyDoc 클래스를 포함한다.

"함수의 그래프View.cpp"는 CMyView 클래스를 포함한다.

위의 파일들 중에서 우리가 최종적으로 선택하여야 할 파일은? 처음에 입력했던 프로젝트 이름인 "함수의 그래프"의 바로 뒤에 View가 붙어 있고 확장자가 cpp인 파일, 즉 "함수의 그래프View.cpp"이다.

"함수의 그래프View.cpp"을 더블 클릭하여라. 그러면 아래의 화면

과 같이 "소스 코드 편집 창"에 "함수의 그래프View.cpp"의 소스 코드가 나타난다.

드디어 우리에게 필요한 프로젝트가 생성되었고, 우리가 작업할 "소스 코드 편집 창"도 준비되었다.

main 메뉴 중 "Build" 메뉴를 클릭한 다음 "Rebuild All" 명령을 실행시켜라. 그러면 생성된 프로젝트가 컴파일

과 링크 과정을 거치게 되어 실행 파일이 만들어진다. "Rebuild All" 명령은 프로젝트의 모든 파일들을 빌드한다.

참고로 말해 둘 것이 있다. 개발환경(development environment) 외부에서 프로그램을 빌드하려면, 명령 프롬프트(command prompt)나 makefile에서 빌드 옵션을 지정한다. CL.EXE는 Microsoft C와 C++ 컴파일러와 링커를 조정하는 32 비트 도구이다. 컴파일러는 Common Object File Format(COFF) object(.OBJ) 파일들을 생성하고, 링커는 실행파일들이나 dynamic-link libraries(DLLs)를 생성한다.

"Build" 메뉴를 다시 클릭한 다음, "Execute 함수의 그래프.exe" 명령을 실행시킨다. 그러면 "AppWizard"에 의해 생성된 프로젝트의 실체(?)가 드러난다. 아래의 화면

처럼 되어야 한다.

"소스 코드 편집 창"에 자동으로 작성된 소스 코드는 다음과 같다.

7.2.2 "함수의 그래프View.cpp"의 소스 코드

```
// 함수의 그래프View.cpp : implementation of the CMyView class
//

#include "stdafx.h"
#include "함수의 그래프.h"

#include "함수의 그래프Doc.h"
#include "함수의 그래프View.h"

#ifdef _DEBUG
#define new DEBUG_NEW
#undef THIS_FILE
static char THIS_FILE[] = __FILE__;
#endif

/////////////////////////////////////////////////////////////////////////////
// CMyView

IMPLEMENT_DYNCREATE(CMyView, CView)

BEGIN_MESSAGE_MAP(CMyView, CView)
    //{{AFX_MSG_MAP(CMyView)
        // NOTE - the ClassWizard will add and remove mapping macros here.
        //    DO NOT EDIT what you see in these blocks of generated code!
    //}}AFX_MSG_MAP
    // Standard printing commands
    ON_COMMAND(ID_FILE_PRINT, CView::OnFilePrint)
    ON_COMMAND(ID_FILE_PRINT_DIRECT, CView::OnFilePrint)
    ON_COMMAND(ID_FILE_PRINT_PREVIEW, CView::OnFilePrintPreview)
END_MESSAGE_MAP()

/////////////////////////////////////////////////////////////////////////////
// CMyView construction/destruction

CMyView::CMyView()
{
    // TODO: add construction code here

}

CMyView::~CMyView()
{
}

BOOL CMyView::PreCreateWindow(CREATESTRUCT& cs)
{
    // TODO: Modify the Window class or styles here by modifying
    //  the CREATESTRUCT cs

    return CView::PreCreateWindow(cs);
}
```

```
/////////////////////////////////////////////////////////////////////////////
// CMyView drawing

void CMyView::OnDraw(CDC* pDC)
{
    CMyDoc* pDoc = GetDocument();
    ASSERT_VALID(pDoc);
    // TODO: add draw code for native data here
}

/////////////////////////////////////////////////////////////////////////////
// CMyView printing

BOOL CMyView::OnPreparePrinting(CPrintInfo* pInfo)
{
    // default preparation
    return DoPreparePrinting(pInfo);
}

void CMyView::OnBeginPrinting(CDC* /*pDC*/, CPrintInfo* /*pInfo*/)
{
    // TODO: add extra initialization before printing
}

void CMyView::OnEndPrinting(CDC* /*pDC*/, CPrintInfo* /*pInfo*/)
{
    // TODO: add cleanup after printing
}

/////////////////////////////////////////////////////////////////////////////
// CMyView diagnostics

#ifdef _DEBUG
void CMyView::AssertValid() const
{
    CView::AssertValid();
}

void CMyView::Dump(CDumpContext& dc) const
{
    CView::Dump(dc);
}

CMyDoc* CMyView::GetDocument() // non-debug version is inline
{
    ASSERT(m_pDocument->IsKindOf(RUNTIME_CLASS(CMyDoc)));
    return (CMyDoc*)m_pDocument;
}
#endif //_DEBUG

/////////////////////////////////////////////////////////////////////////////
// CMyView message handlers
```

8 함수의 그래프

8.1 개론

일변수함수의 그래프를 프로그램으로 구현하는 것은 그리 어렵지 않다. 문제는

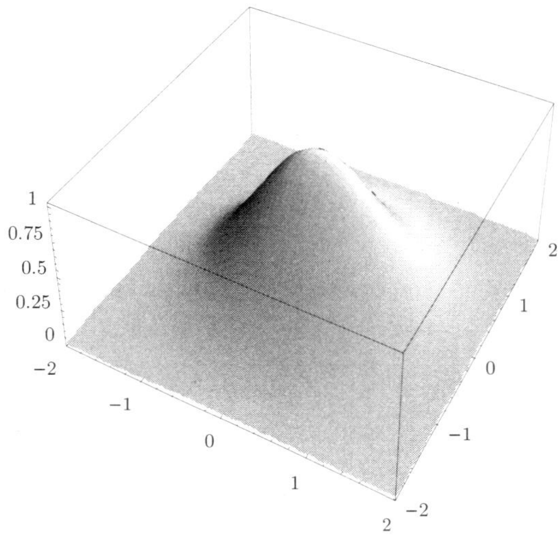

과 같은 이변수함수의 그래프를 구현하는 것이다.

독자는 Maple이나 Mathematica 혹은 MATLAB과 같은 소프트웨어에서 이변수함수의 그래프를 그려본 적이 있을 것이다. 그런 소프트웨어를 사용하면 쉽게 이변수함수의 그래프를 그릴 수 있지만, 이것을 보통의 프로그래밍 언어로 구현하기는 매우 어렵다. 좀 더 현실적으로 말한다면, 보통의 사람들에게는 거의 불가능한 일이다. 필자도 Maple과 같은 소프트웨어가 우리에게 보여주는 수준의 이변수함수의 그래프를 그릴 수는 없다.

그렇다고 포기할 수는 없는 일! 우리는 이 chapter에서 간단하게나마 이변수함수의 그래프를 구현해 볼 것이다. 이변수함수를 그래프로 그리는 것은 삼차원 컴퓨터 그래픽 분야에 속한다고 해도 될 것이다. 삼차원 컴퓨터 그래픽에 관한 서적을 본 적이 있는 독자는 필자의 말을 이해할 수 있을 것이다.

본 chapter에서 우리는 직교좌표계와 극좌표계에서 여러 가지 그래프를 그려볼 것이다.

본격적으로 그래픽 프로그래밍 공부를 시작하기 전에 용어에 대한 개념을 익히도록 하자.

디바이스 컨텍스트(device context)는 디스플레이나 프린터와 같은 장치의 그리기 특성(drawing attributes)에 대한 정보가 포함된 Windows 데이터 구조이다. 모든 그리기는 선, 모양 및 텍스트 그리기용 Windows API를 캡슐화한 디바이스 컨텍스트 개체(device-context object)를 통해 호출된다. 디바이스 컨텍스트를 사용하면 Windows에 장치 독립적으로 그릴 수 있다. 디바이스 컨텍스트를 사용하여 화면, 프린터 또는 메타 파일에 그릴 수 있다.

텍스트를 출력하는 TextOut 함수나 타원을 그리는 Ellipse 함수는 화면 상에 그려질 위치를 parameter으로 받는다. 이와 같이 parameter으로 전달되는 좌표를 논리 좌표(logical coordinates)라고 한다.

그런데 텍스트나 도형 등이 화면에 출력될 때, Windows는 논리 좌표를 장치에서 사용하는 물리적 화소 좌표(physical pixel coordinates)로 변환한다. 이때 논리 좌표에서 물리적 좌표로 변환되는 방식은 매핑 모드(mapping mode)에 의해서 결정된다. 즉 매핑 모드란 그래픽을 출력하는 함수에서 사용한 좌표계가 실제로 모니터와 같은 출력 장치에서 어떤 식으로 해석될 것인지 관계를 맺어주는 것이다.

그럼 이제 시작하자. 만약 실행 결과가 책과 다르다면 화면 해상도를 바꾸어라. 모든 프로그램들은 1200X1600 화소의 화면 해상도 기준으로 작성되었다.

8.2 직교좌표계(rectangular coordinate system)

8.2.1 이론

구간 $[-10,10]$에서 $f(x) = \cos x - x$의 그래프를 그려보자.

"일변수함수"라는 이름의 프로젝트를 하나 만들어라.

마우스 그리기(mouse drawing)를 제외하면 응용 프로그램에서 대부분의 그리기는 뷰의 OnDraw 멤버 함수에서 발생하므로 뷰 클래스에서 이 함수를 재정의해야 한다. 즉 OnDraw 함수 내부에 우리가 그래프를 그리기 위해 필요한 코드를 첨가한다. 다만 수학 함수를 사용하기 위해 필요한 아래의 문장(statement)

```
#include <math.h>
```

은 전체 코드의 위 부분에 위치시킨다. 보통의 프로그램에서 위의 문장은 main 함수 외부에 위치해야 하므로, main 함수와 비슷한 역할을 하는 OnDraw 함수 외부에 위치시켜야 하는 것이다. 필자는 아래의 문장들

```
// 일변수함수View.cpp : implementation of the CMyView class
//

#include "stdafx.h"
#include "일변수함수.h"

#include "일변수함수Doc.h"
#include "일변수함수View.h"
```

바로 아래가 가장 좋은 위치라고 생각한다.

기본적으로 모니터 화면의 좌표계에서 원점(origin)은 왼쪽 위 모서리이다. 그리고 수직 좌표에 대해서 아래로 내려올수록 좌표의 값이 증가한다. 그런데 우리는 이런 좌표계에 익숙하지 않다. 이런 때에 사용되는 함수가 SetMapMode 함수이다.

SetMapMode 함수는 매핑 모드를 설정하는 함수로써 원형은

```
virtual int SetMapMode( int nMapMode );
```

이다.

nMapMode parameter에는

parameter	논리 단위	좌표축의 증가 방향	
		x축	y축
MM_HIENGLISH	0.001inch	오른쪽	위

MM_HIMETRIC	0.01mm	오른쪽	위
MM_LOENGLISH	0.01inch	오른쪽	위
MM_LOMETRIC	0.1mm	오른쪽	위
MM_TEXT	화소	오른쪽	아래
MM_TWIPS	$\frac{1}{1440}$inch	오른쪽	위
MM_ISOTROPIC	임의	선택 가능	선택 가능
MM_ANISOTROPIC	임의	선택 가능	선택 가능

와 같이 여덟 가지가 올 수 있다.

default 매핑 모드는 MM_TEXT이다. 이 모드는 커다란 단점을 가지고 있다. 보기를 들어 MM_TEXT 모드로 설정하여 동일한 모니터에서 456X123 화소의 사각형을 출력한다고 하자. 이때 모니터에 출력되는 사각형의 크기가 화면 해상도에 따라 다르게 된다. 물론 우리는 이런 문제점을 아주 간단하게 해결할 수 있다. MM_HIENGLISH, MM_HIMETRIC, MM_LOENGLISH와 같이 단위가 inch이거나 mm인 매핑 모드를 사용하면 된다.

매핑 모드를 설정하였으면 화면 상의 적절한 위치에 원점을 정한다. 이 기능을 하는 함수는 SetViewportOrg이다.

SetViewportOrg 함수는 디바이스 컨텍스트(device context)의 뷰포트 원점을 설정한다. 원형으로는

```
virtual CPoint SetViewportOrg( int x, int y );
virtual CPoint SetViewportOrg( POINT point );
```

가 가능한데, 우리는 첫번째를 사용할 것이다. x parameter는 viewport의 원점의 x좌표를 지정하고, y parameter는 viewport의 원점의 y좌표를 지정한다. x parameter와 y parameter의 값들은 장치 좌표계의 범위 이내여야 한다.

필자는 클라이언트 영역의 중간 쯤에 원점을 설정하였다.

생성된 창에 좌표축을 그리기 위해 LineTo 함수를 썼다.

LineTo 함수의 원형으로는

```
BOOL LineTo( int x, int y );
BOOL LineTo( POINT point );
```

가 가능한데 이번에도 첫번째를 사용할 것이다. LineTo 함수는 현재 위치에서 지정된 점까지 선을 그리는 함수인데 x parameter는 x좌표를 지정하고, y parameter는 y좌표를 지정한다.

그런데 LineTo 함수를 쓰기 전에 MoveTo 함수를 사용하여 선의 시작점으로 위치를 옮겨야 한다.

MoveTo 함수도 LineTo 함수처럼 두 가지의 원형

```
CPoint MoveTo( int x, int y );
CPoint MoveTo( POINT point );
```

이 가능하다. 역시 위의 두 가지의 원형 중에서 첫번째만 사용할 것이다.

MoveTo 함수와 LineTo 함수를 사용하여 좌표축을 그린 후에는, sprintf 함수와 TextOut 함수를 사용하여 x축에 −5부터 5까지 0.5씩 증가하는 좌표값을 표시하였다.

그리고 SetTextAlign 함수를 사용하여 지정된 점을 기준으로 정렬을 하였다. 이 함수의 원형은

```
UINT SetTextAlign( UINT nFlags );
```

와 같다.

nFlags parameter으로써 세 범주(category) 중 하나 이상의 flags를 쓸 수 있는데, 한 범주에서 둘 이상의 flags를 선택할 수는 없다.

첫 번째 범주

parameter	설 명
TA_CENTER	경계 사각형의 수평 중심에 점을 할당한다.
TA_LEFT	default 값으로, 경계 사각형의 left side에 점을 할당한다.
TA_RIGHT	경계 사각형의 right side에 점을 할당한다.

는 x방향에서 텍스트 정렬을 한다.

두 번째 범주

parameter	설 명
TA_BASELINE	선택된 글꼴의 base line에 점을 할당한다.
TA_BOTTOM	경계 사각형의 바닥에 점을 할당한다.
TA_TOP	default으로, 경계 사각형의 천장에 점을 할당한다.

는 y방향에서 텍스트 정렬을 한다.

세 번째 범주

parameter	설 명
TA_NOUPDATECP	default으로, 텍스트 출력 함수에 호출 후 현재 위치를 갱신(update)하지 않는다.
TA_UPDATECP	응용 프로그램이 TextOut을 호출할 때 현재 위치를 갱신할 필요가 있다면, 그 응용 프로그램은 이 parameter으로 설정된 SetTextAlign을 호출할 수 있다. 이 flag가 설정될 때, Windows는 TextOut 호출에서 지정된 좌표들을 무시한다.

는 텍스트가 쓰여질 때 현재 위치가 갱신되는지 여부를 결정한다.

위에서 경계 사각형은 텍스트에 인접한 문자 cells에 의해 형성되는데, flags은 지정된 점과 이 사각형 사이의 관계를 지정한다.

마지막으로 SetPixel 함수로 $f(x)$의 그래프를 plot한다.

SetPixel 함수도 두 가지의 원형

```
COLORREF SetPixel( int x, int y, COLORREF crColor );
COLORREF SetPixel( POINT point, COLORREF crColor );
```

을 갖는다. 이 함수는 지정된 좌표에 crColor parameter에 의해 지정된 색깔의 점을 찍는다. 쉽게 짐작할 수 있듯이, x parameter와 y parameter는 찍을 점의 x좌표와 y좌표를 지정한다. 이때 점은 클리핑 영역(clipping region)의 안에 들어가도록 지정해야 한다. 만일 점이 클리핑 영역의 바깥에 있으면 함수는 −1을 반환한다.

클리핑이란 특정 영역으로 그리기를 제한하는 것이다. 만약 화면 전체에 표현하는 것이 가능하다면, 큰 문제가

없을 것이다. 하지만 표현할 수 있는 영역이 화면의 일부분이라면 클리핑을 신경써야 한다. 일례로서 옆의 그림은 문자열 "Hello"가 하트 모양의 영역에 클리핑된 것이다.

점 (x_1,y_1)과 (x_2,y_2)을 연결하는 선분을 대각선으로 하는 직사각형이 클리핑 영역이라고 하자. 이 경우에 표현하고자 하는 점 (x,y)이 $\min\{x_1,x_2\}<x<\max\{x_1,x_2\}$과 $\min\{y_1,y_2\}<y<\max\{y_1,y_2\}$ 중에서 하나라도 만족하지 않는다면 화면에 그릴 필요가 없다.

색깔은 RGB 방식을 이용하는데, RGB 매크로는

```
#define RGB(r, g ,b)  ((DWORD) (((BYTE) (r) | ((WORD) (g) << 8)) | (((DWORD) (BYTE) (b)) << 16)))
```

과 같이 정의되어 있다. argument에 써 주는 r, g, b 각각의 숫자는 색깔의 빨강(red) 성분, 초록(green) 성분, 파랑(blue) 성분의 상대적 농도(intensity)를 지정해 주는 0부터 255까지의 정수이다. 모든 농도가 0이면 결과는 검정(black)이고, 모든 농도가 255이면 결과는 하양(white)이다.

한편 그래프가 화면 가득히 차도록 하기 위해, x축에서는 15mm가 수학적 좌표 1에 해당하고 y축에서는 13mm가 수학적 좌표 1에 해당하도록 프로그램을 코딩하였다. 15mm와 13mm가 어떻게 해서 나왔는지 알 수 있겠는가?

갑자기 좀 어려워졌다고 느끼는 사람이 많을 것이다. 차근차근 따라오길 바란다. 사실 따지고 보면 별 거 없다.

8.2.2 소스 코드

```
// 일변수함수View.cpp : implementation of the CMyView class
//

#include "stdafx.h"
#include "일변수함수.h"

#include "일변수함수Doc.h"
#include "일변수함수View.h"

#include <math.h>

#ifdef _DEBUG
#define new DEBUG_NEW
#undef THIS_FILE
static char THIS_FILE[] = __FILE__;
#endif

/////////////////////////////////////////////////////////////////////////////
// CMyView

IMPLEMENT_DYNCREATE(CMyView, CView)

BEGIN_MESSAGE_MAP(CMyView, CView)
    //{{AFX_MSG_MAP(CMyView)
        // NOTE - the ClassWizard will add and remove mapping macros here.
        //    DO NOT EDIT what you see in these blocks of generated code!
    //}}AFX_MSG_MAP
    // Standard printing commands
    ON_COMMAND(ID_FILE_PRINT, CView::OnFilePrint)
    ON_COMMAND(ID_FILE_PRINT_DIRECT, CView::OnFilePrint)
    ON_COMMAND(ID_FILE_PRINT_PREVIEW, CView::OnFilePrintPreview)
```

```
END_MESSAGE_MAP()

/////////////////////////////////////////////////////////////////////////////
// CMyView construction/destruction

CMyView::CMyView()
{
	// TODO: add construction code here

}

CMyView::~CMyView()
{
}

BOOL CMyView::PreCreateWindow(CREATESTRUCT& cs)
{
	// TODO: Modify the Window class or styles here by modifying
	//  the CREATESTRUCT cs

	return CView::PreCreateWindow(cs);
}

/////////////////////////////////////////////////////////////////////////////
// CMyView drawing

void CMyView::OnDraw(CDC* pDC)
{
	CMyDoc* pDoc = GetDocument();
	ASSERT_VALID(pDoc);

	char buffer[200];
	double x, xx, y, yy;

	CRect rect;
	GetClientRect(&rect);
	pDC->SetMapMode(MM_HIMETRIC);
	pDC->SetViewportOrg(rect.Width()/2, 800);

	pDC->MoveTo(-15000, 0);
	pDC->LineTo(15000, 0);
	pDC->MoveTo(0, -17000);
	pDC->LineTo(0, 20000);

	pDC->SetTextAlign(TA_CENTER+TA_TOP);

	double coordinate=-10.0;

	for (int i=-10; i<11; i++)
	{
		sprintf(buffer, "%.1lf", coordinate);
		pDC->TextOut(1500*i, -13, buffer);
		coordinate += 1.0;
	}

	for (x=-15000.0; x<15001.0; x+=1)
	{
		xx = x / 1500.0;
```

```
        y = cos(xx) - xx;
        yy = 1300.0 * y;
        pDC->SetPixel((int)x, (int)yy, RGB(255,0,255));
    }
}

/////////////////////////////////////////////////////////////////////////////
// CMyView printing

BOOL CMyView::OnPreparePrinting(CPrintInfo* pInfo)
{
    // default preparation
    return DoPreparePrinting(pInfo);
}

void CMyView::OnBeginPrinting(CDC* /*pDC*/, CPrintInfo* /*pInfo*/)
{
    // TODO: add extra initialization before printing
}

void CMyView::OnEndPrinting(CDC* /*pDC*/, CPrintInfo* /*pInfo*/)
{
    // TODO: add cleanup after printing
}

/////////////////////////////////////////////////////////////////////////////
// CMyView diagnostics

#ifdef _DEBUG
void CMyView::AssertValid() const
{
    CView::AssertValid();
}

void CMyView::Dump(CDumpContext& dc) const
{
    CView::Dump(dc);
}

CMyDoc* CMyView::GetDocument() // non-debug version is inline
{
    ASSERT(m_pDocument->IsKindOf(RUNTIME_CLASS(CMyDoc)));
    return (CMyDoc*)m_pDocument;
}
#endif //_DEBUG

/////////////////////////////////////////////////////////////////////////////
// CMyView message handlers
```

8.2.3 실행 결과

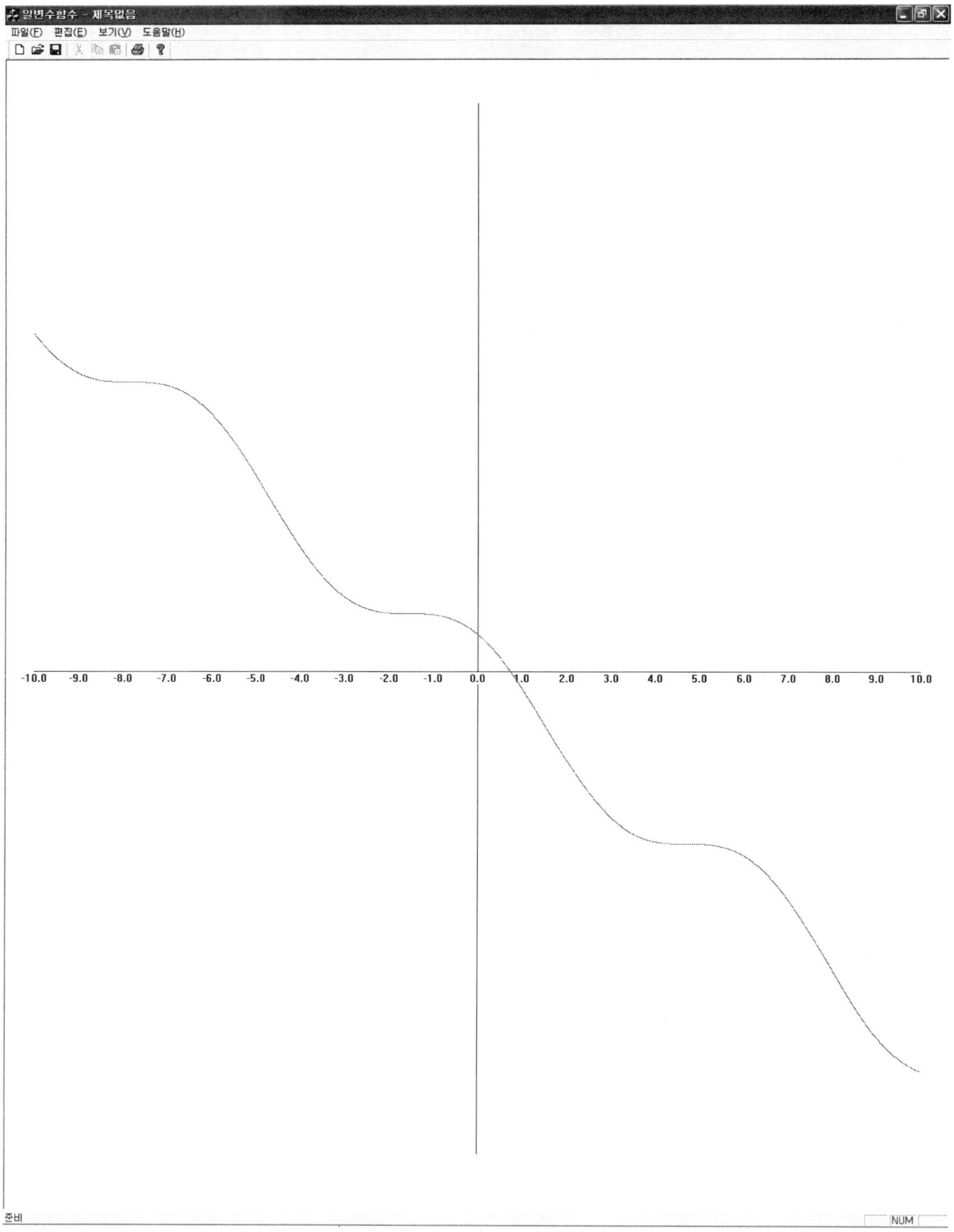
일변수함수 - 제목없음
파일(F) 편집(E) 보기(V) 도움말(H)
-10.0 -9.0 -8.0 -7.0 -6.0 -5.0 -4.0 -3.0 -2.0 -1.0 0.0 1.0 2.0 3.0 4.0 5.0 6.0 7.0 8.0 9.0 10.0
준비
NUM

8.3 극좌표계(polar coordinate system)

8.3.1 이론

앞의 section에서 필자가 너무 많은 것을 설명해서 정신 없었을 것이다. 이제 특별히 설명할 것은 없으니 한숨 돌리기를 바란다. 사실 간단히라도 설명할 사항들이 많기는 한데, 부족한 부분은 독자 여러분께서 Visual C++ 6.0에 관한 서적을 참고하면 될 것이다.

직교좌표 (x, y)와 극좌표 (r, θ) 사이에는

$$(x, y) = (r\cos\theta, r\sin\theta), \quad (r, \theta) = \left(\sqrt{x^2+y^2}, \arctan\frac{y}{x}\right)$$

과 같은 관계가 성립한다.

이번에는 petal 곡선을 그려보자.

petal 곡선은 극좌표계에서 $r = a\cos n\theta$으로 표시되는 곡선으로써, n가 홀수이면 n개의 꽃잎이 생기고 n가 짝수이면 $2n$개의 꽃잎이 생긴다. petal은 꽃잎을 뜻하는 단어다.

코딩할 때에 아래의 문장들

```
#include <math.h>

double X( double r, double theta );
double Y( double r, double theta );
```

은 전체 코드의 위 부분에 위치시키고, 사용자 정의 함수인 X와 Y의 정의 부분

```
double X(double r, double theta)
{
    return r*cos(theta);
}

double Y(double r, double theta)
{
    return r*sin(theta);
}
```

은 가장 아래에 위치시킨다.

앞의 section에서 SetViewportOrg 함수로 설정한 원점은

```
    pDC->SetViewportOrg(rect.Width()/2, 800);
```

에 의하여 클라이언트 영역의 폭에 대해서만 중앙에 위치했다.

그러나 이번 section에서 SetViewportOrg 함수로 설정한 원점은

```
    pDC->SetViewportOrg(rect.Width()/2, rect.Height()/2);
```

에 의하여 클라이언트 영역의 폭에 대해서뿐만 아니라 클라이언트 영역의 높이에 대해서도 중앙에 위치한다.

만약 원점이 클라이언트 영역의 높이에 대해서만 중앙에 위치하도록 하려면,

```
    pDC->SetViewportOrg(380, rect.Height()/2);
```

와 같은 형태로 코딩하면 된다.

지금까지 잘 따라 왔다면, 프로그램을 이해하는 데에 어려움은 없을 것이다.

8.3.2 소스 코드

```
// petal 곡선View.cpp : implementation of the CPetalView class
//

#include "stdafx.h"
#include "petal 곡선.h"

#include "petal 곡선Doc.h"
#include "petal 곡선View.h"

#include <math.h>

double X( double r, double theta );
double Y( double r, double theta );

#ifdef _DEBUG
#define new DEBUG_NEW
#undef THIS_FILE
static char THIS_FILE[] = __FILE__;
#endif

/////////////////////////////////////////////////////////////////////////////
// CPetalView

IMPLEMENT_DYNCREATE(CPetalView, CView)

BEGIN_MESSAGE_MAP(CPetalView, CView)
    //{{AFX_MSG_MAP(CPetalView)
        // NOTE - the ClassWizard will add and remove mapping macros here.
        //    DO NOT EDIT what you see in these blocks of generated code!
    //}}AFX_MSG_MAP
    // Standard printing commands
    ON_COMMAND(ID_FILE_PRINT, CView::OnFilePrint)
    ON_COMMAND(ID_FILE_PRINT_DIRECT, CView::OnFilePrint)
    ON_COMMAND(ID_FILE_PRINT_PREVIEW, CView::OnFilePrintPreview)
END_MESSAGE_MAP()

/////////////////////////////////////////////////////////////////////////////
// CPetalView construction/destruction

CPetalView::CPetalView()
{
    // TODO: add construction code here

}

CPetalView::~CPetalView()
{
}

BOOL CPetalView::PreCreateWindow(CREATESTRUCT& cs)
{
    // TODO: Modify the Window class or styles here by modifying
    //  the CREATESTRUCT cs
```

```
    return CView::PreCreateWindow(cs);
}

/////////////////////////////////////////////////////////////////////////////
// CPetalView drawing

void CPetalView::OnDraw(CDC* pDC)
{
    CPetalDoc* pDoc = GetDocument();
    ASSERT_VALID(pDoc);

    CRect rect;
    GetClientRect(&rect);
    pDC->SetMapMode(MM_HIMETRIC);
    pDC->SetViewportOrg(rect.Width()/2, rect.Height()/2);

    const double pi=3.1415926535;
    double theta, r, a=11111.1, n=11.0;

    for(theta=0.0; theta<2.0*pi; theta+=pi/100000.0)
    {
        r = a * cos(n*theta);
        pDC->SetPixel(int(X(r, theta)), int(Y(r, theta)), RGB(0,0,0));
    }
}

/////////////////////////////////////////////////////////////////////////////
// CPetalView printing

BOOL CPetalView::OnPreparePrinting(CPrintInfo* pInfo)
{
    // default preparation
    return DoPreparePrinting(pInfo);
}

void CPetalView::OnBeginPrinting(CDC* /*pDC*/, CPrintInfo* /*pInfo*/)
{
    // TODO: add extra initialization before printing
}

void CPetalView::OnEndPrinting(CDC* /*pDC*/, CPrintInfo* /*pInfo*/)
{
    // TODO: add cleanup after printing
}

/////////////////////////////////////////////////////////////////////////////
// CPetalView diagnostics

#ifdef _DEBUG
void CPetalView::AssertValid() const
{
    CView::AssertValid();
}

void CPetalView::Dump(CDumpContext& dc) const
{
    CView::Dump(dc);
}
```

```
CPetalDoc* CPetalView::GetDocument() // non-debug version is inline
{
    ASSERT(m_pDocument->IsKindOf(RUNTIME_CLASS(CPetalDoc)));
    return (CPetalDoc*)m_pDocument;
}
#endif //_DEBUG

/////////////////////////////////////////////////////////////////////////////
// CPetalView message handlers

double X(double r, double theta)
{
    return r*cos(theta);
}

double Y(double r, double theta)
{
    return r*sin(theta);
}
```

8.3.3 프로그램 실행 결과

8.3.3.1 $\boldsymbol{n} = \mathbf{11}$인 경우

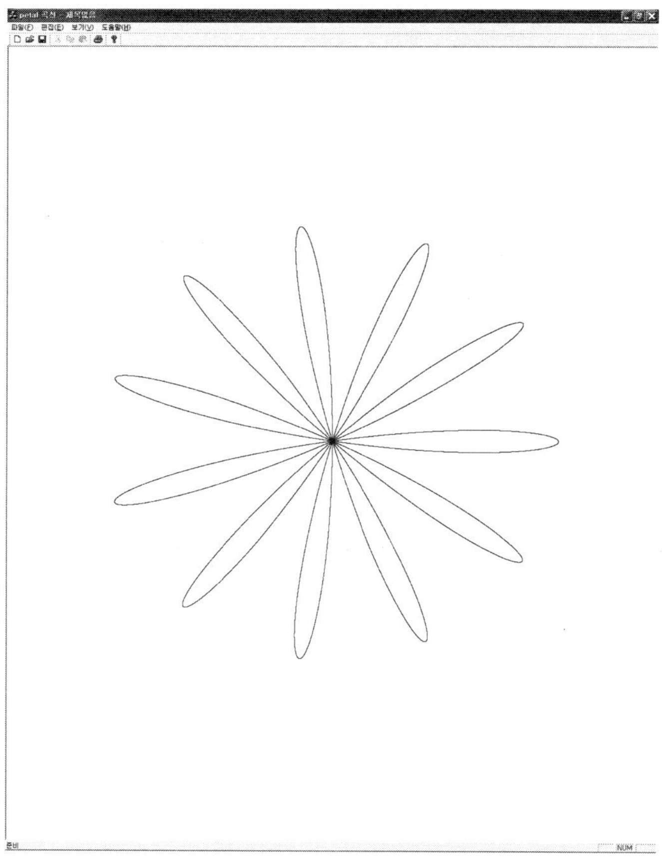

8.3.3.2 $\boldsymbol{n} = \mathbf{4}$인 경우

8.4 리사주 그림(Lissajous figure)

8.4.1 이론

고전역학(classical mechanics)에 나오는 리사주 그림(Lissajous figure)을 그려보자.

리사주 그림은 두 자유도(degree of freedom)를 가진 입자가, 원점에 위치한 힘의 중심에서 입자까지의 거리에 비례하고, 원점을 향하는 복원력(restoring force)을 받을 경우에 그리는 운동 궤적(trajectory)이다.

리사주 그림에 대한 이론(theory)이 어렵지는 않으나, 이론 전개는 생략한다. 리사주 그림이 수치해석 자체와는 관련이 없기 때문이다.

8.4.2 소스 코드

```
// 리사주 그림View.cpp : implementation of the CMyView class
//
```

```
#include "stdafx.h"
#include "리사주 그림.h"

#include "리사주 그림Doc.h"
#include "리사주 그림View.h"

#include <math.h>

#ifdef _DEBUG
#define new DEBUG_NEW
#undef THIS_FILE
static char THIS_FILE[] = __FILE__;
#endif

/////////////////////////////////////////////////////////////////////////////
// CMyView

IMPLEMENT_DYNCREATE(CMyView, CView)

BEGIN_MESSAGE_MAP(CMyView, CView)
    //{{AFX_MSG_MAP(CMyView)
        // NOTE - the ClassWizard will add and remove mapping macros here.
        //    DO NOT EDIT what you see in these blocks of generated code!
    //}}AFX_MSG_MAP
    // Standard printing commands
    ON_COMMAND(ID_FILE_PRINT, CView::OnFilePrint)
    ON_COMMAND(ID_FILE_PRINT_DIRECT, CView::OnFilePrint)
    ON_COMMAND(ID_FILE_PRINT_PREVIEW, CView::OnFilePrintPreview)
END_MESSAGE_MAP()

/////////////////////////////////////////////////////////////////////////////
// CMyView construction/destruction

CMyView::CMyView()
{
    // TODO: add construction code here

}

CMyView::~CMyView()
{
}

BOOL CMyView::PreCreateWindow(CREATESTRUCT& cs)
{
    // TODO: Modify the Window class or styles here by modifying
    //  the CREATESTRUCT cs

    return CView::PreCreateWindow(cs);
}

/////////////////////////////////////////////////////////////////////////////
// CMyView drawing

void CMyView::OnDraw(CDC* pDC)
{
    CMyDoc* pDoc = GetDocument();
    ASSERT_VALID(pDoc);
```

```
    CRect rect;
    GetClientRect(&rect);
    pDC->SetMapMode(MM_LOMETRIC);
    pDC->SetViewportOrg(rect.Width()/2, rect.Height()/2);

    const double pi=3.1415926535;
    double time, x, omegaX=13.0, y, omegaY=8.0;

    for (time=0.0; time<2.0*pi; time+=pi/100000.0)
    {
        x = 1234.0 * cos(omegaX*time);
        y = 1234.0 * cos(omegaY*time);
        pDC->SetPixel(int(x), int(y), RGB(0,0,0));
    }
}

/////////////////////////////////////////////////////////////////////////////
// CMyView printing

BOOL CMyView::OnPreparePrinting(CPrintInfo* pInfo)
{
    // default preparation
    return DoPreparePrinting(pInfo);
}

void CMyView::OnBeginPrinting(CDC* /*pDC*/, CPrintInfo* /*pInfo*/)
{
    // TODO: add extra initialization before printing
}

void CMyView::OnEndPrinting(CDC* /*pDC*/, CPrintInfo* /*pInfo*/)
{
    // TODO: add cleanup after printing
}

/////////////////////////////////////////////////////////////////////////////
// CMyView diagnostics

#ifdef _DEBUG
void CMyView::AssertValid() const
{
    CView::AssertValid();
}

void CMyView::Dump(CDumpContext& dc) const
{
    CView::Dump(dc);
}

CMyDoc* CMyView::GetDocument() // non-debug version is inline
{
    ASSERT(m_pDocument->IsKindOf(RUNTIME_CLASS(CMyDoc)));
    return (CMyDoc*)m_pDocument;
}
#endif //_DEBUG

/////////////////////////////////////////////////////////////////////////////
```

```
// CMyView message handlers
```

8.4.3 실행 결과

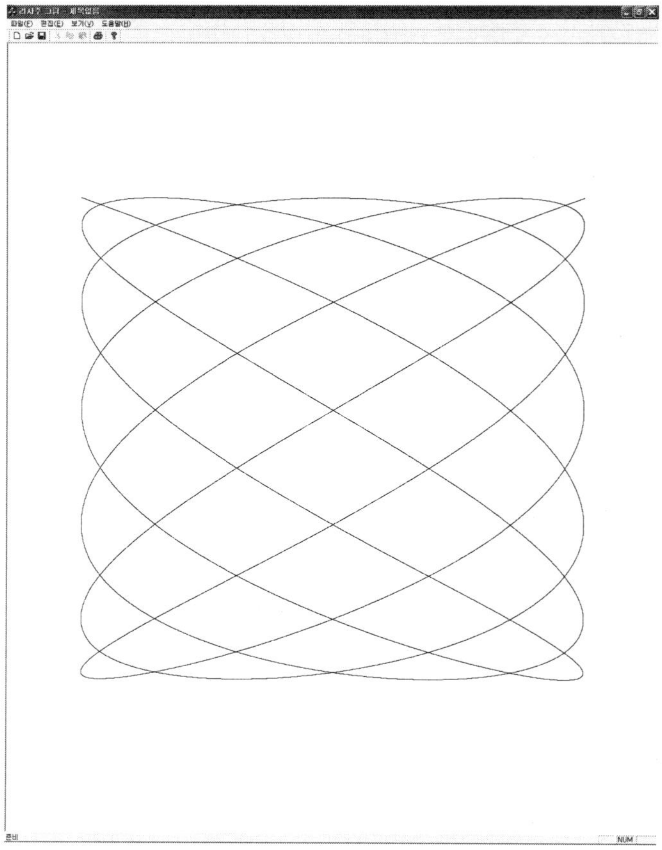

8.5 이변수함수의 그래프

8.5.1 이론

이변수함수

$$z = 16x + \frac{577}{e^{0.1(x^2+2y^2)}}$$

의 그래프를 평행투영법(parallel projection)으로 구현하여 보자.

삼차원 공간에 있는 물체를 이차원 평면에 나타내는 투영(projection)의 방법에는 평행투영법과 원근투영법(perspective projection)이 있다.

원근투영법은 한 점으로 수렴하는 경로들을 따라 물체를 구성하는 점들을 투영하는 방법이다. 평행투영법에 비하여 보다 실감나는 그림을 얻을 수 있다. 건축현장의 조감도는 원근투영법을 이용한 것이다.

평행투영법은 평행선을 따라 물체를 투영하는 방법이다. 물체의 상대적인 크기를 정확하게 알 수 있다. 여기에서는 자세히 다루지 않고, 프로그램의 소스 코드와 결과만 제시하겠다.

8.5.2 소스 코드

```
// 이변수함수View.cpp : implementation of the CMyView class
//

#include "stdafx.h"
#include "이변수함수.h"

#include "이변수함수Doc.h"
#include "이변수함수View.h"

#include <math.h>

void Move(CDC* pDC, double x, double y, double z, double alpha, double phi)
{
    double projectX, projectY, length, tanalpha;

    if ( (tanalpha=tan(alpha))!=0.0 )
        length = z/tanalpha;
    else
        length = 0.0;

    projectX = x + length*cos(phi);
    projectY = y - length*sin(phi);

    pDC->MoveTo(int(projectX), int(projectY));
}

void Graph(CDC* pDC, double x, double y, double z, double alpha, double phi)
{
    double projectX, projectY, length, tanalpha;

    if ( (tanalpha=tan(alpha))!=0.0 )
        length = z / tanalpha;
    else
        length = 0.0;

    projectX = x + length*cos(phi);
    projectY = y - length*sin(phi);

    pDC->SetPixel(int(projectX), int(projectY), RGB(255,0,255));
}

#ifdef _DEBUG
#define new DEBUG_NEW
#undef THIS_FILE
static char THIS_FILE[] = __FILE__;
#endif

/////////////////////////////////////////////////////////////////////////////
// CMyView
```

```
IMPLEMENT_DYNCREATE(CMyView, CView)

BEGIN_MESSAGE_MAP(CMyView, CView)
    //{{AFX_MSG_MAP(CMyView)
        // NOTE - the ClassWizard will add and remove mapping macros here.
        //    DO NOT EDIT what you see in these blocks of generated code!
    //}}AFX_MSG_MAP
    // Standard printing commands
    ON_COMMAND(ID_FILE_PRINT, CView::OnFilePrint)
    ON_COMMAND(ID_FILE_PRINT_DIRECT, CView::OnFilePrint)
    ON_COMMAND(ID_FILE_PRINT_PREVIEW, CView::OnFilePrintPreview)
END_MESSAGE_MAP()

/////////////////////////////////////////////////////////////////////////////
// CMyView construction/destruction

CMyView::CMyView()
{
    // TODO: add construction code here

}

CMyView::~CMyView()
{
}

BOOL CMyView::PreCreateWindow(CREATESTRUCT& cs)
{
    // TODO: Modify the Window class or styles here by modifying
    //  the CREATESTRUCT cs

    return CView::PreCreateWindow(cs);
}

/////////////////////////////////////////////////////////////////////////////
// CMyView drawing

void CMyView::OnDraw(CDC* pDC)
{
    CMyDoc* pDoc = GetDocument();
    ASSERT_VALID(pDoc);

    CRect rect;
    GetClientRect(&rect);
    pDC->SetMapMode(MM_LOMETRIC);
    pDC->SetViewportOrg(rect.Width()/2, rect.Height()/2);

    const double pi=3.1415926535;
    double x, xx, y, yy, z;

    for (x=-1000.0; x<1001.0; x+=100.0)
    {
        xx = x / 100.0;
        Move(pDC, xx, -8.0, 0.0, 0.7*pi, 0.2*pi);

        for (y=-800.0; y<800.0; y+=1.0)
        {
```

```
            yy = y/100.0;
            z = 16.0*xx + 577.0*exp(-0.1*(xx*xx+2.0*yy*yy));
            Graph(pDC, x, y, z , 0.7*pi, 0.2*pi);
        }
    }

    for (y=-800.0; y<801.0; y+=100.0)
    {
        yy = y / 100.0;
        Move(pDC, -10.0, y, 0.0, 0.7*pi, 0.2*pi);

        for (x=-1000.0; x<1000.0; x+=1.0)
        {
            xx = x/100.0;
            z = 16.0*xx + 577.0*exp(-0.1*(xx*xx+2.0*yy*yy));
            Graph(pDC, x, y, z , 0.7*pi, 0.2*pi);
        }
    }
}

/////////////////////////////////////////////////////////////////////////////
// CMyView printing

BOOL CMyView::OnPreparePrinting(CPrintInfo* pInfo)
{
    // default preparation
    return DoPreparePrinting(pInfo);
}

void CMyView::OnBeginPrinting(CDC* /*pDC*/, CPrintInfo* /*pInfo*/)
{
    // TODO: add extra initialization before printing
}

void CMyView::OnEndPrinting(CDC* /*pDC*/, CPrintInfo* /*pInfo*/)
{
    // TODO: add cleanup after printing
}

/////////////////////////////////////////////////////////////////////////////
// CMyView diagnostics

#ifdef _DEBUG
void CMyView::AssertValid() const
{
    CView::AssertValid();
}

void CMyView::Dump(CDumpContext& dc) const
{
    CView::Dump(dc);
}

CMyDoc* CMyView::GetDocument() // non-debug version is inline
{
    ASSERT(m_pDocument->IsKindOf(RUNTIME_CLASS(CMyDoc)));
    return (CMyDoc*)m_pDocument;
}
```

```
#endif //_DEBUG

/////////////////////////////////////////////////////////////////////////////
// CMyView message handlers
```

8.5.3 실행 결과

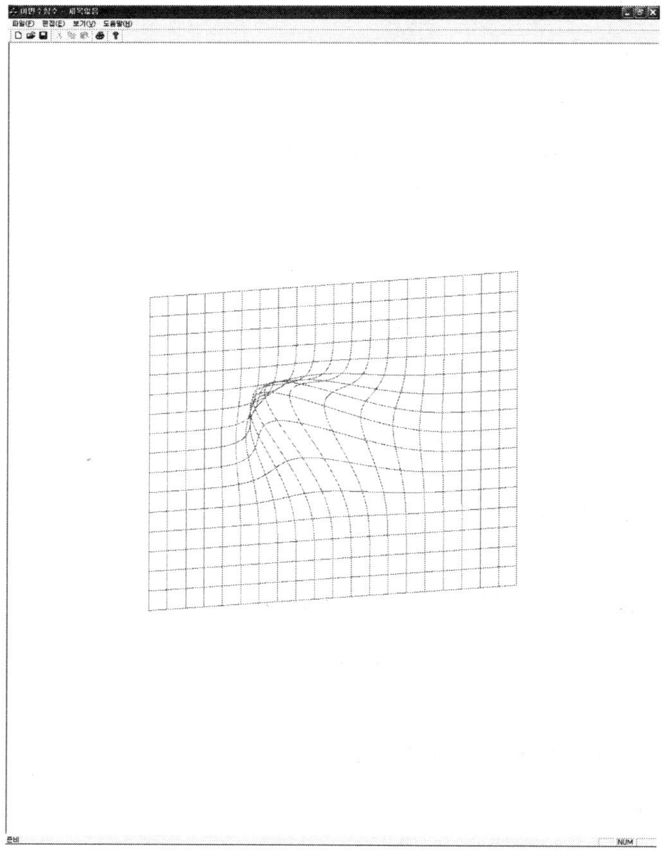

8.6 연습 문제

문항1 극좌표에서 디오클레스의 질주선(cissoid of Diocles)의 방정식은

$$r = 2\sin\theta \cdot \tan\theta \quad \left(-\frac{\pi}{2} < \theta < \frac{\pi}{2}\right)$$

이다. 그래프로 그려보아라.

9 방정식의 근과 함수의 극값

9.1 개론

이 chapter에서는 방정식의 근과 함수의 극값을 구하는 수치해법들을 공부한다.

이차방정식의 근의 공식은 매우 간단해서 이것을 프로그램으로 구현하는 것은 쉬운 일이지만, 삼차방정식

$$ax^3 + bx^2 + cx + d = 0$$

의 근의 공식은

$$x_1 = -\frac{b}{3a} - \frac{2^{1/3}(-b^2+3ac)}{3a\left(-2b^3+9abc-27a^2d+\sqrt{4(-b^2+3ac)^3+(-2b^3+9abc-27a^2d)^2}\right)^{1/3}} + \frac{1}{2^{1/3}3a}\left(-2b^3+9abc-27a^2d+\sqrt{4(-b^2+3ac)^3+(-2b^3+9abc-27a^2d)^2}\right)^{1/3},$$

$$x_2 = -\frac{b}{3a} + \frac{(1+i\sqrt{3})(-b^2+3ac)}{2^{2/3}3a\left(-2b^3+9abc-27a^2d+\sqrt{4(-b^2+3ac)^3+(-2b^3+9abc-27a^2d)^2}\right)^{1/3}} - \frac{1}{2^{1/3}6a}(1-\sqrt{3}i)\left(-2b^3+9abc-27a^2d+\sqrt{4(-b^2+3ac)^3+(-2b^3+9abc-27a^2d)^2}\right)^{1/3},$$

$$x_3 = -\frac{b}{3a} + \frac{(1-i\sqrt{3})(-b^2+3ac)}{2^{2/3}3a\left(-2b^3+9abc-27a^2d+\sqrt{4(-b^2+3ac)^3+(-2b^3+9abc-27a^2d)^2}\right)^{1/3}} - \frac{1}{2^{1/3}6a}(1+\sqrt{3}i)\left(-2b^3+9abc-27a^2d+\sqrt{4(-b^2+3ac)^3+(-2b^3+9abc-27a^2d)^2}\right)^{1/3}$$

과 같이 상당히 복잡해서 프로그래밍하기가 좀 어렵다. 삼차방정식보다 차수가 하나 높은 사차방정식(biquadratic equation)의 근의 공식은 삼차방정식의 근의 공식보다 몇 배나 더 길다. 더군다나 차수가 오차 이상인 일반적인 대수방정식(algebraic equation)에 대해서는 근의 공식이 없다. 좀 더 엄밀히 말하면, 오차 이상의 대수방정식은 풀 수 없다는 것이 증명되어 있다.

이러한 상황에서 삼각함수(trigonometric function), 지수함수(exponential function), 로그함수(logarithmic function)와 같은 비대수함수(nonalgebraic function)가 방정식에 포함되면, 이를 푼다는 것은 대부분 불가능하다고 해도 과언이 아닐 것이다. 보기를 들어 얼핏 보기에는 간단하게 보이는

$$e^{-x} = 4x$$

을 해석적으로는 풀 수 없다.

해석적으로 풀 수 없는 방정식들을 Maple은 수치적으로 풀어낸다. 그렇다면 우리는 Maple이 그런 방정식을 푼 결과를 별로 신뢰할 수 없는 것일까? 그렇지 않다. 우리는 Maple의 결과를 충분히 신뢰해도 된다.

지금부터 우리는 해석적으로 풀 수 없는 방정식의 근을 구할 수 있는 여러 가지 수치해법들을 익힌 다음, 마지막 section에서 함수의 극값을 구할 것이다.

9.2 이차방정식

9.2.1 이론

계수가 실수(real number)인 이차방정식

$$ax^2 + bx + c = 0$$

의 근의 공식

$$x = \frac{-b \pm \sqrt{b^2 - 4ac}}{2a}$$

을 이용하여 이차방정식의 해(solution)를 구하는 프로그램을 만들어 보아라.

9.2.2 소스 코드

```
#include <stdio.h>
#include <stdlib.h>
#include <math.h>

int Quadratic( double coefficient[], double x1[], double x2[] );

void main( void )
{
    double coefficient[3], x1[2], x2[2];

    printf( "₩n <1> 이차방정식의 계수들을 입력하시오." );
    printf( "₩n  이차항의 계수, 일차항의 계수, 상수항: " );
    scanf( "%lf, %lf, %lf", &coefficient[2], &coefficient[1], &coefficient[0] );
    printf( "₩n <2> 입력한 값들에 대한 결과 " );
    Quadratic( coefficient, x1, x2 );
    printf( "₩n₩n₩n" );
}

int Quadratic( double coefficient[], double x1[], double x2[] )
{
    double discrimination, denominator, numerator;

    if ( coefficient[2]==0.0 )
    {
        printf( "₩n  이차항의 계수는 0이 될 수 없습니다.₩n₩n₩n" );
        exit(1);
    }

    discrimination = pow(coefficient[1], 2.0) - 4.0*coefficient[2]*coefficient[0];
    denominator = 2.0 * coefficient[2];
    numerator = sqrt(fabs(discrimination));

    if ( discrimination>0.0 )
    {
        x1[0] = (-coefficient[1]+numerator) / denominator;
```

```
        x1[1] = 0.0;
        x2[0] = (-coefficient[1]-numerator) / denominator;
        x2[1] = 0.0;
        printf( "\n    x1 = %lf,    x2 = %lf", x1[0], x2[0] );
        return 0;
    }
    else if ( discrimination==0.0 )
    {
        x1[0] = -coefficient[1] / denominator;
        x1[1] = 0.0;
        x2[0] = x1[0];
        x2[1] = 0.0;
        printf( "\n    x = %lf", x1[0] );
        return 0;
    }
    else
    {
        numerator /= denominator;
        x1[0] = -coefficient[1] / denominator;
        x1[1] = numerator;
        x2[0] = x1[0];
        x2[1] = numerator;
        printf("\n    x1 = %lf + %lfi,    x2 = %lf - %lfi", x1[0], x1[1], x2[0], x2[1]);
        return 0;
    }
}
```

9.2.3 실행 결과

9.2.3.1 서로 다른 두 개의 근이 실수인 경우

```
<1> 이차방정식의 계수들을 입력하시오.
 이차항의 계수, 일차항의 계수, 상수항: -3.0, 10.0, -8.0

<2> 입력한 값들에 대한 결과
  x1 = 1.333333,    x2 = 2.000000
```

9.2.3.2 근이 복소수인 경우

```
<1> 이차방정식의 계수들을 입력하시오.
 이차항의 계수, 일차항의 계수, 상수항: 2.0, -5.0, 7.0

<2> 입력한 값들에 대한 결과
  x1 = 1.250000 + 1.391941i,    x2 = 1.250000 - 1.391941i
```

9.2.3.3 중근(double root)인 경우

```
<1> 이차방정식의 계수들을 입력하시오.
 이차항의 계수, 일차항의 계수, 상수항: 4.0, -4.0, 1.0

<2> 입력한 값들에 대한 결과
  x = 0.500000
```

9.3 이분법(bisection method)

9.3.1 이론

이분법은 다음의 두 정리를 바탕으로 한다.

> 정리1: 함수 $f:\mathbb{R} \to \mathbb{R}$가 p에서 연속이라고 하자. 만약 $f(p) > 0$이면, p를 포함하는 열린 구간 S의 모든 점 x에 대하여 $f(x) > 0$을 만족하는 S이 존재한다. 반면에 $f(p) < 0$이면 p를 포함하는 열린 구간 S의 모든 점 x에 대하여 $f(x) < 0$을 만족하는 S이 존재한다.

$f(p) > 0$인 경우에 대하여 증명하여 보겠다.

증명: $f(p) = \varepsilon > 0$이라고 하자. f가 p에서 연속이므로

$$|x - p| < \delta \ \Rightarrow \ |f(x) - f(p)| < \varepsilon$$

을 만족하는 적당한 양수 δ가 존재한다.

즉 열린 구간 $]p-\delta, p+\delta[$의 모든 점 x에 대하여 $f(x)$가 열린 구간 $]f(p)-\varepsilon, f(p)+\varepsilon[=]0, 2\varepsilon[$에 속하므로 x의 함수값은 항상 양수이다. ∎

> 정리2: 함수 $f:\mathbb{R} \to \mathbb{R}$가 닫힌 구간 $[a,b]$에서 연속이다. 만약 $f(a) < 0 < f(b)$이면, $f(p) = 0$이 되는 p가 $[a,b]$ 사이에 적어도 하나 존재한다.

앞의 chapter에서 그래프로 그려보았던 $\cos x - x$가 x축과 만나는 교점의 x좌표, 다시 말해서 $\cos x - x = 0$의 근을 구해 보자.

이 경우처럼 $0.5 \le x \le 1$에서 $f(x)$가 연속이고 $f(0.5)f(1) < 0$일 때, 근은 0.5와 1의 사이에 있다. 따라서 제1근사근 x_1을 0.5와 1의 중간값인 $x_1 = 0.75$으로 놓는다.

제2근사근 x_2을 구하기 위하여 $f(0.5)f(x_1)$을 계산하여 그 부호(sign)를 조사한다. 만약 $f(0.5)f(x_1) < 0$이면, x_2은 0.5와 x_1의 사이에 있는 것이다. 이 경우엔 $x_2 = \frac{0.5+x_1}{2}$으로 한다. 만약 $f(0.5)f(x_1) > 0$이면, x_2은 x_1과 1.0의 사이에 있는 것이다. 이 경우엔 $x_2 = \frac{x_1+1.0}{2}$으로 한다. 우리의 문제에서는 $f(0.5)f(x_1) = -0.00691396 < 0$이므로, $x_2 = 0.625$가 된다.

제3근사근 x_3을 구하기 위해서 $f(0.5)f(x_2)$의 부호를 조사한다. 만약 $f(0.5)f(x_2) < 0$이면, x_3은 0.5와 x_2의 사이에 있는 것이다. 이 경우에는 $x_3 = \frac{0.5+x_2}{2}$으로 한다. 만약 $f(0.5)f(x_2) > 0$이면, x_3은 x_2과 x_1의 사이에 있는 것이다. 이 경우에는 $x_3 = \frac{x_2+x_1}{2}$으로 한다. $f(0.5)f(x_2) = 0.0702164$이므로, $x_3 = 0.6875$이 된다.

제4근사근 x_4을 구하기 위해서 $f(x_2)f(x_3)$의 값을 구하고 부호를 조사한다. 우리의 문제에서 $f(x_2)f(x_3) = 0.0158692 > 0$이므로, $x_4 = \frac{x_3+x_1}{2}$이 되어 $x_4 = 0.71875$이다.

위와 같은 과정을 반복(iteration)해 나가면 근이 존재하는 구간이 절반으로 축소되고 필요한 오차 범위 내의 해를 구할 수 있게 된다.

만약 어떤 함수의 그래프가

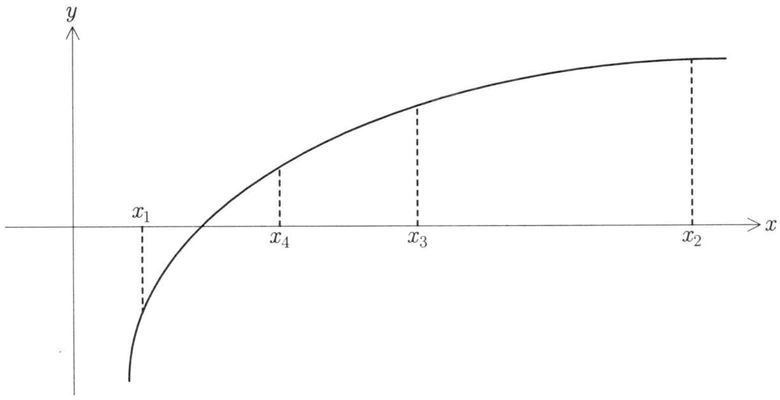

과 같다면 이 때의 근사근은 $x_3 = \frac{x_1+x_2}{2}$, $x_4 = \frac{x_1+x_3}{2}$, $x_5 = \frac{x_1+x_4}{2}$, …과 같이 정해진다.

이분법은 괄호법(bracketing method)에 속한다. 이분법처럼 근에 대한 2개의 초기추정값을 필요로 하는 방법을 괄호법이라고 한다.

9.3.2 소스 코드

```
#include <stdio.h>
#include <math.h>

double Func( double x );          // 문제의 함수

void main()
{
    double xLeft;         // 근이 존재하는 구간의 왼쪽 경계값
    double xMiddle;       // xLeft와 xRight 사이의 중간값
    double xRight;        // 근이 존재하는 구간의 오른쪽 경계값
    double error;
    int i=0;

    printf( "\n <1> 근이 존재하는 구간의 왼쪽 경계값: " );
    scanf( "%lf", &xLeft );
    printf( "\n <2> 근이 존재하는 구간의 오른쪽 경계값: " );
    scanf( "%lf", &xRight );
    printf( "\n <3> 허용된 오차 범위: " );
    scanf( "%lf", &error );
    printf( "\n <4> 입력한 값들에 대한 결과\n" );

    do
    {
        xMiddle = (xLeft+xRight) / 2.0;
        printf( "  제%d근사근: %11.9lf   함수값: %12.9lf   error: %11.9lf\n", ++i,
          (xLeft+xRight)/2.0, Func((xLeft+xRight)/2.0), (xRight-xLeft)/2.0 );

        if ( Func(xLeft)*Func(xMiddle)==0.0 )
            break;
        else if ( Func(xLeft)*Func(xMiddle)<0.0 )
            xRight = xMiddle;
        else if ( Func(xMiddle)*Func(xRight)<0.0 )
```

```
            xLeft = xMiddle;
        else
            break;
    }
    while ( (xRight-xLeft)>error );

    printf("\n\n");
}

double Func( double x )
{
    return cos(x)-x;
}
```

9.3.3 실행 결과

```
<1> 근이 존재하는 구간의 왼쪽 경계값: 0.5

<2> 근이 존재하는 구간의 오른쪽 경계값: 1.0

<3> 허용된 오차 범위: 0.00000000007

<4> 입력한 값들에 대한 결과
 제1근사근: 0.750000000   함수값: -0.018311131   error: 0.250000000
 제2근사근: 0.625000000   함수값:  0.185963120   error: 0.125000000
 제3근사근: 0.687500000   함수값:  0.085334946   error: 0.062500000
 제4근사근: 0.718750000   함수값:  0.033879372   error: 0.031250000
 제5근사근: 0.734375000   함수값:  0.007874725   error: 0.015625000
 제6근사근: 0.742187500   함수값: -0.005195712   error: 0.007812500
 제7근사근: 0.738281250   함수값:  0.001345150   error: 0.003906250
 제8근사근: 0.740234375   함수값: -0.001923873   error: 0.001953125
 제9근사근: 0.739257813   함수값: -0.000289009   error: 0.000976563
 제10근사근: 0.738769531   함수값:  0.000528158   error: 0.000488281
 제11근사근: 0.739013672   함수값:  0.000119597   error: 0.000244141
 제12근사근: 0.739135742   함수값: -0.000084701   error: 0.000122070
 제13근사근: 0.739074707   함수값:  0.000017449   error: 0.000061035
 제14근사근: 0.739105225   함수값: -0.000033625   error: 0.000030518
 제15근사근: 0.739089966   함수값: -0.000008088   error: 0.000015259
 제16근사근: 0.739082336   함수값:  0.000004681   error: 0.000007629
 제17근사근: 0.739086151   함수값: -0.000001704   error: 0.000003815
 제18근사근: 0.739084244   함수값:  0.000001489   error: 0.000001907
 제19근사근: 0.739085197   함수값: -0.000000108   error: 0.000000954
 제20근사근: 0.739084721   함수값:  0.000000691   error: 0.000000477
 제21근사근: 0.739084959   함수값:  0.000000292   error: 0.000000238
 제22근사근: 0.739085078   함수값:  0.000000092   error: 0.000000119
 제23근사근: 0.739085138   함수값: -0.000000008   error: 0.000000060
 제24근사근: 0.739085108   함수값:  0.000000042   error: 0.000000030
 제25근사근: 0.739085123   함수값:  0.000000017   error: 0.000000015
 제26근사근: 0.739085130   함수값:  0.000000005   error: 0.000000007
 제27근사근: 0.739085134   함수값: -0.000000002   error: 0.000000004
 제28근사근: 0.739085132   함수값:  0.000000002   error: 0.000000002
 제29근사근: 0.739085133   함수값:  0.000000000   error: 0.000000001
 제30근사근: 0.739085134   함수값: -0.000000001   error: 0.000000000
 제31근사근: 0.739085133   함수값: -0.000000000   error: 0.000000000
 제32근사근: 0.739085133   함수값: -0.000000000   error: 0.000000000
```

```
제33근사근: 0.739085133    함수값: -0.000000000    error: 0.000000000
```

9.4 뉴턴-라프슨 방법(Newton-Raphson method)

9.4.1 이론

이분법(bisection method)은 왼쪽 경계값과 오른쪽 경계값에 의해 이루어지는 구간 내에서 근(root)을 찾는 방법이다. 그와 같은 방법은 계산을 반복(iteration)해 나갈수록 추정값이 참값(true value)에 접근하게 되는데, 이런 것을 수렴한다고 말한다.

뉴턴-라프슨 방법은 하나의 시작값에서부터 시작하는 방법인데, 이런 방법을 개구간법(open methods)이라고 한다. 개구간법은 계산을 진행함에 따라 근에 수렴하지 않고 발산하거나 근에서 오히려 더 멀어지기도 한다. 하지만 수렴할 경우에는 일반적으로 이분법보다 근에 더 빠르게 수렴한다는 장점이 있다.

뉴턴-라프슨 공식을 유도하는 것은 간단하다.

아래의 그림

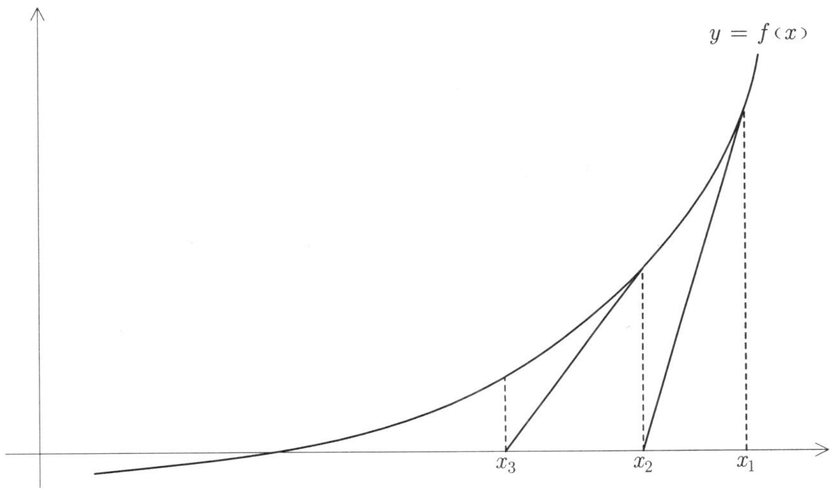

에서 x_i에서의 일계도함수의 기울기는

$$f'(x_i) = \frac{f(x_i) - 0}{x_i - x_{i+1}} = \frac{f(x_i)}{x_i - x_{i+1}}$$

이다.

위의 식을 x_{i+1}에 대하여 풀면 뉴턴-라프슨 공식

$$x_{i+1} = x_i - \frac{f(x_i)}{f'(x_i)}$$

이 얻어진다.

그런데 $f(x)$가 0에 가까운 기울기값을 가지면, 위의 뉴턴-라프슨 공식에서 $f(x_i)$를 0으로 나누어야 하므로 문제가 발생한다. 기하학적으로는 추정해의 접선(tangent line)이 x축과 평행이어서 x축과 교차하지 않는 경우이다. 이런 경우 말고도 근에 수렴하지 않는 상황은 더 있다. 뉴턴-라프슨 방법에는 일반적인 수렴 판정의 기준이 존재하지 않으며, 수렴은 함수의 성질과 초기값의 정확도, 즉 초기값이 근에 충분히 가까운지의 여부에 의존한다. 여기서 충분히 가깝다는 것을 엄밀하게 정의할 수는 없다. 하지만 어떤 구간 내에서 처음 시작값의 선택에 관계없이 근에 수렴하는 조건에 관하여 다음의 정리

정리: $f(x)$가 구간 $[a, b]$에서 두 번 미분가능하고 아래의 조건들

(1)	$f(a) \times f(b) < 0$
(2)	$x \in [a, b]$일 때 $f'(x) \neq 0$
(3)	$\left\|\frac{f(a)}{f'(a)}\right\| < b - a$, $\left\|\frac{f(b)}{f'(b)}\right\| < b - a$
(4)	$x \in [a, b]$이라고 하자. 이때 $f''(x) \geq 0$ 또는 $f''(x) \leq 0$이 성립한다.

을 만족하면, $[a, b]$에서 어떤 초기값을 선택하더라도 그 구간 내에서 $f(x) = 0$의 유일한 근에 수렴한다.

가 있다.

뉴턴-라프슨 방법이 어느 때에 수렴하는지에 관하여 다음과 같은 조건

정리: f의 어떤 근의 근방에 속하는 모든 x에 대하여

$$\left|\frac{f(x)f''(x)}{f'(x)f'(x)}\right| < 1$$

이 성립하면, 그 구간 내의 임의의 시점에 대해 뉴턴-라프슨 방법은 그 근에 수렴한다.

도 있다. 이 조건은 충분조건(sufficient condition)이고 필요조건(necessary condition)은 아니다. 이 방법은 위의 부등식이 성립하는 어떤 근의 근방의 구간이 존재하지 않는 경우에 수렴할 수도 있다.

한편 J. Raymond Mouraille와 Joseph Fourier는 곡선 $y = f(x)$이 어떤 시점과 구하는 근 사이의 구간에서 x축을 향해 볼록하면 항상 뉴턴-라프슨 방법이 수렴한다는 것을 독자적으로 발견하였다.

그럼 뉴턴-라프슨 방법을 사용해서

$$f(x) = 3\log x - \sin^2 x = 0$$

의 근을 구하여 보자. 참고로 $f(x)$의 그래프를 그려보면

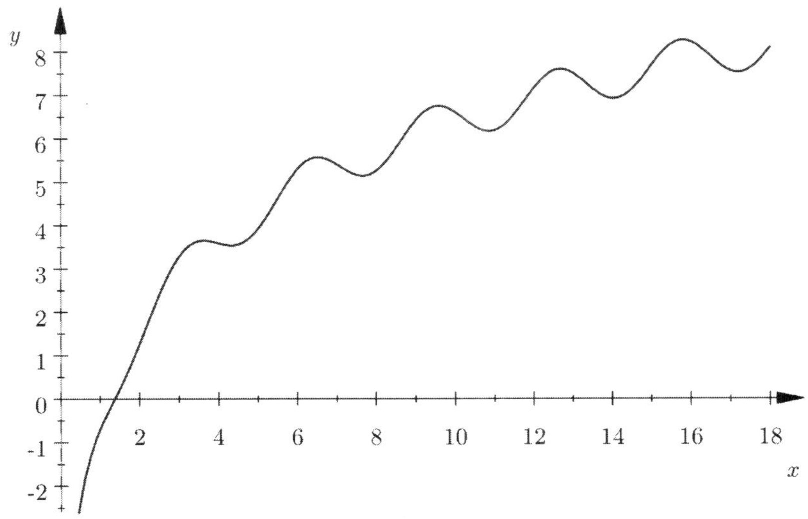

과 같다.

프로그램을 보면 DBL_EPSILON이라는 상수가 있다. 필자는 이 상수에 10을 곱한 값을 오차로 사용하였다. 이 상수는 <float.h> 헤더 파일에

```
#define DBL_EPSILON     2.2204460492503131e-016 /* smallest such that 1.0+DBL_EPSILON != 1.0 */
```

와 같이 정의되어 있다. 주석을 이해할 수 있겠는가? 이것은 컴파일러가 1.0에 어떤 수를 더한 결과를 1.0과 다르게 판별하는 가장 작은 값이다.

프로그램을 실행시킨 후에 시작값으로 근의 오른쪽에 있는 2.9와 근의 왼쪽에 있는 0.2를 입력하여 보았다. 프로그램의 실행 결과를 보면 양쪽 모두 방정식의 실제의 해인 1.378770838에 수렴함을 알 수 있다.

마지막으로 이 방법이 수렴하지 않는 경우를 하나 살펴보자.

보기를 들어

$$f(x) = \begin{cases} \sqrt{x-7}, & x \geq 7 \\ -\sqrt{7-x}, & x \leq 7 \end{cases}$$

에 뉴턴-라프슨 방법을 적용하면 어떻게 될까? 일단 스스로 결과를 계산하여 보고, 계속 진행하기를 바란다.

위 함수의 그래프는

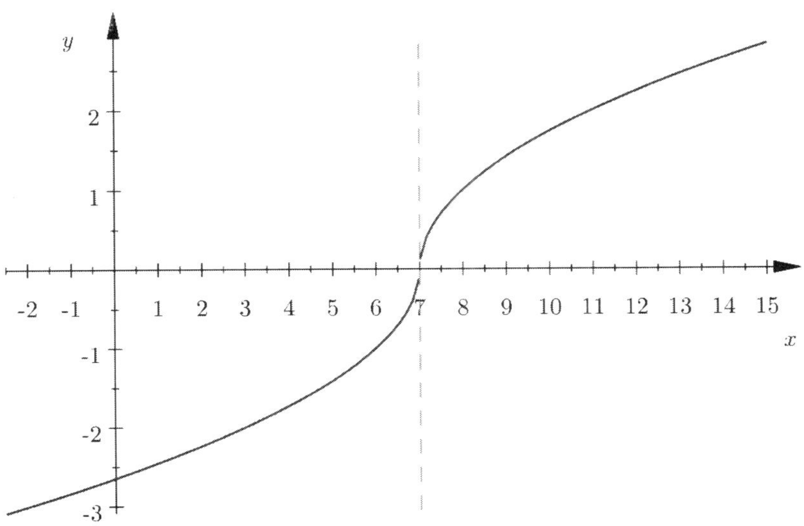

이다.

임의의 시점 $x_1 = 7 - h$으로부터 시작하면 $x_2 = 7 + h$을 얻는다. $x_3 = 7 - h$이다. $x_4 = 7 + h$이다.

과정을 계속하면 이 두 수 사이에서 왔다갔다 할 뿐이다. 어째서 왔다갔다 하는지는 직관적으로도 알 수 있을 것이다.

9.4.2 소스 코드

```
#include <float.h>
#include <stdio.h>
#include <math.h>

double Func( double x );          // 문제의 함수
double Derivative( double x );        // f(x)의 1차도함수

void main()
{
    double xPrevious;   // 이전 x 좌표
    double xNext;       // 다음 x 좌표
    double error = 10.0*DBL_EPSILON;

    printf( "₩n <1> Enter initial guess: " );
    scanf( "%lf", &xPrevious );
    printf( "₩n <2> 허용가능한 오차는 %35.33lf이다.", error );
    printf( "₩n₩n <3> 입력한 값에 대한 결과₩n" );

    int i=0;

    do
    {
        xNext = xPrevious - Func(xPrevious)/Derivative(xPrevious);
        xPrevious = xNext;
        printf("  제%d근사근: %20.18lf   함수값: %21.18lf₩n", ++i, xNext, Func(xNext));
    }
    while ( fabs(Func(xNext))>error );

    printf( "₩n₩n" );
}

double Func( double x )
{
    return 3.0*log(x)-pow(sin(x), 2.0);
}

double Derivative( double x )
{
    return 3.0/x-2.0*cos(x)*sin(x);
}
```

9.4.3 실행 결과

9.4.3.1 초기값이 2.9인 경우

```
<1> Enter initial guess: 2.9

<2> 허용가능한 오차는 0.0000000000000002220446049250313100이다.

<3> 입력한 값에 대한 결과
 제1근사근: 0.807462152504221820    함수값: -1.163634113858189800
 제2근사근: 1.235848724908008300    함수값: -0.256669487200318350
 제3근사근: 1.377923701024559500    함수값: -0.001525739549656513
 제4근사근: 1.378770892140335200    함수값:  0.000000098350271371
 제5근사근: 1.378770837536838400    함수값:  0.000000000000000111
```

9.4.3.2 초기값이 0.2인 경우

```
<1> Enter initial guess: 0.2

<2> 허용가능한 오차는 0.0000000000000002220446049250313100이다.

<3> 입력한 값에 대한 결과
 제1근사근: 0.533168340203508890    함수값: -2.145086975195907600
 제2근사근: 0.984641568779310190    함수값: -0.740444859506640300
 제3근사근: 1.333062471197817600    함수값: -0.082102645386585293
 제4근사근: 1.378860716951559900    함수값:  0.000161889369994395
 제5근사근: 1.378770838156720300    함수값:  0.000000001116513881
 제6근사근: 1.378770837536838400    함수값:  0.000000000000000111
```

9.5 가상위치법(method of false position)

9.5.1 이론

이분법(bisection method)은 근을 찾는 데 있어서 확실하고 유효한 해법이지만 근에 접근하는 방식이 매우 비효율적이다. x_{left}와 x_{right}의 사이를 항상 절반으로 나누는 이분법은 x_{left}와 x_{right}의 함수값을 고려의 대상에 넣지 않는다는 단점을 가지고 있다. 무슨 말이냐 하면, 만일 x_{right}에서의 함수값이 x_{left}에서의 함수값에 비해 0에 더 가깝다면 대부분의 경우에 있어서 방정식의 근은 x_{left}보다는 x_{right}의 근처에 위치하게 될 것이다. 여기에서 배울 가상위치법은 그러한 이분법의 단점을 개선한 해법이다.

가상위치법은 구간 양 끝의 두 점을 직선으로 연결시킨 후에, 이 직선과 x축의 교점(intersection point)을 다음의 추정값으로 한다.

가상위치법의 공식을 유도해 보자.

아래의 그림

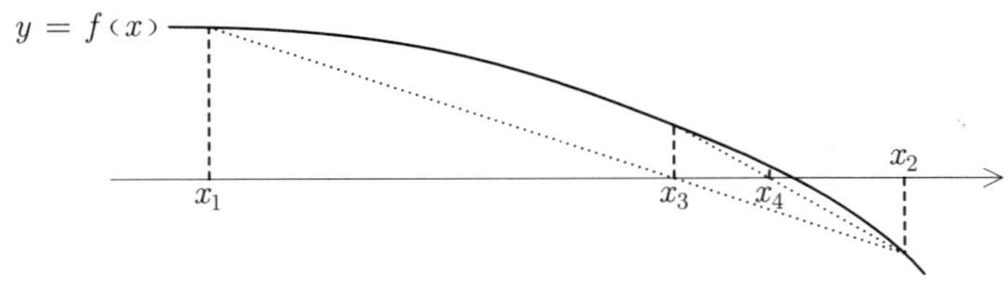

에서 함수 $f(x)$가 구간 $]x_1, x_2[$에서 선형이라고 가정한다.

$f(x_1)$과 $f(x_2)$이 서로 다른 부호를 가지면 두 점을 지나는 직선의 방정식은

$$\frac{f(x_1)}{x_3 - x_1} = \frac{f(x_2)}{x_3 - x_2}$$

이다.

위 식으로부터

$$f(x_2) \times (x_3 - x_1) = f(x_1) \times (x_3 - x_2),$$
$$x_3\big(f(x_1) - f(x_2)\big) = x_2 f(x_1) - x_1 f(x_2)$$

이 성립한다. 즉

$$x_3 = \frac{x_2 f(x_1) - x_1 f(x_2)}{f(x_1) - f(x_2)}$$

이다.

위 그림의 경우처럼 $f(x_2)$과 $f(x_3)$의 부호가 서로 다르면 근은 구간 $]x_3, x_2[$에 있고, $f(x_1)$과 $f(x_3)$의 부호가 서로 다르면 근은 구간 $]x_1, x_3[$에 있다. 또한 $f(x_3) = 0$이면 x_3가 구하는 근이다.

이분법이 그러하듯이 가상위치법도 괄호법(bracketing method)이다.

9.5.2 소스 코드

```
#include <float.h>
#include <stdio.h>
#include <math.h>

double Func( double x );          // 문제의 함수
double FalsePosition( double xLeft, double xRight );

void main()
{
    double xLeft;        // 근이 존재하는 구간의 왼쪽 경계값
    double xMid;         // xLeft와 xRight 사이의 중간값
    double xRight;       // 근이 존재하는 구간의 오른쪽 경계값
    double error = 10.0*DBL_EPSILON;

    printf( "₩n <1> 근이 존재하는 구간의 왼쪽 경계값: " );
    scanf( "%lf", &xLeft );
    printf( "₩n <2> 근이 존재하는 구간의 오른쪽 경계값: " );
    scanf( "%lf", &xRight );
    printf( "₩n <2> 허용가능한 오차는 %35.33lf이다.", error );
    printf( "₩n₩n <4> 입력한 값들에 대한 결과₩n" );
```

```
    int i=0;

    do
    {
        xMid = FalsePosition( xLeft, xRight );

        if ( Func(xLeft)*Func(xMid)==0.0 )
            break;
        else if ( Func(xLeft)*Func(xMid)<0.0 )
            xRight = xMid;
        else if ( Func(xMid)*Func(xRight)<0.0 )
            xLeft = xMid;
        else
            break;

        printf("  제%2d반복근: %20.18lf    함수값: %21.19lf\n", ++i, xMid, Func(xMid));
    }
    while ( Func(xMid)>error );

    printf( "\n\n" );
}

double Func( double x )
{
    return cos(x)-x;
}

double FalsePosition( double xLeft, double xRight )
{
    return (Func(xRight)*xLeft-Func(xLeft)*xRight)/(Func(xRight)-Func(xLeft));
}
```

9.5.3 실행 결과

```
<1> 근이 존재하는 구간의 왼쪽 경계값: 0.5

<2> 근이 존재하는 구간의 오른쪽 경계값: 1.0

<2> 허용가능한 오차는 0.000000000000000222044604925031310000이다.

<4> 입력한 값들에 대한 결과
 제 1반복근: 0.725481587063929620   함수값: 0.0226983906654858530
 제 2반복근: 0.738398620137093560   함수값: 0.0011487823438386473
 제 3반복근: 0.739050731114720190   함수값: 0.0000575753317664353
 제 4반복근: 0.739083409893470880   함수값: 0.0000028841708126599
 제 5반복근: 0.739085046889483510   함수값: 0.0000001444756889208
 제 6반복근: 0.739085128890886290   함수값: 0.0000000072371575667
 제 7반복근: 0.739085132998546720   함수값: 0.0000000003625276594
 제 8반복근: 0.739085133204309910   함수값: 0.0000000000181599191
 제 9반복근: 0.739085133214617110   함수값: 0.0000000000009096660
 제10반복근: 0.739085133215133360   함수값: 0.0000000000000456575
 제11반복근: 0.739085133215159230   함수값: 0.0000000000000023642
 제12반복근: 0.739085133215160560   함수값: 0.0000000000000001345
```

9.6 연립비선형방정식을 풀기 위한 뉴턴-라프슨 방법

9.6.1 이론

뉴턴-라프슨 방법을 사용하여 연립비선형방정식

$$\begin{cases} x^2 - xy = -6 \\ 5y - x^2 y = 5 \end{cases}$$

을 풀어보도록 하자.

위의 연립방정식을

$$\begin{cases} u(x,y) = x^2 - xy + 6 = 0 \\ v(x,y) = 5y - x^2 y - 5 = 0 \end{cases}$$

과 같이 고쳐 쓸 수 있다. 여기에서 연립방정식의 해는 함수 $u(x,y)$와 $v(x,y)$를 0이 되게 하는 x와 y의 쌍이다.

우리는 앞에서 단일방정식을 풀기 위해 사용했던 뉴턴-라프슨 방법을 확장하여 위 연립방정식을 풀 수 있다. 다만 근을 구하는데 있어 단일방정식의 경우와는 달리 다중변수 테일러 급수를 사용해야 한다. 이 책의 범위를 벗어나기 때문에 유도는 생략하는데, 이 문제의 경우처럼 변수가 2개일 때 1차 테일러 급수는 연립방정식을 구성하는 각각의 비선형방정식에 대해

$$\begin{cases} u_{i+1} = u_i + (x_{i+1} - x_i)\left(\dfrac{\partial u}{\partial x}\right)_i + (y_{i+1} - y_i)\left(\dfrac{\partial u}{\partial y}\right)_i \\ v_{i+1} = v_i + (x_{i+1} - x_i)\left(\dfrac{\partial v}{\partial x}\right)_i + (y_{i+1} - y_i)\left(\dfrac{\partial v}{\partial y}\right)_i \end{cases}$$

이다. 연립방정식의 해로 추정되는 값은 단일방정식의 경우처럼 u_{i+1}과 v_{i+1}이 0이 되는 점에서의 x와 y의 값이다.

위 두 식은

$$\begin{cases} x_{i+1}\left(\dfrac{\partial u}{\partial x}\right)_i + y_{i+1}\left(\dfrac{\partial u}{\partial y}\right)_i = -u_i + x_i\left(\dfrac{\partial u}{\partial x}\right)_i + y_i\left(\dfrac{\partial u}{\partial y}\right)_i \\ x_{i+1}\left(\dfrac{\partial v}{\partial x}\right)_i + y_{i+1}\left(\dfrac{\partial v}{\partial y}\right)_i = -u_i + x_i\left(\dfrac{\partial v}{\partial x}\right)_i + y_i\left(\dfrac{\partial v}{\partial y}\right)_i \end{cases}$$

처럼 재정리할 수 있는데, 이 두 식에서 아래첨자가 i인 값들은 알거나 계산할 수 있고 x_{i+1}와 y_{i+1}는 미지수이다. 그러므로 이 두 식은 두 변수 x_{i+1}와 y_{i+1}에 대한 연립선형방정식이다.

약간의 대수 계산을 통해

$$x_{i+1} = x_i - \frac{u_i\left(\dfrac{\partial v}{\partial y}\right)_i - v_i\left(\dfrac{\partial u}{\partial y}\right)_i}{\left(\dfrac{\partial u}{\partial x}\right)_i\left(\dfrac{\partial v}{\partial y}\right)_i - \left(\dfrac{\partial u}{\partial y}\right)_i\left(\dfrac{\partial v}{\partial x}\right)_i}, \qquad [7]$$

$$y_{i+1} = y_i - \frac{v_i\left(\dfrac{\partial u}{\partial x}\right)_i - u_i\left(\dfrac{\partial v}{\partial x}\right)_i}{\left(\dfrac{\partial u}{\partial x}\right)_i\left(\dfrac{\partial v}{\partial y}\right)_i - \left(\dfrac{\partial u}{\partial y}\right)_i\left(\dfrac{\partial v}{\partial x}\right)_i} \qquad [8]$$

을 얻을 수 있다.

위의 두 식들 각각의 우변을 보아라. 둘째 항에서 분모가 동일하다. 이것을 연립방정식의 야코비의 행렬식(Jacobian determinant)이라고 한다. 위의 두 식은 2개의 방정식으로 이루어진 연립방정식에 대한 뉴턴-라프슨 공식이다.

연립방정식의 실제의 근 $\{x = 2, y = 5\}$에서 비교적 가까운 $\{x_1 = 2.5, y_1 = 6\}$를 초기가정값으로 하여 주어진 문제를 풀어보도록 하자.

우선 모든 편도함수

$$\frac{\partial u}{\partial x} = 2x - y, \quad \frac{\partial u}{\partial y} = -x, \quad \frac{\partial v}{\partial x} = -2yx, \quad \frac{\partial v}{\partial y} = 5 - x^2$$

를 구한다.

위의 편도함수들에 x와 y의 초기가정치를 대입하면

$$\left(\frac{\partial u}{\partial x}\right)_1 = -1, \quad \left(\frac{\partial u}{\partial y}\right)_1 = -2.5, \quad \left(\frac{\partial v}{\partial x}\right)_1 = -30, \quad \left(\frac{\partial v}{\partial y}\right)_1 = -1.25$$

이다.

$u(x,y)$와 $v(x,y)$에 각각 초기가정치를 대입하면

$$u_1 = -2.75, \quad v_1 = -12.5$$

이다.

첫 번째 반복 과정에서 야코비의 행렬식은

$$\left(\frac{\partial u}{\partial x}\right)_1 \left(\frac{\partial v}{\partial y}\right)_1 - \left(\frac{\partial u}{\partial y}\right)_1 \left(\frac{\partial v}{\partial x}\right)_1 = 1.25 - 75 = -73.75$$

이다.

위에서 구한 여러 가지 값들을 뉴턴-라프슨 공식에 대입하면

$$x_2 = x_1 - \frac{u_1 \left(\frac{\partial v}{\partial y}\right)_1 - v_1 \left(\frac{\partial u}{\partial y}\right)_1}{\left(\frac{\partial u}{\partial x}\right)_1 \left(\frac{\partial v}{\partial y}\right)_1 - \left(\frac{\partial u}{\partial y}\right)_1 \left(\frac{\partial v}{\partial x}\right)_1} = 2.5 - \frac{-27.8125}{-73.75} = 2.1228813559322033, \quad [9]$$

$$y_2 = y_1 - \frac{v_1 \left(\frac{\partial u}{\partial x}\right)_1 - u_1 \left(\frac{\partial v}{\partial x}\right)_1}{\left(\frac{\partial u}{\partial x}\right)_1 \left(\frac{\partial v}{\partial y}\right)_1 - \left(\frac{\partial u}{\partial y}\right)_1 \left(\frac{\partial v}{\partial x}\right)_1} = 6 - \frac{-70}{-73.75} = 5.0508474576271185 \quad [10]$$

과 같이 x_2과 y_2을 구할 수 있다.

다음으로 x_3과 y_3을 구해 보자.

네 개의 편도함수에 위의 두 식을 대입하면

$$\left(\frac{\partial u}{\partial x}\right)_2 = -0.8050847457627119, \quad \left(\frac{\partial u}{\partial y}\right)_2 = -2.1228813559322033,$$

$$\left(\frac{\partial v}{\partial x}\right)_2 = -21.444699798908356, \quad \left(\frac{\partial v}{\partial y}\right)_2 = 0.49337474863544983$$

이다.

$u(x,y)$와 $v(x,y)$에 [9]과 [10]을 대입하면

$$u_2 = -0.215724648089628, \quad v_2 = -2.50803940519722$$

이다.

두 번째 반복 과정에서 야코비의 행렬식은

$$\left(\frac{\partial u}{\partial x}\right)_2\left(\frac{\partial v}{\partial y}\right)_2-\left(\frac{\partial u}{\partial y}\right)_2\left(\frac{\partial v}{\partial x}\right)_2=-45.92176187073653$$

이다.

다시 이러한 값들을 [7]과 [8]에 대입하면

$$x_3=x_2-\frac{u_2\left(\frac{\partial v}{\partial y}\right)_2-v_2\left(\frac{\partial u}{\partial y}\right)_2}{\left(\frac{\partial u}{\partial x}\right)_2\left(\frac{\partial v}{\partial y}\right)_2-\left(\frac{\partial u}{\partial y}\right)_2\left(\frac{\partial v}{\partial x}\right)_2}=2.004621451128271,$$

$$y_3=y_2-\frac{v_2\left(\frac{\partial u}{\partial x}\right)_2-u_2\left(\frac{\partial v}{\partial x}\right)_2}{\left(\frac{\partial u}{\partial x}\right)_2\left(\frac{\partial v}{\partial y}\right)_2-\left(\frac{\partial u}{\partial y}\right)_2\left(\frac{\partial v}{\partial x}\right)_2}=4.994077727015531$$

과 같이 x_3과 y_3이 얻어진다.

위와 같은 방식으로 반복 계산하면 허용된 정확도 이내의 근을 얻을 수 있다.

프로그램 실행 결과를 보면 x와 y의 참값에 수렴함을 알 수 있다.

9.6.2 소스 코드

```
#include <stdio.h>
#include <stdlib.h>
#include <math.h>

double U(double, double), V(double, double);          // 함수 u와 v
double UX(double, double), UY(double, double);        // u의 편도함수들
double VX(double, double), VY(double, double);        // v의 편도함수들
double Jacobian(double, double);                      // 야코비의 행렬식

void main()
{
    double xBefore, yBefore;    // 이전 x와 y 좌표
    double xNext, yNext;        // 다음 x와 y 좌표
    double errorU, errorV;      // 오차의 범위

    printf( "\n <1> x와 y의 초기 가정값: " );
    scanf( "%lf, %lf", &xBefore, &yBefore );
    printf( "\n <2> u(x, y)와 v(x, y)에 관해 허용가능한 오차\n   " );
    scanf( "%lf, %lf", &errorU, &errorV );
    printf( "\n <3> 입력한 값들에 대한 결과 \n" );

    int i=0;

    do
    {
        xNext = xBefore - (U(xBefore, yBefore)*VY(xBefore, yBefore)
          -V(xBefore, yBefore)*UY(xBefore, yBefore))/Jacobian(xBefore, yBefore);
        yNext = yBefore - (V(xBefore, yBefore)*UX(xBefore, yBefore)
          -U(xBefore, yBefore)*VX(xBefore, yBefore))/Jacobian(xBefore, yBefore);
```

```
        xBefore = xNext, yBefore = yNext;
        printf( "  제%d반복 \n", ++i );
        printf( "       근: x=%20.18lf, y=%20.18lf", xNext, yNext );
        printf( "\n      함수값: U=%21.18lf, V=%21.18lf\n", U(xNext, yNext), V(xNext, yNext) );
    }
    while ( (fabs(U(xNext,yNext))>errorU)||(fabs(V(xNext,yNext))>errorV) );

    printf( "\n\n" );
}

double U( double x, double y )       // 함수 u(x,y)
{
    double value;
    value = pow(x, 2.0) - x*y+6.0;
    return value;
}

double V( double x, double y )       // 함수 v(x,y)
{
    double value;
    value = 5.0*y - pow(x, 2.0)*y - 5.0;
    return value;
}

double UX( double x, double y )      // x에 대한 u(x,y)의 편도함수
{
    double value;
    value = 2.0*x - y;
    return value;
}

double UY( double x, double y )      // y에 대한 u(x,y)의 편도함수
{
    double value;
    value = -x;
    return value;
}

double VX( double x, double y )      // x에 대한 v(x,y)의 편도함수
{
    double value;
    value = -2.0*y*x;
    return value;
}

double VY( double x, double y )      // y에 대한 v(x,y)의 편도함수
{
    double value;
    value = 5.0 - pow(x, 2.0);
    return value;
}

double Jacobian( double x, double y )        // 야코비의 행렬식
{
    double value;
    value = UX(x, y)*VY(x, y) - UY(x, y)*VX(x, y);
    return value;
}
```

9.6.3 실행 결과

```
<1> x와 y의 초기 가정값: 2.5, 6.0

<2> u(x, y)와 v(x, y)에 관해 허용가능한 오차
  0.00000000000004, 0.000000000000000002

<3> 입력한 값들에 대한 결과
 제1반복
   근: x=2.122881355932203300, y=5.050847457627118500
   함수값: u=-0.215724648089627990, v=-2.508039405197219900
 제2반복
   근: x=2.004621451128270900, y=4.994077727015531200
   함수값: u= 0.007271822146363682, v=-0.098348480135094007
 제3반복
   근: x=1.999998693003292900, y=4.999976334619288000
   함수값: u= 0.000048637728909284, v= 0.000002474421165743
 제4반복
   근: x=2.000000000007164500, y=5.000000000011029400
   함수값: u=-0.000000000029222846, v=-0.000000000132263978
 제5반복
   근: x=1.999999999999999800, y=5.000000000000000000
   함수값: u= 0.000000000000000888, v= 0.000000000000003553
 제6반복
   근: x=2.000000000000000000, y=5.000000000000000000
   함수값: u= 0.000000000000000000, v= 0.000000000000000000
```

9.7 삼차방정식(cubic equation)

9.7.1 이론

아마도 상당수의 사람들은 삼차방정식과 관련하여 Niccolo Fontana Tartaglia(1499~1557)와 Girolamo Cardano(1501~1576) 사이에 얽힌 이야기를 알고 있을 것이다.

편의상

$$x^3 + 3bx^2 + cx + d = 0$$

을 생각하자. 참고로 최고차계수가 1인 다항식을 monic polynomial이라고 한다.

좌변의 변곡점(inflection point)을 $\xi = 0$으로 이동하는 것과 같은 평행이동 $\xi = x + b$에 의하여 위의 방정식은

$$\xi^3 - 3p\xi - 2q = 0$$

이 된다. 단, $p = b^2 - \frac{c}{3}$이고 $q = \frac{bc - 2b^3 - d}{2}$이다.

만약 $\alpha = q + \sqrt{q^2 - p^3}$ 그리고 $\beta = q - \sqrt{q^2 - p^3}$이라고 정의하면, 해는

$$\left\{\alpha^{\frac{1}{3}} + \beta^{\frac{1}{3}}, -\frac{1}{2}\left(\alpha^{\frac{1}{3}} + \beta^{\frac{1}{3}}\right) \pm i\frac{\sqrt{3}}{2}\left(\alpha^{\frac{1}{3}} - \beta^{\frac{1}{3}}\right)\right\}$$

이다.

그런데 $q^2 < p^3$ 일 때 α 와 β 는 허수이다. 이 경우의 해를 구하려면 약간의 작업이 필요하다. 만약 $\theta = \arccos p^{-\frac{3}{2}} q$이라고 하면, 해는

$$\left\{2\sqrt{p}\cos\frac{\theta}{3}, 2\sqrt{p}\cos\frac{\theta+2\pi}{3}, 2\sqrt{p}\cos\frac{\theta+4\pi}{3}\right\}$$

이다.

프로그램을 살펴보자.

Cardano의 공식을 사용하여 실수 계수의 삼차방정식

$$ax^3 + bx^2 + cx + d = 0$$

을 푼다.

프로그램에서 CubeRoot 함수는 뉴턴의 방법을 사용하여 세제곱근을 구하는 함수이다.

9.7.2 소스 코드

```
#include <stdio.h>
#include <math.h>

#define PI 3.1415926535

double CubeRoot(double);

void main()
{
    double b=-6.2, a=3.4, c=12.0, d=-8.5, p, q, discriminant, x1, x2, a3, b3, x3, t;

    b /= 3.0 * a;
    c /= a;
    d /= a;
    p = b*b - c/3.0;
    q = (b*(c-2.0*b*b)-d) / 2.0;
    discriminant = q*q - p*p*p;

    if ( discriminant==0.0 )
    {
        q = CubeRoot(q);
        x1 = 2.0*q - b;
        x2 = -q - b;
        printf("₩n  x=%lf, %lf (중근)₩n₩n₩n", x1, x2);
    }
    else if ( discriminant>0.0 )
    {
        if ( q>0.0 )
            a3 = CubeRoot(q+sqrt(discriminant));
        else
            a3 = CubeRoot(q-sqrt(discriminant));
        b3 = p / a3;
        x1 = a3 + b3 - b;
        x2 = -0.5*(a3+b3) - b;
        x3 = fabs(a3-b3) * sqrt(3.0) / 2.0;
```

```
        printf("\n  x=%lf; %lf +- %lfi\n\n\n", x1, x2, x3);
    }
    else
    {
        discriminant = sqrt(p);
        t = acos(q/(p*discriminant));
        discriminant *= 2.0;
        x1 = discriminant*cos(t/3.0) - b;
        x2 = discriminant*cos((t+2.0*PI)/3.0) - b;
        x3 = discriminant*cos((t+4.0*PI)/3.0) - b;
        printf("\n  x=%lf, %lf, %lf\n\n\n", x1, x2, x3);
    }
}

double CubeRoot(double x)
{
    int positive;
    double s, prev;

    if ( x==0.0 )
        return 0.0;

    if ( x>0.0 )
        positive = 1;
    else
    {
        positive = 0;
        x = -x;
    }

    if ( x>1.0 )
        s = x;
    else
        s = 1.0;

    do
    {
        prev = s;
        s = (x/(s*s)+2.0*s) / 3.0;
    }
    while ( s<prev );

    if ( positive )
        return prev;
    else
        return -prev;
}
```

9.7.3 실행 결과

```
x=0.926504; 0.448512 +- 1.580238i
```

9.8 사차방정식(quartic equation)

9.8.1 이론

컴퓨터 그래픽에서 타원면(ellipsoid), 포물면(paraboloid), 쌍곡면(hyperboloid)과 같은 이차곡면(quadric surface)을 포함하는 여러 가지 문제들을 푸는 데에 사차방정식이 등장한다. 또한 아래의 원환면(torus)

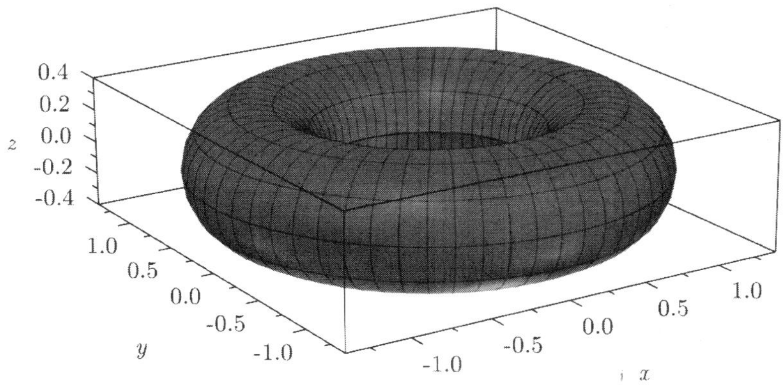

과 같은 사차곡면을 광선추적할 때 사차방정식을 풀어야 할 필요가 있다.

9.8.2 소스 코드

```
//
/* The following prototype declarations need to be added to your code (ie. header file). */
//

int quartic(double[], double[], double[], int* );
int cubic(double[], double[], int*);
int signR(double);
double CBRT(double);

#include <stdio.h>
void main()
{
    double dd[5] = { 2117.0, -1194.0, 262.0, -26.0, 1.0 };
    double sol[4], soli[4];
    int Nsol;

    quartic(dd, sol, soli, &Nsol);
    printf("   x1=%g+i(%g)  x2=%g+i(%g)  x3=%g+i(%g)  x4=%g+i(%g)",
      sol[0], soli[0], sol[1], soli[1], sol[2], soli[2], sol[3], soli[3]);
    printf("\n   실근의 개수는 %d\n\n\n", Nsol);
}
```

```
/*-------------------- Global Function Description Block ----------------------
 *
 *     ***QUARTIC************************************************25.03.98
 *     Solution of a quartic equation
 *     ref.: J. E. Hacke, Amer. Math. Monthly, Vol. 48, 327-328, (1941)
 *     NO WARRANTY, ALWAYS TEST THIS SUBROUTINE AFTER DOWNLOADING
 *     ******************************************************************
 *     dd(0:4)     (i)  vector containing the polynomial coefficients
 *     sol(1:4)    (o)  results, real part
 *     soli(1:4)   (o)  results, imaginary part
 *     Nsol        (o)  number of real solutions
 *     ==================================================================
 *      17-Oct-2004 / Raoul Rausch
 *      Conversion from Fortran to C
 *
 *
 *-----------------------------------------------------------------------------
 */
#include <math.h>
#include <stdlib.h>
int quartic(double dd[5], double sol[4], double soli[4], int* Nsol)
{
    double AA[4], z[3];
    double a, b, c, d, f, p, q, r, zsol, xK2, xL, xK, sqp, sqm;
    int ncube, i;
    *Nsol = 0;

    if (dd[4] == 0.0)
    {
        printf("\n ERROR: NOT A QUARTIC EQUATION");
        return 0;
    }

    a = dd[4];
    b = dd[3];
    c = dd[2];
    d = dd[1];
    f = dd[0];

    p = (-3.0*pow(b,2)+8.0*a*c) / (8.0*pow(a,2));
    q = (pow(b,3)-4.0*a*b*c+8.0*d*pow(a,2)) / (8.0*pow(a,3));
    r = (-3.0*pow(b,4)+16.0*a*pow(b,2)*c-64.0*pow(a,2)*b*d+256.0*pow(a,3)*f) / (256.0*pow(a,4));

    // Solve cubic resolvent
    AA[3] = 8.0;
    AA[2] = -4.0*p;
    AA[1] = -8.0*r;
    AA[0] = 4.0*p*r - pow(q,2);

    //printf("\n bcubic %.4e\t%.4e\t%.4e\t%.4e ", AA[0], AA[1], AA[2], AA[3]);
    cubic(AA, z, &ncube);
    //printf("\n acubic %.4e\t%.4e\t%.4e ", z[0], z[1], z[2]);

    zsol = - 1.e99;
    for (i=0;i<ncube;i++)   zsol = max(zsol, z[i]); //Not sure C has max fct
    z[0] =zsol;
    xK2 = 2.0*z[0] -p;
```

```
    xK = sqrt(xK2);
    xL = q/(2.0*xK);
    sqp = xK2 - 4.0 * (z[0] + xL);
    sqm = xK2 - 4.0 * (z[0] - xL);

    for (i=0;i<4;i++)   soli[i] = 0.0;
    if ( (sqp >= 0.0) && (sqm >= 0.0))
    {
        printf("₩n case 1 ");
        sol[0] = 0.5 * (xK + sqrt(sqp));
        sol[1] = 0.5 * (xK - sqrt(sqp));
        sol[2] = 0.5 * (-xK + sqrt(sqm));
        sol[3] = 0.5 * (-xK - sqrt(sqm));
        *Nsol = 4;
    }
    else if ( (sqp >= 0.0) && (sqm < 0.0))
    {
        printf("₩n case 2 ");
        sol[0] = 0.5 * (xK + sqrt(sqp));
        sol[1] = 0.5 * (xK - sqrt(sqp));
        sol[2] = -0.5 * xK;
        sol[3] = -0.5 * xK;
        soli[2] =  sqrt(-.25 * sqm);
        soli[3] = -sqrt(-.25 * sqm);
        *Nsol = 2;
    }
    else if ( (sqp < 0.0) && (sqm >= 0.0))
    {
        printf("₩n case 3 ");
        sol[0] = 0.5 * (-xK + sqrt(sqm));
        sol[1] = 0.5 * (-xK - sqrt(sqm));
        sol[2] = 0.5 * xK;
        sol[3] = 0.5 * xK;
        soli[2] =  sqrt(-0.25 * sqp);
        soli[3] = -sqrt(-0.25 * sqp);
        *Nsol = 2;
    }
    else if ( (sqp < 0.0) && (sqm < 0.0))
    {
        printf("₩n case 4 ");
        sol[0] = -0.5 * xK;
        sol[1] = -0.5 * xK;
        soli[0] =  sqrt(-0.25 * sqm);
        soli[1] = -sqrt(-0.25 * sqm);
        sol[2] = 0.5 * xK;
        sol[3] = 0.5 * xK;
        soli[2] =  sqrt(-0.25 * sqp);
        soli[3] = -sqrt(-0.25 * sqp);
        *Nsol = 0;
    }

    for (i=0;i<4;i++)   sol[i] -= b/(4.0*a);
    return 0;
}

/*-------------------- Global Function Description Block ----------------------
 *
 *     ***CUBIC**************************************************08.11.1986
```

```
 *     Solution of a cubic equation
 *     Equations of lesser degree are solved by the appropriate formulas.
 *     The solutions are arranged in ascending order.
 *     NO WARRANTY, ALWAYS TEST THIS SUBROUTINE AFTER DOWNLOADING
 *     *****************************************************************
 *     A(0:3)      (i)  vector containing the polynomial coefficients
 *     X(1:L)      (o)  results
 *     L           (o)  number of valid solutions (beginning with X(1))
 *     =================================================================
 *      17-Oct-2004 / Raoul Rausch
 *      Conversion from Fortran to C
 *
 *
 *-----------------------------------------------------------------------------
 */
int cubic(double A[4], double X[3], int* L)
{
    const double PI = 3.1415926535897932;
    const double THIRD = 1./3.;
    double U[3],W, P, Q, DIS, PHI;
    int i;

    //define cubic root as statement function
    // In C, the function is defined outside of the cubic fct

    // ====determine the degree of the polynomial ====

    if (A[3] != 0.0)
    {
        //cubic problem
        W = A[2]/A[3]*THIRD;
        P = pow((A[1]/A[3]*THIRD - pow(W,2)),3);
        Q = -.5*(2.0*pow(W,3)-(A[1]*W-A[0])/A[3] );
        DIS = pow(Q,2)+P;
        if ( DIS < 0.0 )
        {
            //three real solutions!
            //Confine the argument of ACOS to the interval [-1;1]!
            PHI = acos(min(1.0,max(-1.0,Q/sqrt(-P))));
            P=2.0*pow((-P),(5.e-1*THIRD));

            for (i=0;i<3;i++)
                U[i] = P*cos((PHI+2*((double)i)*PI)*THIRD)-W;

            X[0] = min(U[0], min(U[1], U[2]));
            X[1] = max(min(U[0], U[1]),max( min(U[0], U[2]), min(U[1], U[2])));
            X[2] = max(U[0], max(U[1], U[2]));
            *L = 3;
        }
        else
        {
            // only one real solution!
            DIS = sqrt(DIS);
            X[0] = CBRT(Q+DIS)+CBRT(Q-DIS)-W;
            *L=1;
        }
    }
    else if (A[2] != 0.0)
```

```
    {
        // quadratic problem
        P = 0.5*A[1]/A[2];
        DIS = pow(P,2)-A[0]/A[2];
        if (DIS > 0.0)
        {
            // 2 real solutions
            X[0] = -P - sqrt(DIS);
            X[1] = -P + sqrt(DIS);
            *L=2;
        }
        else
        {
            // no real solution
            *L=0;
        }
    }
    else if (A[1] != 0.0)
    {
        //linear equation
        X[0] =A[0]/A[1];
        *L=1;
    }
    else
    {
        //no equation
        *L=0;
    }
/*
 *     ==== perform one step of a newton iteration in order to minimize
 *          round-off errors ====
 */
    for (i=0;i<*L;i++)
    {
        X[i] = X[i] - (A[0]+X[i]*(A[1]+X[i]*(A[2]+X[i]*A[3])))
          /(A[1]+X[i]*(2.0*A[2]+X[i]*3.0*A[3]));
    //  printf("₩n X inside cubic %.15e₩n", X[i]);
    }

    return 0;
}

int signR(double Z)
{
    int ret;

    if (Z > 0.0)    ret = 1;
    if (Z < 0.0)    ret = -1;
    if (Z = 0.0)    ret =0;

    return ret;
}

double CBRT(double Z)
{
    double ret;
    const double THIRD = 1./3.;
    //define cubic root as statement function
```

```
    //SIGN has different meanings in both C and Fortran
    // Was unable to use the sign command of C, so wrote my own
    // that why a new variable needs to be introduced that keeps track of the sign of
    /* SIGN is supposed to return a 1, -1 or 0 depending on what the sign of the argument is */
    ret = fabs(pow(fabs(Z),THIRD)) * signR(Z);
    return ret;
}
```

9.8.3 실행 결과

```
 case 4    x1=5+i(2)  x2=5+i(-2)  x3=8+i(3)  x4=8+i(-3)
   실근의 개수는 0
```

9.8 함수의 극값

9.8.1 이론

함수 f가 개구간에서 정의된다고 하자. c에 충분히 가까운 모든 x에 대하여 $f(c) \geq f(x)$이면 f가 c에서 극대(local maximum)를 갖는다고 한다. 또한 c에 충분히 가까운 모든 x에 대하여 $f(c) \leq f(x)$이면 f가 c에서 극소(local minimum)를 갖는다고 한다.

정리: 함수 f가 $x = c$에서 극대나 극소를 가지면, $f'(c) = 0$이거나 $f'(c)$가 존재하지 않는다.

증명: $f'(c) > 0$이거나 $f'(c) < 0$이면, 충분히 작은 모든 양수 h에 대하여

$$f(c-h) < f(c) < f(c+h)$$

이거나

$$f(c-h) > f(c) > f(c+h)$$

이므로

$$f(x_1) > f(c) > f(x_2)$$

을 만족하고 c에 충분히 가까운 x_1과 x_2가 존재한다. 따라서 f가 c에서 극대나 극소를 가질 수 없다. ∎

위에서 $f'(c) = 0$이거나 $f'(c)$가 존재하지 않는 점을 임계점(critical point)이라고 한다. 따라서 임계점들만 극값을 가질 수 있다는 것을 알 수 있다.

특별히, Fermat의 정리

Fermat의 정리: f가 c에서 극대값이나 극소값을 갖고 $f'(c)$가 존재한다면, $f'(c) = 0$이다.

도 알아두자.

뉴턴의 방법은 일계도함수가 어떤 함수의 기울기를 나타낸다는 성질을 이용한다. 즉 구하고자 하는 극대점 근방의 어떤 점에서 $f'(x) > 0$ 이면 그 근방에서 함수는 증가하는 구간이므로 극대점은 좀더 오른쪽에 있고, $f'(x) < 0$이면 그 근방에서 함수는 감소하는 구간이므로 극대점은 좀더 왼쪽에 있다.

9.8.2 소스 코드

```
#include <stdio.h>
#include <math.h>
#include <process.h>

double Function( double x );
double Derivative( double x );

double previousX , stepSize, error, slope, nextX, temp, difference;
int i=0;

void main( void )
{
    printf( "₩n <1> 초기점 좌표: " );
    scanf( "%lf", &previousX );
    printf( "₩n <2> 초기 간격: " );
    scanf( "%lf", &stepSize );
    printf( "₩n <3> 허용가능한 오차: " );
    scanf( "%lf", &error );

    if ( !(stepSize>error) )
    {
        printf( "₩n <4> 초기 간격이 허용가능한 오차보다 커야 합니다.₩n₩n₩n" );
        exit(1);
    }

    printf( "₩n <4> 입력한 값들에 대한 결과₩n" );

    do
    {
        slope = Derivative(previousX);
        nextX = previousX + stepSize*slope;
        temp = Function(nextX);
        printf( " %4d번째 반복: x=%.17lf, f(x)=%.17lf₩n", ++i, nextX, temp );
        difference = fabs( previousX-nextX );
        previousX = nextX;
    }
    while ( difference>error );

    printf( "   f(x)는 x=%.17lf에서 극대값 %.17lf를 갖는다.₩n₩n₩n", nextX, temp );
}

double Function( double x )
{
    return pow(x, 3.0)-7.0*x;
}

double Derivative( double x )
{
    return 3.0*pow(x, 2.0)-7.0;
}
```

9.8.3 실행 결과

```
<1> 초기점 좌표: -3.04

<2> 초기 간격: 0.007

<3> 허용가능한 오차: 0.0007

<4> 입력한 값들에 대한 결과
  1번째 반복: x=-2.89492640000000010, f(x)=-3.99673209172589950
  2번째 반복: x=-2.76793382391024380, f(x)=-1.83087101233534000
  3번째 반복: x=-2.65604321318576990, f(x)=-0.14492845957512301
  4번째 반복: x=-2.55689733662925580, f(x)=1.18199229859862950
  5번째 반복: x=-2.46860513283795860, f(x)=2.23652835048723380
  6번째 반복: x=-2.38963089549860630, f(x)=3.08182137718035070
  7번째 반복: x=-2.31871384334745520, f(x)=3.76458522103512830
  8번째 반복: x=-2.25480873171350150, f(x)=4.31984731156939890
  9번째 반복: x=-2.19704132096466110, f(x)=4.77419151728659230
 10번째 반복: x=-2.14467451907811220, f(x)=5.14801496444721350
 11번째 반복: x=-2.09708231442967060, f(x)=5.45712357473983540
 12번째 반복: x=-2.05372947552630290, f(x)=5.71387637383866400
 13번째 반복: x=-2.01415557559474670, f(x)=5.92801700360498170
 14번째 반복: x=-1.97796229925805920, f(x)=6.10728524502109500
 15번째 반복: x=-1.94480326725504840, f(x)=6.25787175463384940
 16번째 반복: x=-1.91437581254020420, f(x)=6.38475968228700450
 17번째 반복: x=-1.88641428275578590, f(x)=6.49198374582011880
 18번째 반복: x=-1.86068454698590040, f(x)=6.58282843750972370
 19번째 반복: x=-1.83697946033466560, f(x)=6.65998090457142220
 20번째 반복: x=-1.81511509604314550, f(x)=6.72564976838184590
 21번째 반복: x=-1.79492759699358740, f(x)=6.78165812861647850
 22번째 반복: x=-1.77627053034615480, f(x)=6.82951684548937710
 23번째 반복: x=-1.75901265340965440, f(x)=6.87048264199949440
 24번째 반복: x=-1.74303601759769380, f(x)=6.90560443972043100
 25번째 반복: x=-1.72823435186619450, f(x)=6.93576051357259620
 26번째 반복: x=-1.71451167839181680, f(x)=6.96168843815887330
 27번째 반복: x=-1.70178112218963640, f(x)=6.98400934107198430
 28번째 반복: x=-1.68996388344497510, f(x)=7.00324763497995660
 29번째 반복: x=-1.67898834697065810, f(x)=7.01984714021308510
 30번째 반복: x=-1.66878930771612950, f(x)=7.03418431138217940
 31번째 반복: x=-1.65930729489162830, f(x)=7.04657912955864510
 32번째 반복: x=-1.65048798021513620, f(x)=7.05730410426541170
 33번째 반복: x=-1.64228165818560880, f(x)=7.06659173850973590
 34번째 반복: x=-1.63464278824453850, f(x)=7.07464073906316320
 35번째 반복: x=-1.62752959029618110, f(x)=7.08162119847734850
 36번째 반복: x=-1.62090368638309830, f(x)=7.08767893139776020
 37번째 반복: x=-1.61472978241196170, f(x)=7.09293911293914100
 38번째 반복: x=-1.60897538473758980, f(x)=7.09750933919390100
 39번째 반복: x=-1.60361054717506880, f(x)=7.10148220780933940
 40번째 반복: x=-1.59860764464783520, f(x)=7.10493749880231820
 41번째 반복: x=-1.59394117021577860, f(x)=7.10794402146128770
 42번째 반복: x=-1.58958755267949290, f(x)=7.11056118160151570
 43번째 반복: x=-1.58552499233918760, f(x)=7.11284031403304250
 44번째 반복: x=-1.58173331281121190, f(x)=7.11482581743578810
 45번째 반복: x=-1.57819382708122060, f(x)=7.11655612256877030
 46번째 반복: x=-1.57488921620863790, f(x)=7.11806451959901490
 47번째 반복: x=-1.57180341929870250, f(x)=7.11937986610480600
```

```
48번째 반복: x=-1.56892153353140150, f(x)=7.12052719381596690
49번째 반복: x=-1.56622972318545250, f(x)=7.12152822926315210
50번째 반복: x=-1.56371513672387130, f(x)=7.12240184110894250
51번째 반복: x=-1.56136583111866490, f(x)=7.12316442493661840
52번째 반복: x=-1.55917070268838250, f(x)=7.12383023460640530
53번째 반복: x=-1.55711942380582500, f(x)=7.12441166789551610
54번째 반복: x=-1.55520238490596400, f(x)=7.12491951296995920
55번째 반복: x=-1.55341064128760280, f(x)=7.12536316125456090
56번째 반복: x=-1.55173586425782610, f(x)=7.12575079144099810
57번째 반복: x=-1.55017029621692240, f(x)=7.12608952867632260
58번째 반복: x=-1.54870670932418400, f(x)=7.12638558238479990
59번째 반복: x=-1.54733836742256340, f(x)=7.12664436567649600
60번째 반복: x=-1.54605899093330690, f(x)=7.12687059887237060
61번째 반복: x=-1.54486272446094700, f(x)=7.12706839931544160
62번째 반복: x=-1.54374410687494000, f(x)=7.12724135933094340
63번째 반복: x=-1.54269804365720690, f(x)=7.12739261393706420
64번째 반복: x=-1.54171978132522770, f(x)=7.12752489968448980
65번째 반복: x=-1.54080488375850800, f(x)=7.12764060581215380
66번째 반복: x=-1.53994921027241260, f(x)=7.12774181874312250
67번째 반복: x=-1.53914889529782140, f(x)=7.12783036080436450
68번째 반복: x=-1.53840032953799490, f(x)=7.12790782393389580
69번째 반복: x=-1.53770014248562000, f(x)=7.12797559903540010
70번째 반복: x=-1.53704518619341380, f(x)=7.12803490155145520
f(x)는 x=-1.53704518619341380에서 극대값 7.12803490155145520를 갖는다.
```

9.9 연습 문제

문항1 방정식

$$2x^5 - 5x^4 - 3x + 5 = 0$$

의 해들 중에서 0에 가장 가까운 해를 구하여라.

문항2 뉴턴-라프슨 방법으로 임의의 양수(positive number)의 네제곱근을 구하여라.

10 마구잡이수(random number)

10.1 개론

마구잡이수(random number)를 이용하여 여러 가지 재미있는 것들을 구현하여 보자.

가장 먼저, 원하는 구간에서 많은 마구잡이수를 발생(generation)시켜 보고, 구간의 전 범위에 걸쳐 얼마나 균등하게 마구잡이수가 분포되어 있는지 알아본다. 또한 그 결과를 그래프로 나타내어 본다.

그 다음에는 마구잡이수를 이용하여 마구잡이비트(random bit)를 생성하여 보고, 역시 그래프로 나타내어 본다.

이번 chapter에서 배우는 균등마구잡이수는 다음 chapter에서 공부할 내용의 기초가 된다.

10.2 균등마구잡이수 발생

10.2.1 이론

구간 [3,7.5[에서 700개의 마구잡이수들을 발생시킨 후 구간을 150등분한 뒤 등분된 각 구간 내에 포함되어 있는 마구잡이수의 개수를 출력하는 프로그램을 작성하여 보자.

Visual C++ 6.0에는 함수의 원형(prototype)이

```
void srand( unsigned int seed );
```

인 srand 함수가 있다. 이 함수는 유사마구잡이수(pseudo-random number)를 발생시키기 위해 마구잡이수발생기(random number generator)를 초기화한다. seed는 마구잡이수를 발생시키는 알고리즘에서 시작점(starting point)으로 사용되는 처음수(initial number)를 말한다. srand 함수에서 seed parameter는 부호없는 정수형으로써 우리가 프로그램을 실행할 때마다 발생되는 마구잡이수의 집합이 다르게 하기 위해서 보통은

```
srand( (unsigned)time( NULL ) );
```

처럼 현재의 시간(current time)으로 seed를 설정한다. 여기서 srand 함수의 parameter으로 쓰인 time 함수는 협정 세계 표준시, 1970년 1월 1일 자정(00:00:00), 이후로 현재까지 경과된 시간을 초 단위로 환산한 값을 timer parameter에 의해 주어진 위치에 반환하는 함수인데, 이 parameter을 NULL으로 하면 반환값은 저장되지 않는다.

실제로 마구잡이수를 발생시키기 위해서는 rand 함수를 사용한다.

rand 함수는 0과 RAND_MAX 범위의 유사정수마구잡이수를 반환하는데 parameter은 void 형이다. RAND_MAX는 <stdlib.h> 헤더 파일에

```
#define RAND_MAX 0x7fff
```

와 같이 정의되어 있다. 0x7fff은 십육진법으로 나타낸 수이고, 이것을 십진수로 표현하면 $32767 = 2^{15} - 1$이다. 전

형적으로 RAND_MAX는 int 형이 가질 수 있는 가장 큰 양의 값(largest representable positive value)이다.

구간 [0.0,1.0[에 속하는 마구잡이수를 발생시키려면

```
xx = rand() / (RAND_MAX+1.0);
```

와 같이 하면 된다.

[24,37[의 마구잡이정수를 발생시키려면 어떻게 해야 할까?

```
yy = 24 + (int)(14.0*rand()/RAND_MAX+1.0));
```

와 같이 하면 된다. 여기에서 14는 $37 - 24 + 1$을 계산한 것이다.

10.2.2 소스 코드

```
#include <stdlib.h>
#include <time.h>
#include <stdio.h>

const double from=3.0, to=7.5;
int i, j, interval[150];
double number;

void main( void )
{
    for (i=0; i<150; i++)
        interval[i] = 0;

    // Seed the random-number generator with current time so that
    // the numbers will be different every time we run.
    srand( (unsigned)time( NULL ) );        // srand 함수는 시작점을 설정한다.

    printf("₩n <1> 700개의 마구잡이수 발생 ₩n");

    // Display 700 numbers.
    for (i=0; i<700; i++)
    {
        number = from + (rand()/(RAND_MAX+1.0))*(to-from);
        printf( " %lf ", number );
        interval[ (int)((number-from)*(150.0/(to-from))) ]++;
    }

    printf("₩n₩n <2> 각 구간별 마구잡이수 개수 ₩n");

    for (i=0; i<150; i++)
        printf( " [%4.2lf, %4.2lf]: %2d개 ", from+0.03*i, from+0.03*(i+1), interval[i] );

    printf( "₩n₩n₩n" );
}
```

10.2.3 실행 결과

<1> 700개의 마구잡이수 발생

3.121674	5.598541	5.424683	3.580353	5.248764	6.473465	6.949585	3.299240
5.981140	6.796600	5.353683	7.162033	5.578079	3.217392	7.158051	3.949219
5.918518	6.685364	4.001953	6.026321	5.802338	5.361099	3.474472	4.665527
5.048264	4.633392	4.124176	7.324768	5.718430	3.758194	3.105469	4.025574
5.547180	4.885941	5.658829	4.720596	3.401276	3.991379	3.383835	3.790741
7.351410	5.472748	3.003296	4.562393	6.681931	5.436081	5.074905	4.987015
6.416199	3.428467	5.351898	5.370575	4.688736	5.638367	3.746109	6.797562
7.038025	7.326416	3.596558	7.135941	7.451523	3.003983	4.197922	3.767532
3.239639	3.123871	5.289139	5.431137	5.066666	6.799896	3.958694	3.821777
5.717056	3.820267	7.167252	6.334351	3.925873	4.969711	4.341156	4.094788
6.349594	7.428314	4.241867	3.666183	5.007889	6.759659	4.061005	5.573822
6.272003	7.256790	3.947983	4.037659	5.230911	7.158737	6.919373	3.553162
4.009094	5.006378	4.857239	5.212097	3.869431	3.650253	3.046143	3.402237
6.673279	4.177872	7.453720	4.278809	5.032333	6.776276	4.707413	3.145706
5.724197	6.293015	7.471298	4.139557	7.204330	4.014999	6.173950	5.855759
7.290848	5.427429	3.294296	4.807114	6.848923	7.469925	7.153244	3.357193
4.556488	3.556320	3.920517	6.516586	7.074829	5.371399	5.283371	3.245407
4.706177	6.213089	5.986359	6.649796	4.364227	6.392029	7.190048	4.716064
6.935989	7.459488	7.355118	3.970642	7.364044	5.772812	4.104950	4.207809
3.525696	4.669510	3.266830	5.675034	6.739197	3.762726	6.548584	3.857346
3.973251	7.124268	5.551575	5.751251	4.088882	4.371094	3.073334	4.767151
5.692337	6.920746	3.904587	6.654327	5.424957	3.431488	5.070648	3.085144
5.771851	6.692368	4.224289	3.292374	6.212952	6.479370	6.639771	6.897812
4.298447	5.142334	4.512955	5.825134	3.975311	4.440582	3.520203	6.434875
3.741302	3.389053	7.339050	6.775314	6.958099	6.134399	3.584610	5.586868
4.398834	5.124481	5.863037	4.952820	7.358826	6.087021	6.396835	6.735764
4.909012	6.084686	6.424988	5.190811	4.617874	4.659210	5.829941	7.396591
3.321899	4.333466	6.695251	7.394119	6.771881	3.985199	6.748123	4.173615
3.233322	4.357773	5.887207	7.401535	5.369476	6.725189	6.251541	4.026947
6.983505	5.975647	6.532516	5.158676	4.950485	4.129395	6.981857	6.853317
4.915604	5.057327	3.319153	6.705002	3.586395	7.414993	3.992203	4.378098
5.698792	6.058319	3.992065	6.472229	5.483871	5.456131	3.678543	4.360931
4.212891	5.865372	5.815521	3.895660	7.150909	6.285049	7.273682	3.612900
3.994949	7.453857	4.098907	4.838425	6.625488	4.907089	3.904175	4.326736
4.250244	4.859436	5.784348	3.327530	4.266586	3.427643	4.709335	6.219406
5.423309	6.960709	3.097366	6.602280	4.107010	6.991196	5.522736	5.987183
6.333527	5.575058	6.259644	4.476563	6.770645	4.533829	4.116623	4.073364
6.372253	4.866989	4.764267	4.511719	7.449875	6.347260	4.508423	5.247940
3.762039	4.068283	5.713760	7.003555	3.447006	3.455933	3.829605	4.000717
3.379578	5.512299	5.220749	5.280624	6.777924	6.306473	6.758148	4.245850
7.140198	7.478302	5.370438	6.816101	3.337830	5.269638	4.511581	5.839966
4.944992	4.350632	4.745728	3.151199	7.130173	5.954910	3.904312	7.411972
6.690857	3.089401	3.016342	5.631775	7.057114	4.336899	7.467041	3.005219
7.342621	6.513016	6.087570	7.456604	4.273315	5.195892	3.127304	4.033539
6.567673	3.894424	4.814392	7.039673	5.102097	7.368439	3.954987	5.547867
6.433640	4.869186	3.776596	7.183044	5.513809	5.312897	7.467728	4.816864
5.167328	4.156174	5.616257	3.563736	3.166718	6.985840	5.000885	4.719498
4.978226	3.090912	4.938400	3.032684	5.510788	5.031647	5.138901	6.449844
6.942169	6.971008	5.274033	4.225250	6.953568	4.784454	3.709305	5.034805
6.449020	7.214355	5.105392	3.486008	7.088562	5.582748	3.839767	5.664047
7.212570	6.830383	6.953705	3.604523	6.986526	7.395905	5.076553	6.833130
4.342667	3.702301	4.529846	7.364319	6.048706	6.764191	6.566849	4.297760
3.979843	3.683762	6.447098	4.904343	3.923126	4.550171	6.302628	6.841919
7.492859	5.006653	6.496399	4.392380	7.483109	3.003708	5.427292	5.357941
5.238190	3.501526	3.984512	7.011795	6.867599	5.638504	4.104538	3.238815
6.882706	5.131348	6.634140	7.260498	6.085922	6.421829	6.950821	4.583267
4.787750	5.336655	7.047089	5.061447	4.682556	4.275925	6.528397	5.213745
5.457230	7.194305	4.729523	7.187302	6.966476	6.893417	3.402649	4.506088

```
3.046692 6.387772 6.179718 4.496750 4.801895 5.863312 4.261505 6.532242
7.436005 5.990479 3.038727 5.982788 5.961777 4.111130 7.096115 6.015472
5.363846 7.061508 4.803131 3.634048 4.543579 5.650314 4.945679 4.097534
3.125107 6.553940 4.600296 3.109451 5.948593 3.647369 3.704224 4.419159
6.831070 7.035141 4.026398 3.223572 7.421860 7.297852 4.489334 3.012634
3.230576 6.720383 7.047226 5.246292 6.156372 4.016785 4.573654 3.506470
4.096024 5.818542 5.459976 7.013168 3.459366 5.440201 3.379578 3.643661
5.669952 6.690033 5.419876 4.350082 4.979736 6.239319 4.535614 7.110809
7.174667 3.317505 5.027252 4.309570 3.500427 4.247910 4.995529 6.681793
7.385330 5.089600 3.978333 5.218964 7.290710 5.401749 7.219986 6.171890
6.263489 4.895828 4.778000 6.542404 6.022888 4.490295 4.920410 4.705902
7.155716 4.035324 5.515045 3.554123 4.751083 4.721146 5.366180 6.298233
6.052139 3.937408 6.700333 7.325180 4.451294 4.097534 7.253632 5.245056
3.909531 5.194931 5.166916 4.522293 5.625732 7.106827 6.137283 5.829941
6.035797 4.909698 6.533203 5.518890 3.468567 3.223572 4.924255 4.341019
4.037247 5.850677 6.728210 5.319077 6.094299 6.722992 6.931046 5.401199
3.328079 5.925247 5.579315 5.793823 3.828918 4.808624 5.002396 5.110748
6.203339 3.961441 7.463058 4.730347 6.563828 3.051224 7.193344 4.002365
4.473129 3.804611 4.517212 5.692749 5.170761 6.141266 4.512817 4.808899
4.159744 3.225220 5.417404 3.695847 5.481537 5.952850 6.730545 4.043015
5.758118 3.639267 6.213913 5.192459 4.328247 3.921341 6.746338 4.390320
3.057404 4.642044 6.732468 5.870728 6.647324 4.731995 4.021591 7.413895
5.026016 5.853287 5.037415 7.267090 7.144730 3.822327 6.073425 4.572418
4.259308 7.075928 5.956421 4.688736 4.025848 4.697113 3.531052 7.049973
4.488235 6.766388 3.169052 4.950623 4.284851 3.053970 4.255600 6.398209
3.652863 3.317917 6.856888 6.424026 7.059448 5.224457 5.021072 5.492386
4.536301 3.656296 4.416412 4.398560 5.546631 4.424515 4.259033 7.297989
3.462387 3.148041 7.234268 3.754623 7.480637 4.819885 6.364426 6.451355
6.555313 4.321243 3.525421 7.451248 6.674652 3.403061 4.065948 6.152252
6.061615 6.898499 6.233276 3.323959

<2> 각 구간별 마구잡이수 개수
[3.00, 3.03]:  6개  [3.03, 3.06]:  7개  [3.06, 3.09]:  3개  [3.09, 3.12]:  4개
[3.12, 3.15]:  6개  [3.15, 3.18]:  3개  [3.18, 3.21]:  0개  [3.21, 3.24]:  8개
[3.24, 3.27]:  2개  [3.27, 3.30]:  3개  [3.30, 3.33]:  7개  [3.33, 3.36]:  2개
[3.36, 3.39]:  4개  [3.39, 3.42]:  4개  [3.42, 3.45]:  4개  [3.45, 3.48]:  5개
[3.48, 3.51]:  4개  [3.51, 3.54]:  4개  [3.54, 3.57]:  4개  [3.57, 3.60]:  4개
[3.60, 3.63]:  2개  [3.63, 3.66]:  7개  [3.66, 3.69]:  3개  [3.69, 3.72]:  4개
[3.72, 3.75]:  2개  [3.75, 3.78]:  6개  [3.78, 3.81]:  2개  [3.81, 3.84]:  6개
[3.84, 3.87]:  2개  [3.87, 3.90]:  2개  [3.90, 3.93]:  8개  [3.93, 3.96]:  5개
[3.96, 3.99]:  8개  [3.99, 4.02]: 10개  [4.02, 4.05]: 10개  [4.05, 4.08]:  4개
[4.08, 4.11]:  9개  [4.11, 4.14]:  5개  [4.14, 4.17]:  2개  [4.17, 4.20]:  3개
[4.20, 4.23]:  4개  [4.23, 4.26]:  7개  [4.26, 4.29]:  6개  [4.29, 4.32]:  3개
[4.32, 4.35]:  8개  [4.35, 4.38]:  7개  [4.38, 4.41]:  4개  [4.41, 4.44]:  3개
[4.44, 4.47]:  2개  [4.47, 4.50]:  6개  [4.50, 4.53]:  9개  [4.53, 4.56]:  6개
[4.56, 4.59]:  4개  [4.59, 4.62]:  2개  [4.62, 4.65]:  2개  [4.65, 4.68]:  3개
[4.68, 4.71]:  8개  [4.71, 4.74]:  7개  [4.74, 4.77]:  4개  [4.77, 4.80]:  3개
[4.80, 4.83]:  8개  [4.83, 4.86]:  3개  [4.86, 4.89]:  3개  [4.89, 4.92]:  6개
[4.92, 4.95]:  5개  [4.95, 4.98]:  6개  [4.98, 5.01]:  7개  [5.01, 5.04]:  7개
[5.04, 5.07]:  4개  [5.07, 5.10]:  4개  [5.10, 5.13]:  4개  [5.13, 5.16]:  4개
[5.16, 5.19]:  3개  [5.19, 5.22]:  7개  [5.22, 5.25]:  8개  [5.25, 5.28]:  2개
[5.28, 5.31]:  3개  [5.31, 5.34]:  3개  [5.34, 5.37]:  7개  [5.37, 5.40]:  3개
[5.40, 5.43]:  9개  [5.43, 5.46]:  6개  [5.46, 5.49]:  3개  [5.49, 5.52]:  6개
[5.52, 5.55]:  4개  [5.55, 5.58]:  5개  [5.58, 5.61]:  3개  [5.61, 5.64]:  5개
[5.64, 5.67]:  4개  [5.67, 5.70]:  4개  [5.70, 5.73]:  4개  [5.73, 5.76]:  2개
[5.76, 5.79]:  3개  [5.79, 5.82]:  4개  [5.82, 5.85]:  4개  [5.85, 5.88]:  7개
[5.88, 5.91]:  1개  [5.91, 5.94]:  2개  [5.94, 5.97]:  5개  [5.97, 6.00]:  6개
[6.00, 6.03]:  3개  [6.03, 6.06]:  4개  [6.06, 6.09]:  6개  [6.09, 6.12]:  1개
```

```
[6.12, 6.15]:  3개  [6.15, 6.18]:  5개  [6.18, 6.21]:  1개  [6.21, 6.24]:  6개
[6.24, 6.27]:  3개  [6.27, 6.30]:  4개  [6.30, 6.33]:  2개  [6.33, 6.36]:  4개
[6.36, 6.39]:  3개  [6.39, 6.42]:  4개  [6.42, 6.45]:  8개  [6.45, 6.48]:  4개
[6.48, 6.51]:  1개  [6.51, 6.54]:  6개  [6.54, 6.57]:  7개  [6.57, 6.60]:  0개
[6.60, 6.63]:  2개  [6.63, 6.66]:  5개  [6.66, 6.69]:  5개  [6.69, 6.72]:  6개
[6.72, 6.75]: 10개  [6.75, 6.78]:  9개  [6.78, 6.81]:  3개  [6.81, 6.84]:  4개
[6.84, 6.87]:  5개  [6.87, 6.90]:  4개  [6.90, 6.93]:  2개  [6.93, 6.96]:  8개
[6.96, 6.99]:  7개  [6.99, 7.02]:  4개  [7.02, 7.05]:  6개  [7.05, 7.08]:  5개
[7.08, 7.11]:  3개  [7.11, 7.14]:  4개  [7.14, 7.17]:  9개  [7.17, 7.20]:  6개
[7.20, 7.23]:  4개  [7.23, 7.26]:  3개  [7.26, 7.29]:  3개  [7.29, 7.32]:  4개
[7.32, 7.35]:  5개  [7.35, 7.38]:  6개  [7.38, 7.41]:  5개  [7.41, 7.44]:  6개
[7.44, 7.47]: 11개  [7.47, 7.50]:  5개
```

10.3 균등마구잡이수 막대그림표(histogram)

10.3.1 이론

MFC를 사용하여 앞 section의 결과 중 각 구간별 마구잡이수 개수를 그림으로 나타내어 보자. 발생시키는 마구잡이수들의 개수는 150000개이다.

프로젝트를 하나 생성한다. 필자는 프로젝트 이름을 "균등마구잡이수 막대그림표"라고 하였다.

모니터 화면의 해상도가 1200X1600 화소인 상황에서 프로그램을 작성하였다. 따라서 출력할 글이 가로 방향에 대하여 중앙에 오도록 하고 싶으면, TextOut 함수의 x좌표를 599 또는 600으로 하면 된다.

마찬가지로 위의 해상도와 동일한 해상도에서 출력할 글이 세로 방향에 대하여 중앙에 오도록 하고 싶으면, TextOut 함수의 y좌표를 799 또는 800으로 하면 된다.

10.3.2 소스 코드

```
// 균등마구잡이수 막대그림표View.cpp : implementation of the CMyView class
//

#include "stdafx.h"
#include "균등마구잡이수 막대그림표.h"

#include "균등마구잡이수 막대그림표Doc.h"
#include "균등마구잡이수 막대그림표View.h"

int i, interval[150];
double number;
const double from=3.0, to=7.5;

#ifdef _DEBUG
#define new DEBUG_NEW
#undef THIS_FILE
static char THIS_FILE[] = __FILE__;
#endif
```

```
/////////////////////////////////////////////////////////////////////////////
// CMyView

IMPLEMENT_DYNCREATE(CMyView, CView)

BEGIN_MESSAGE_MAP(CMyView, CView)
    //{{AFX_MSG_MAP(CMyView)
        // NOTE - the ClassWizard will add and remove mapping macros here.
        //    DO NOT EDIT what you see in these blocks of generated code!
    //}}AFX_MSG_MAP
    // Standard printing commands
    ON_COMMAND(ID_FILE_PRINT, CView::OnFilePrint)
    ON_COMMAND(ID_FILE_PRINT_DIRECT, CView::OnFilePrint)
    ON_COMMAND(ID_FILE_PRINT_PREVIEW, CView::OnFilePrintPreview)
END_MESSAGE_MAP()

/////////////////////////////////////////////////////////////////////////////
// CMyView construction/destruction

CMyView::CMyView()
{
    // TODO: add construction code here

}

CMyView::~CMyView()
{
}

BOOL CMyView::PreCreateWindow(CREATESTRUCT& cs)
{
    // TODO: Modify the Window class or styles here by modifying
    //  the CREATESTRUCT cs

    return CView::PreCreateWindow(cs);
}

/////////////////////////////////////////////////////////////////////////////
// CMyView drawing

void CMyView::OnDraw(CDC* pDC)
{
    CMyDoc* pDoc = GetDocument();
    ASSERT_VALID(pDoc);

    char str[100];      // Storage location for output

    for (i=0; i<150; i++)
        interval[i] = 0;

    srand( (unsigned)time( NULL ) );

    for (i=0; i<150000; i++)
    {
        number = (rand()/(RAND_MAX+1.0))*(to-from) + from;
        interval[ int( (number-3.0)*(150.0/4.5) ) ]++;
    }
```

```
    pDC->SetTextAlign(TA_CENTER+TA_TOP);
    pDC->TextOut(600, 20, "150000개의 마구잡이수 발생과 각 구간별 마구잡이수 개수");
    pDC->MoveTo(100, 1400);
    pDC->LineTo(1100, 1400);

    double x=0.0;

    for (int xCoordinate=100; xCoordinate<1101; xCoordinate+=50)
    {
        sprintf( str, "%3.1lf", x );
        pDC->TextOut(xCoordinate, 1401, str);
        x = x + 0.5;
    }

    for (i=0; i<150; i++)
    {
        pDC->MoveTo(400+3*i, 1400);
        pDC->LineTo(400+3*i, 1400-interval[i]);
    }
}

/////////////////////////////////////////////////////////////////////////////
// CMyView printing

BOOL CMyView::OnPreparePrinting(CPrintInfo* pInfo)
{
    // default preparation
    return DoPreparePrinting(pInfo);
}

void CMyView::OnBeginPrinting(CDC* /*pDC*/, CPrintInfo* /*pInfo*/)
{
    // TODO: add extra initialization before printing
}

void CMyView::OnEndPrinting(CDC* /*pDC*/, CPrintInfo* /*pInfo*/)
{
    // TODO: add cleanup after printing
}

/////////////////////////////////////////////////////////////////////////////
// CMyView diagnostics

#ifdef _DEBUG
void CMyView::AssertValid() const
{
    CView::AssertValid();
}

void CMyView::Dump(CDumpContext& dc) const
{
    CView::Dump(dc);
}

CMyDoc* CMyView::GetDocument() // non-debug version is inline
{
    ASSERT(m_pDocument->IsKindOf(RUNTIME_CLASS(CMyDoc)));
```

```
    return (CMyDoc*)m_pDocument;
}
#endif //_DEBUG

/////////////////////////////////////////////////////////////////////////////
// CMyView message handlers
```

10.3.3 실행 결과

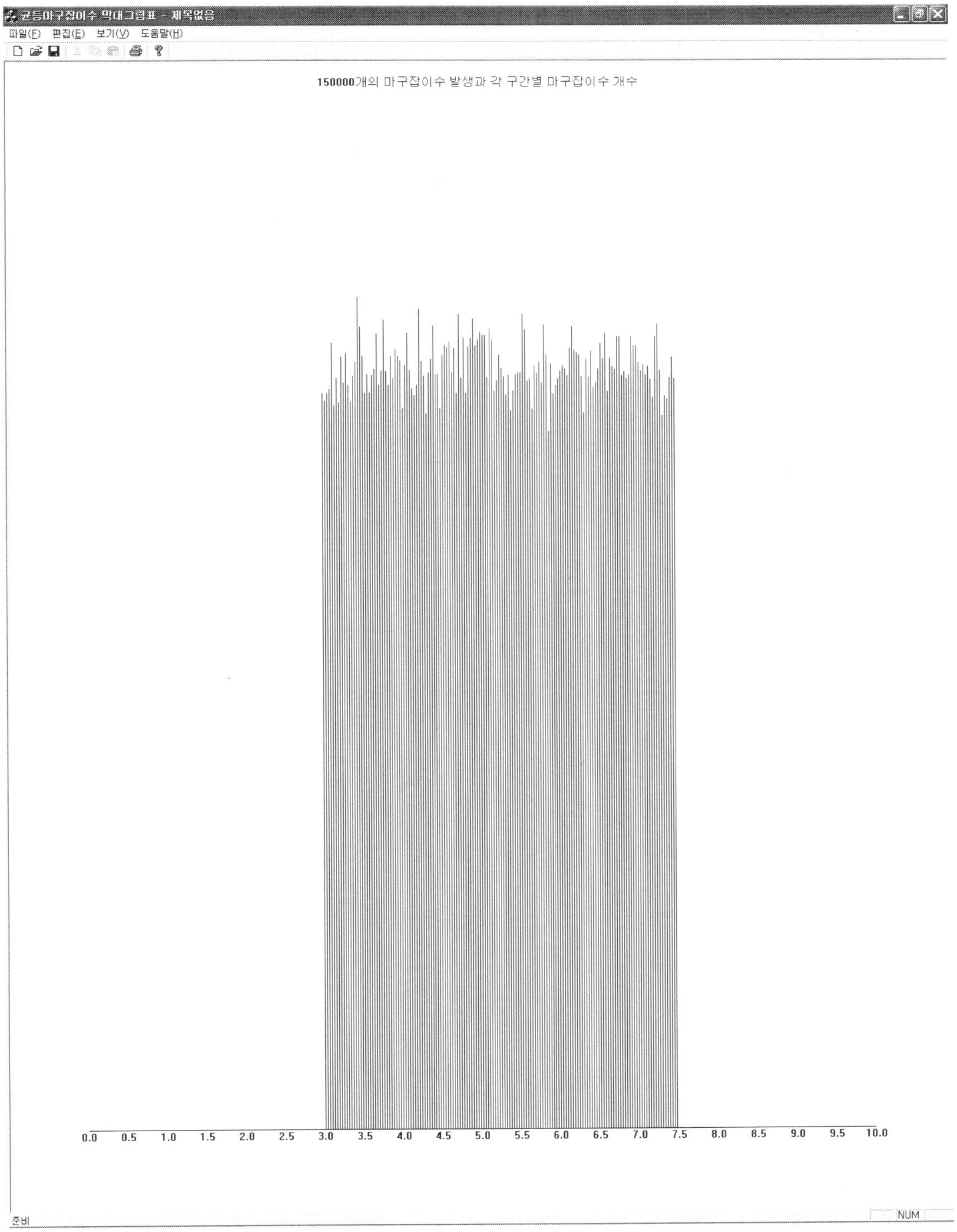

10.4 균등마구잡이비트 발생

10.4.1 이론

이번에는 마구잡이수를 이용하여 디지탈 통신(digital communication)이나 디지탈 시스템(digital system)에서 필수 요소인 비트(bit)를 생성하여 보자.

마구잡이수를 마구잡이비트(random bit)로 변환시키는 알고리즘은 쉽게 만들 수 있을 것이다. 생각할 수 있는 가장 간단한 방법은 아마도 0과 1의 마구잡이수를 발생시키는 것일 것이다. 물론 이것도 괜찮지만, 너무 쉬우니 다른 방법을 생각하여 보자. 다른 방법으로 어떤 마구잡이수가 짝수이면 0bit로 할당하고, 홀수이면 1bit로 할당하는 알고리즘을 생각할 수 있다.

필자는 실제의 디지탈 시스템에서 비트를 표현하는 데에 전압(voltage)을 많이 사용한다는 사실을 고려하였다. 디지탈 시스템에서는 보통 0bit를 0V의 전압으로 나타내고 1bit를 5V의 전압으로 나타낸다. 즉 일단은 rand 함수를 사용하여 0부터 RAND_MAX까지의 정수마구잡이수를 발생시킨 다음, 0부터 $\frac{\text{RAND_MAX}-1}{2}$까지의 정수는 0bit로 할당하고, $\frac{\text{RAND_MAX}+1}{2}$부터 RAND_MAX까지의 정수는 1bit로 할당한다. 그렇게 하면 생성된 bits도 균등분포(uniform distribution)를 이룰 것이다.

결과를 출력할 때에는 좀 재미있게 하기 위해서 data bus의 폭이 32bit, 즉 32bit system에서 마구잡이비트를 발생시킨 것처럼 프로그램을 코딩하였다.

10.4.2 소스 코드

```
#include <stdlib.h>
#include <time.h>
#include <stdio.h>

int i, j, tempDataBus;
int dataBus[32][30];

void main( void )
{
    srand( (unsigned)time( NULL ) );

    printf("₩n <1> 32bit system에서 960개의 마구잡이비트 발생 ₩n");

    for (i=0; i<30; i++)
        for (j=0; j<32; j++)
        {
            tempDataBus = rand();

            if ( tempDataBus<=16383 )
                dataBus[j][i] = 0;
            else
                dataBus[j][i] = 1;
        }

    for (i=0; i<32; i++)
```

```
    {
        printf( "  data bus %2d: ", i+1 );

        for (j=0; j<30; j++)
            printf( " %d", dataBus[i][j] );

        printf( "₩n" );
    }

    printf( "₩n₩n" );
}
```

10.4.3 실행 결과

```
<1> 32bit system에서 960개의 마구잡이비트 발생
  data bus  1:  0 1 1 0 0 1 1 1 0 0 0 1 1 0 0 1 1 0 0 1 0 0 1 0 1 0 0 0 0 1
  data bus  2:  0 0 0 0 0 1 0 0 1 0 1 0 1 1 1 0 1 1 0 0 1 0 1 1 0 0 1 1 0 1
  data bus  3:  1 1 1 0 1 1 0 1 1 1 1 0 1 0 0 1 0 1 1 1 0 1 1 0 0 1 1 0 0 0
  data bus  4:  0 0 0 1 0 0 0 1 0 1 0 0 1 1 1 0 0 1 1 0 1 1 0 1 1 1 1 1 0 0
  data bus  5:  0 1 0 0 0 1 1 1 1 0 1 1 0 0 1 1 1 0 0 0 0 1 0 0 0 1 0 0 1 1
  data bus  6:  1 0 1 1 0 1 1 0 0 1 0 1 1 1 0 1 0 1 1 0 0 0 0 0 1 1 0 0 1 0
  data bus  7:  0 0 1 0 1 1 1 0 1 1 1 0 0 1 1 0 1 1 0 0 1 0 0 1 1 1 0 0 0 1
  data bus  8:  1 1 0 0 1 0 0 0 0 0 1 1 1 0 0 0 1 1 0 1 1 0 1 1 1 1 1 1 1 1
  data bus  9:  0 0 0 1 1 1 0 0 1 0 0 0 1 0 1 1 1 0 1 1 0 0 1 0 0 1 0 1 1 1
  data bus 10:  1 1 0 0 1 0 0 1 1 1 1 0 1 1 0 1 0 1 0 0 0 1 0 1 1 1 1 0 0 0
  data bus 11:  1 0 0 1 1 1 1 1 0 0 1 0 0 0 0 0 1 1 1 1 1 0 0 0 1 0 0 1 0 1
  data bus 12:  1 0 1 1 0 1 0 1 1 0 1 1 0 1 0 1 1 1 0 0 0 0 0 1 1 0 1 0 1 1
  data bus 13:  1 1 0 1 0 0 0 1 0 0 0 0 0 1 0 0 0 0 1 1 0 0 1 0 0 0 1 1 1 0
  data bus 14:  0 1 0 1 1 0 0 0 1 0 0 0 0 1 1 0 0 1 1 0 0 0 0 1 1 0 0 0 0 0
  data bus 15:  1 0 0 1 1 0 0 0 0 1 0 0 0 1 0 0 1 0 0 1 0 1 0 1 0 0 1 1 0 0
  data bus 16:  1 1 0 0 1 1 1 0 1 1 1 0 0 0 0 1 1 1 1 0 1 0 0 1 0 1 0 0 1 1
  data bus 17:  1 1 1 0 0 1 0 1 1 1 0 1 0 0 1 0 0 0 1 1 1 0 1 1 1 0 0 1 1 1
  data bus 18:  0 1 0 0 0 0 1 0 1 0 1 1 0 1 1 0 0 1 0 0 1 1 1 1 1 0 0 1 0 0
  data bus 19:  0 1 1 0 0 1 1 0 0 0 0 0 1 0 1 0 1 0 1 1 1 0 1 1 1 0 1 0 1 0
  data bus 20:  1 1 1 1 1 1 0 1 0 0 1 1 1 1 0 0 0 1 0 0 1 0 1 0 1 1 0 1 0 1
  data bus 21:  1 1 1 1 0 0 0 1 1 1 0 1 0 1 0 0 0 1 0 1 1 1 0 0 1 0 1 1 0 0
  data bus 22:  0 1 0 1 1 1 0 1 1 0 1 0 0 1 0 1 0 0 1 1 0 0 0 1 1 0 0 1 1 1
  data bus 23:  0 1 0 0 0 0 1 1 0 0 0 1 0 1 0 1 0 0 0 0 0 1 0 0 1 0 1 1 0 0
  data bus 24:  1 0 0 1 1 1 1 1 0 1 0 0 0 1 0 0 1 1 0 0 0 1 0 1 0 0 0 0 1 0
  data bus 25:  0 1 0 0 1 1 0 0 0 0 0 1 0 0 1 1 0 0 1 1 1 0 1 1 1 0 1 1 1 0
  data bus 26:  0 0 1 1 0 1 1 0 0 0 0 0 0 1 0 1 0 0 1 0 0 1 1 0 0 0 1 0 0 0
  data bus 27:  0 0 0 0 0 0 0 0 1 0 1 1 0 1 0 0 0 1 1 1 1 1 0 0 0 0 0 1 0 0
  data bus 28:  1 0 1 0 0 1 0 1 0 0 1 0 0 0 1 0 1 0 0 0 1 0 0 1 1 0 0 0 0 0
  data bus 29:  1 1 0 0 1 0 0 0 1 0 1 0 0 0 1 0 1 1 0 0 1 0 1 1 0 0 0 1 1 1
  data bus 30:  0 0 1 0 1 0 1 0 0 0 1 0 0 0 0 1 1 0 0 0 0 0 1 0 0 1 0 0 0 1
  data bus 31:  0 1 0 1 0 1 0 0 1 1 1 0 0 1 0 1 1 0 1 1 1 1 1 0 0 1 0 1 0 1
  data bus 32:  1 0 0 1 1 0 1 1 1 0 0 1 0 0 1 0 1 0 0 1 0 0 0 1 0 1 1 0 1 0
```

10.5 균등마구잡이비트 그림

10.5.1 이론

소스 코드를 보면 새로운 것

```
CPen myPen(PS_DOT, 1, RGB(0, 0, 0));
CPen* pOldPen = pDC->SelectObject(&myPen);
pDC->SelectObject(pOldPen);
```

이 등장하였음을 알 수 있다.

위 문장들은 점선을 그리기 위해 필요한 문장들(statements)로써, PS_DOT는 펜 스타일을 지정하는 parameter이다. 그 다음의 1은 펜의 폭을 지정하는 parameter인데 만약 이 값이 0이면, 매핑 모드에 상관없이, device units에서 폭은 항상 1화소이다. 위 문장들에 관한 더 자세한 논의는 이 책의 범위를 벗어나므로 더 이상 하지 않기로 한다. 만약 자세한 것이 궁금한 독자는 Visual C++ 6.0에 관한 전문 서적을 참고하길 바란다.

OnDraw 함수에 써 넣은 코드 중에

```
for (int k=0; k<3000000; k++)
    ;
```

와 같은 반복문이 있다. 발생된 마구잡이비트(random bit)들이 data bus를 따라 이동하는 모습을 볼 수 있도록 지연(delay) 시간을 준 것이다.

실행 결과를 보면 그림이 화면 가득히 차 있다. 모니터의 해상도가 1600X1200 화소인 경우에 맞도록 프로그래밍되어 있다.

10.5.2 소스 코드

```
// 마구잡이비트 그림View.cpp : implementation of the CMyView class
//

#include "stdafx.h"
#include "마구잡이비트 그림.h"

#include "마구잡이비트 그림Doc.h"
#include "마구잡이비트 그림View.h"

int i, j, tempDataBus;
int dataBus[32][40];
char str[100];

#ifdef _DEBUG
#define new DEBUG_NEW
#undef THIS_FILE
static char THIS_FILE[] = __FILE__;
#endif

/////////////////////////////////////////////////////////////////////////////
// CMyView
```

```
IMPLEMENT_DYNCREATE(CMyView, CView)

BEGIN_MESSAGE_MAP(CMyView, CView)
    //{{AFX_MSG_MAP(CMyView)
        // NOTE - the ClassWizard will add and remove mapping macros here.
        //    DO NOT EDIT what you see in these blocks of generated code!
    //}}AFX_MSG_MAP
    // Standard printing commands
    ON_COMMAND(ID_FILE_PRINT, CView::OnFilePrint)
    ON_COMMAND(ID_FILE_PRINT_DIRECT, CView::OnFilePrint)
    ON_COMMAND(ID_FILE_PRINT_PREVIEW, CView::OnFilePrintPreview)
END_MESSAGE_MAP()

/////////////////////////////////////////////////////////////////////////////
// CMyView construction/destruction

CMyView::CMyView()
{
    // TODO: add construction code here

}

CMyView::~CMyView()
{
}

BOOL CMyView::PreCreateWindow(CREATESTRUCT& cs)
{
    // TODO: Modify the Window class or styles here by modifying
    //  the CREATESTRUCT cs

    return CView::PreCreateWindow(cs);
}

/////////////////////////////////////////////////////////////////////////////
// CMyView drawing

void CMyView::OnDraw(CDC* pDC)
{
    CMyDoc* pDoc = GetDocument();
    ASSERT_VALID(pDoc);

    srand( (unsigned)time( NULL ) );

    for (i=0; i<40; i++)
        for (j=0; j<32; j++)
            dataBus[j][i]=0;

    pDC->SetTextAlign(TA_CENTER+TA_TOP);
    pDC->TextOut(800, 10, "32bit system에서 1280개의 마구잡이비트 발생");

    for (i=0; i<40; i++)
        for (j=0; j<32; j++)
        {
            tempDataBus = rand();

            if ( tempDataBus<=16383 )
```

```
                dataBus[j][i] = 0;
            else
                dataBus[j][i] = 1;
        }

    pDC->SetTextAlign(TA_RIGHT+TA_TOP);

    for (i=0; i<32; i++)
    {
        sprintf( str, "data bus %2d: ", i+1 );
        pDC->TextOut(90, 60+30*i, str);
    }

    CPen myPen(PS_DOT, 1, RGB(0, 0, 0));
    CPen* pOldPen = pDC->SelectObject(&myPen);

    for (i=0; i<40; i++)
    {
        pDC->MoveTo(100+35*i, 50);
        pDC->LineTo(100+35*i, 1010);
    }

    pDC->SelectObject(pOldPen);

    for (i=0; i<39; i++)
        for (j=0; j<32; j++)
        {
            pDC->MoveTo(100+35*i, 70+30*j-15*dataBus[j][i]);

            for (int k=0; k<3000000; k++)
                ;

            pDC->LineTo(135+35*i, 70+30*j-15*dataBus[j][i]);

            if ( i!=39 )
                pDC->LineTo(135+35*i, 70+30*j-15*dataBus[j][i+1]);
        }
}

/////////////////////////////////////////////////////////////////////////////
// CMyView printing

BOOL CMyView::OnPreparePrinting(CPrintInfo* pInfo)
{
    // default preparation
    return DoPreparePrinting(pInfo);
}

void CMyView::OnBeginPrinting(CDC* /*pDC*/, CPrintInfo* /*pInfo*/)
{
    // TODO: add extra initialization before printing
}

void CMyView::OnEndPrinting(CDC* /*pDC*/, CPrintInfo* /*pInfo*/)
{
    // TODO: add cleanup after printing
}
```

```
/////////////////////////////////////////////////////////////////////////////
// CMyView diagnostics

#ifdef _DEBUG
void CMyView::AssertValid() const
{
    CView::AssertValid();
}

void CMyView::Dump(CDumpContext& dc) const
{
    CView::Dump(dc);
}

CMyDoc* CMyView::GetDocument() // non-debug version is inline
{
    ASSERT(m_pDocument->IsKindOf(RUNTIME_CLASS(CMyDoc)));
    return (CMyDoc*)m_pDocument;
}
#endif //_DEBUG

/////////////////////////////////////////////////////////////////////////////
// CMyView message handlers
```

10.5.3 실행 결과

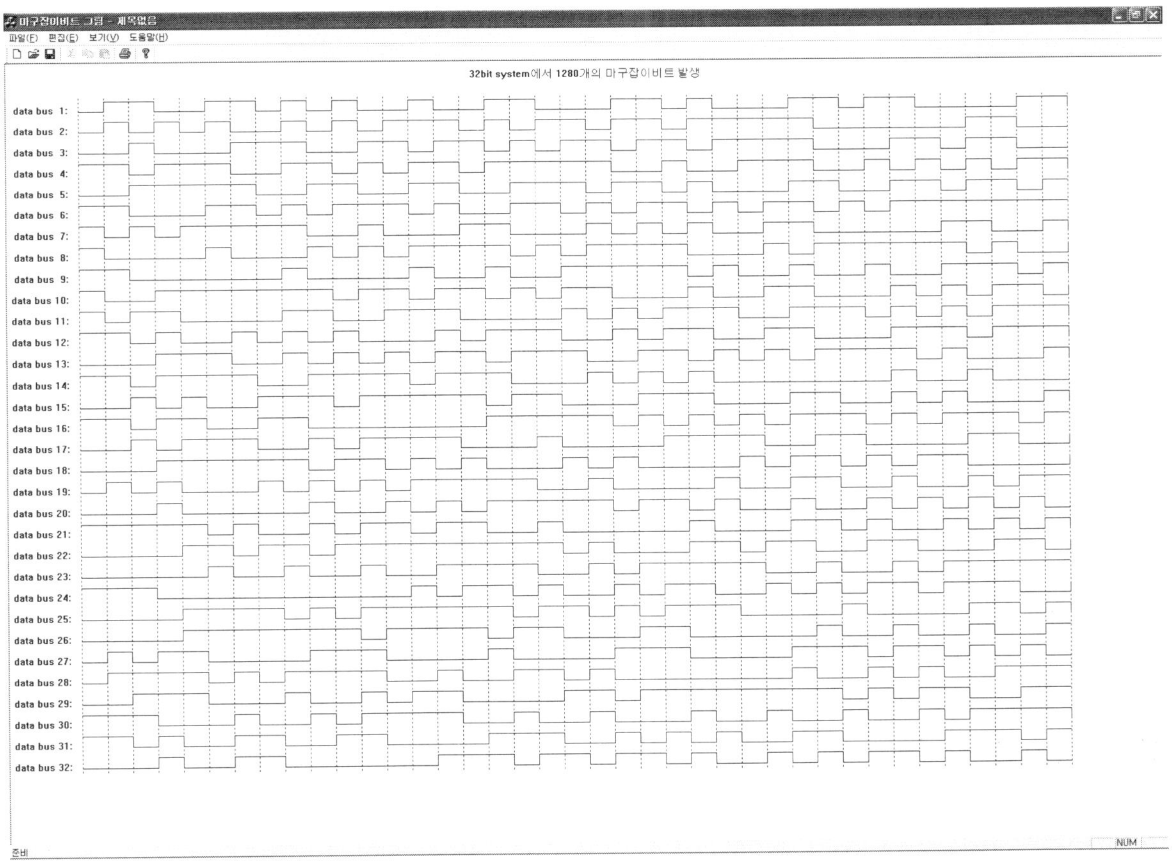

10.6 원주율 모의실험

10.6.1 이론

한 변의 길이가 2인 정사각형과 그에 내접하는 원을 생각해 보자. 이것을 서로 마주 보고 있는 두 변의 중점을 지나는 두 직선으로 4등분하면 등분된 각각의 조각들은 한 변의 길이가 1인 정사각형과 그 안에 들어 있는 사분원으로 이루어진다. 이 등분된 조각에 균등마구잡이수를 이용하여 생성한 점들을 뿌리면 이 점들이 사분원에 들어갈 확률은 원주율의 근사값이 된다. 왜냐하면 사분원의 넓이인 원주율을 정사각형의 넓이인 1로 나누면 원주율이기 때문이다. 점을 많이 뿌릴수록 이 확률값은 원주율에 더욱 가까워지게 된다.

프로그램에서 표본의 크기(sample size)란 뿌린 점들의 총개수를 말한다.

10.6.2 소스 코드

```
#include <stdlib.h>
#include <time.h>
#include <stdio.h>

void main( void )
{
    double size, x, y;
    int count;
    srand( (unsigned)time( NULL ) );

    for (size=500+1; size<500000002; size=(size-1)*10+1)
    {
        count = 0;

        for (int i=0; i<size; i++)
        {
            x = (double)rand() / RAND_MAX;
            y = (double)rand() / RAND_MAX;

            if ( x*x+y*y<1.0 )
                count++;
        }

        printf( "₩n   표본의 크기가 %.lf일 때 원주율은 %.14lf", size, 4.0*(double)count/size );
    }

    printf( "₩n₩n₩n" );
}
```

10.6.3 실행 결과

```
표본의 크기가 501일 때 원주율은3.22554890219561
표본의 크기가 5001일 때 원주율은3.13137372525495
```

표본의 크기가 50001일 때 원주율은3.13177736445271
표본의 크기가 500001일 때 원주율은3.14200171599657
표본의 크기가 5000001일 때 원주율은3.13989377202125
표본의 크기가 50000001일 때 원주율은3.14116089717678
표본의 크기가 500000001일 때 원주율은3.14156932171686

11 확률분포(random distribution) 모의실험

11.1 개론

확률분포들은 크게 이산확률분포와 연속확률분포로 나뉘어진다.

이번 chapter에서 우리는 확률론(stochastics)과 통계학(statistics)에서 자주 등장하는 여러 가지 확률분포들을 모의실험(simulation)한다. 우리는 이전 chapter에서 공부한 균등마구잡이수를 기초로 하여 확률분포를 모의실험하게 된다. 확률변수 X가 구간 $]a,b[$에서 균일하게 분포되어 있을 때 $X \sim \text{Uniform}(a,b)$으로 표기하자.

11.2 지수분포(exponential distribution)

11.2.1 개론

어느 도시에서 오전 2시부터 3시까지 1시간 동안에 일어나는 범죄의 발생건수는 $\lambda = 0.17$인 푸아송 분포를 따른다. 한 범죄가 발생한 후 4시간 이내에 다음 범죄가 발생할 확률은 얼마인가?

위의 문제는 지수분포와 관련된 문제이다. 지수분포는 감마분포의 특별한 경우이다.

만약 확률밀도함수가

$$f(x;\beta) = \frac{1}{\beta}e^{-\frac{x}{\beta}} \quad (0 \le x)$$

으로 주어지면, 연속확률변수 X는 척도모수(scale parameter)가 $\beta > 0$인 지수분포이다.

지수분포는 푸아송 사건이 한 번 발생하는데 걸리는 시간을 확률변수로 갖는 분포이다.

지수분포의 평균과 분산은 각각 $\mu = \beta$와 $\sigma^2 = \beta^2$이다.

11.2.2 확률적분변환

11.2.2.1 이론

우리는 확률적분변환을 이용하여 지수분포를 쉽게 모의실험할 수 있다.

확률적분변환은 확률변수의 이론에서 가장 유용한 결과 중의 하나이다. 그것은 $]0,1[$에서 균등하게 분포된 확률변수와 다른 연속확률변수 사이를 변환해 준다. 확률적분변환을 반복사용하면, 어떤 연속확률변수를 다른 연속확률변수로 변환할 수 있다.

우선 누적분포함수(cumulative distribution function)를 정의하자. 확률밀도함수가 $f(x)$인 연속확률변수의 누적분포함수는

$$F(x) = \text{Prob}[X \le x] = \int_{-\infty}^{x} f(t)dt$$

이다.

이제 확률적분변환(probability integral transform)을 설명할 수 있다.

확률적분변환: 확률변수 X의 누적분포함수가 $F(X)$이라면, 확률변수 $U = F(X)$는]0,1[에서 균등한 확률변수이다. 역으로 $U \sim \text{Uniform}(0,1)$이면, $X = F^{-1}(U)$의 누적분포함수는 $F(X)$이다. ◆

지수분포의 확률밀도함수로부터 누적분포함수는

$$F(x) = \int_0^x \frac{1}{\beta} e^{-\frac{t}{\beta}} dt = \left[-e^{-\frac{t}{\beta}}\right]_{t=0}^{x} = -e^{-\frac{x}{\beta}} + 1 = 1 - e^{-\frac{x}{\beta}}$$

임을 쉽게 계산할 수 있다.

균등확률변수 U에 대하여

$$U = 1 - e^{-\frac{X}{\beta}}$$

이 성립한다.

X를 U에 관하여 풀면

$$e^{-\frac{X}{\beta}} = 1 - U,$$

$$-\frac{X}{\beta} = \log[1 - U],$$

$$X = -\beta \log[1 - U]$$

을 얻는다.

그런데 $1 - U$는 U와 동일한 분포이다. 결국

$$X = -\beta \log U$$

을 얻게 된다.

확률변수의 누적분포함수의 역함수를 구할 수 없다면, 확률적분변환을 사용할 수 없다.

11.2.2.2 소스 코드

```
#include <stdlib.h>
#include <time.h>
#include <stdio.h>
#include <math.h>
#define limit 100000

double Exponential(double);

int number;
double x[limit];

void main( void )
{
    int count;
```

```
    double lambda, populMean, populVar, sum=0.0, sampleMean, sumSquare=0.0, sampleVar;
    srand( (unsigned)time( NULL ) );

    printf( "₩n <1> 마구잡이수의 개수: " );
    scanf( "%d", &number );
    printf( "₩n <2> 모수: " );
    scanf( "%lf", &lambda );

    populMean = 1.0 / lambda;
    populVar = 1.0 / (lambda*lambda);

    for (count=0; count<number; count++)
    {
        x[count] = Exponential(lambda);
        sum += x[count];
    }

    sampleMean = sum / number;

    for (count=0; count<number; count++)
        sumSquare += (x[count]-sampleMean) * (x[count]-sampleMean);

    sampleVar = sumSquare / number;

    printf( "₩n <3> 발생 마구잡이수" );
    printf( "₩n  모평균은 %lf이고 모분산은 %lf이다.", populMean, populVar );
    printf( "₩n  표본평균은 %lf이고 표본분산은 %lf이다.₩n", sampleMean, sampleVar );

    for (count=0; count<number; count++)
        printf( "%10lf", x[count] );

    printf( "₩n₩n₩n" );
}

/* ========================================================
 * Returns an exponentially distributed positive real number.
 * NOTE: use lambda>0.0
 * ========================================================
 */
double Exponential(double lambda)
{
    return log(1.0-(rand()+0.5)/(RAND_MAX+1.0)) / -lambda;
}
```

11.2.2.3 실행 결과

```
 <1> 마구잡이수의 개수: 161

 <2> 모수: 0.7

 <3> 발생 마구잡이수
  모평균은 1.428571이고 모분산은 2.040816이다.
  표본평균은 1.352895이고 표본분산은 1.639616이다.
  1.726647  0.158564  0.145230  0.242480  0.850482  3.957010  1.097320  1.154559  1.072814
  1.327162  1.416085  1.124168  0.120257  0.695101  4.140087  1.793601  4.318417  0.777200
  1.079110  0.019202  1.098731  0.501654  2.210479  0.378873  4.422461  1.558523  0.420335
  2.273725  0.550225  1.104292  0.552983  1.948433  0.726434  0.852302  0.721947  0.584072
  0.820671  0.142386  1.259995  0.257802  0.802665  1.502651  0.682884  0.328669  1.389202
```

0.717545 0.748644 1.622495 1.040660 2.320964 2.138376 0.256758 0.285643 2.105642
0.038688 2.710375 0.169764 0.182487 0.401848 0.572896 0.903563 0.060489 0.618338
2.834188 3.842101 1.452975 0.153604 0.937442 5.749631 0.349396 2.600474 3.059670
2.947624 0.956816 1.011867 0.937274 0.128438 0.577787 7.414939 1.132427 1.117957
0.482703 0.480993 2.541419 0.635988 0.742545 1.014702 1.233388 0.783524 1.533690
0.648770 0.604493 1.200080 1.034801 0.003470 1.045093 1.498538 3.010417 2.648928
4.267376 0.437760 0.019821 0.757358 1.303515 0.807950 1.475942 1.635175 1.349187
0.006620 2.750764 6.313698 1.820476 0.116989 4.898325 0.026689 0.696236 0.325709
0.073281 3.799728 1.222780 1.552565 0.312084 0.170599 1.292914 1.319565 0.422970
1.443004 3.013648 0.521111 0.244186 3.417154 0.196826 0.656894 0.925476 1.246264
1.902292 0.130872 0.793898 0.371164 2.873070 2.414483 3.236892 2.515824 0.196926
1.246890 1.838046 1.272158 0.376658 2.004779 2.592154 0.223951 1.076607 0.025224
0.809256 1.469220 2.894402 0.889842 2.631492 2.095211 1.454060 0.088830

11.3 이중지수분포(double exponential distribution)

11.3.1 개론

이중지수분포를 라플라스 분포(Laplace distribution)라고도 말한다. 이중지수분포의 확률밀도함수는

$$f(x;\alpha,\beta)=\frac{\beta}{2}e^{-\beta|x-\alpha|}$$

이다. α는 위치모수(location parameter)이고 β는 형태모수(shape parameter)이다.

이중지수분포의 평균은 $\mu=\alpha$이다.

11.3.2 지수분포로부터 유도

11.3.2.1 이론

이중지수분포를 모의실험하기 위해서 우선 알아두어야 할 정리가 있다.

정리: 두 확률변수 X와 Y의 결합확률밀도함수를 f라고 할 때, 새로운 확률변수 $V=X-Y$의 확률밀도함수는

$$f_V(v)=\int_{-\infty}^{\infty}f(v+y,y)dy$$

가 된다. ◆

문제: 서로 독립인 확률변수 X와 Y가 각각 척도모수 $\lambda=\beta^{-1}$인 지수분포를 따른다고 하자. 새로운 확률변수 $V=X-Y$의 확률밀도함수를 구하여라.

풀이: X와 Y의 결합확률밀도함수는

$$f(x,y)=\lambda^2e^{-\lambda(x+y)},\quad (x\geq 0,\quad y\geq 0)$$

이다.

그런데 $0<v+y<\infty$이고 $0<y<\infty$일 때 $f(v+y,y)>0$이다. 따라서 두 가지 경우로 나누어 계산한다.

첫째, $v<0$일 경우

$$f_V(v)=\int_{-v}^{\infty}\lambda^2 e^{-\lambda v-2\lambda y}dy=\frac{\lambda}{2}e^{\lambda v}$$

이다.

둘째, $v\geq 0$일 경우

$$f_V(v)=\int_{0}^{\infty}\lambda^2 e^{-\lambda v-2\lambda y}dy=\frac{\lambda}{2}e^{-\lambda v}$$

이다.

위의 두 식을

$$f_V(v)=\frac{\lambda}{2}e^{-\lambda|v|}$$

처럼 하나의 식으로 표현할 수 있다. ◆

11.4 로지스틱분포(logistic distribution)

11.4.1 개론

확률밀도함수가

$$f(x;\alpha,\beta)=\frac{1}{\beta}\frac{\exp\left[-\frac{x-\alpha}{\beta}\right]}{\left(1+\exp\left[-\frac{x-\alpha}{\beta}\right]\right)^2}$$

으로 주어지면, 확률변수 X는 로지스틱분포를 따른다고 말한다. α는 위치모수이고 $\beta>0$는 척도모수이다.

11.4.2 확률적분변환

11.4.2.1 이론

로지스틱분포의 누적분포함수를 구해 보면

$$\int_{-\infty}^{x}\frac{1}{\beta}\frac{\exp\left[-\frac{t-\alpha}{\beta}\right]}{\left(1+\exp\left[-\frac{t-\alpha}{\beta}\right]\right)^2}dt=\left[\frac{1}{1+\exp\left[-\frac{t-\alpha}{\beta}\right]}\right]_{t=-\infty}^{x}=\frac{1}{1+\exp\left[-\frac{x-\alpha}{\beta}\right]}$$

이다.

균등확률변수 $U\sim\text{Uniform}(0,1)$에 대하여

$$U = \frac{1}{1 + \exp\left[-\frac{x-\alpha}{\beta}\right]}$$

이 성립한다.

X를 U에 관하여 풀면

$$1 + \exp\left[-\frac{X-\alpha}{\beta}\right] = \frac{1}{U},$$

$$-\frac{X-\alpha}{\beta} = \log\left[\frac{1}{U} - 1\right],$$

$$X = \alpha - \beta\log\left[\frac{1}{U} - 1\right]$$

을 얻는다.

11.5 와이블 분포(Weibull distribution)

11.5.1 개론

확률밀도함수가

$$f(x;\alpha,\beta) = \frac{\alpha}{\beta^\alpha}x^{\alpha-1}\exp\left[-\left(\frac{x}{\beta}\right)^\alpha\right]I_{(0,\infty)}(x)$$

으로 주어진면, 확률변수 X는 와이블 분포를 따른다고 말한다. $\alpha > 0$는 형태모수이고 $\beta > 0$는 척도모수이다.

$\alpha = 1$이면 지수분포이다.

11.5.2 확률적분변환

11.5.2.1 이론

와이블 분포의 누적분포함수를 구해 보면

$$\int_0^x \frac{\alpha}{\beta^\alpha}t^{\alpha-1}\exp\left[-\left(\frac{t}{\beta}\right)^\alpha\right]dt = \left[\exp\left[-\left(\frac{t}{\beta}\right)^\alpha\right]\right]_{t=x}^0 = 1 - \exp\left[-\left(\frac{x}{\beta}\right)^\alpha\right]$$

이다.

균등확률변수 $U \sim \text{Uniform}(0,1)$에 대하여

$$U = 1 - \exp\left[-\left(\frac{X}{\beta}\right)^\alpha\right]$$

이 성립한다.

X를 U에 관하여 풀면

$$\exp\left[-\left(\frac{X}{\beta}\right)^{\alpha}\right] = 1 - U,$$

$$-\left(\frac{X}{\beta}\right)^{\alpha} = \log[1 - U],$$

$$\frac{X}{\beta} = (-\log[1 - U])^{\frac{1}{\alpha}},$$

$$X = \beta(-\log[1 - U])^{\frac{1}{\alpha}}$$

을 얻는다.

$1 - U$가 Uniform(0,1)를 따르므로, 결국

$$X = \beta(-\log U)^{\frac{1}{\alpha}}$$

을 얻게 된다. 여기에서 $-\log U$는 척도모수가 1인 지수분포이다.

11.6 정규분포(normal distribution)

11.6.1 개론

우리는 고등학교 수학 시간에 정규분포라는 것을 배웠다. 대학교에서는 정규분포를 가우스 분포(Gaussian distribution)라고도 부른다.

확률변수 X가 평균이 μ이고 분산이 σ^2인 정규분포를 따를 때, X의 확률밀도함수는

$$f(x; \mu, \sigma^2) = \frac{1}{\sigma\sqrt{2\pi}} \exp\left[-\frac{(x-\mu)^2}{2\sigma^2}\right]$$

이고 $X \sim \text{Normal}(\mu, \sigma^2)$와 같이 표기한다. μ는 위치모수이고 σ는 척도모수이다.

정규분포는 모든 확률분포들 중에서 가장 중요한 분포라고 해야 할 것이다. 그것은 중심극한정리(central limit theorem) 때문이다.

중심극한정리: 서로 독립인 확률변수열 X_1, X_2, X_3, … 은 기대값 μ이고 표준편차 σ인 동일한 분포를 따른다. 그러면

$$\lim_{n\to\infty} \text{Prob}\left[\frac{\sum_{i=1}^{n} X_i - n\mu}{\sigma\sqrt{n}} \le a\right] = \frac{1}{\sqrt{2\pi}} \int_{-\infty}^{a} e^{-\frac{x^2}{2}} dx$$

이 성립한다. ◆

11.6.2 박스-뮬러의 극좌표법

11.6.2.1 이론

정규분포 모의실험 알고리즘 중의 하나인 박스-뮬러의 극좌표법을 살펴보고 프로그램으로 구현하여 보자.

우선 공동연속(jointly continuous)과 결합확률밀도함수를 정의하자.

실수들의 쌍으로 구성된 모든 집합 C에 대하여

$$\text{Prob}[(X,Y)\in C]=\iint_{(x,y)\in C} f(x,y)dxdy$$

을 만족하는 모든 실수 x와 y에 대하여 정의된 함수 $f(x,y)$가 존재하면, X와 Y를 공동연속이라고 한다. 이때 $f(x,y)$를 X와 Y의 결합확률밀도함수라고 한다.

그럼 결합확률밀도함수에 관한 정리를 보자.

정리: 함수 g_1와 g_2가 두 조건들

(1) 주어진 $y_1=g_1(x_1,x_2)$와 $y_2=g_2(x_1,x_2)$에 대하여 x_1와 x_2를 y_1와 y_2의 항으로 유일하게 풀 수 있으며, $x_1=h_1(y_1,y_2)$이고 $x_2=h_2(y_1,y_2)$이다.
(2) g_1와 g_2가 모든 (x_1,x_2)에서 연속인 편도함수를 가지며 $$J(x_1,x_2)=\begin{vmatrix}\dfrac{\partial g_1}{\partial x_1} & \dfrac{\partial g_1}{\partial x_2}\\ \dfrac{\partial g_2}{\partial x_1} & \dfrac{\partial g_2}{\partial x_2}\end{vmatrix}\equiv\left(\frac{\partial g_1}{\partial x_1}\right)\left(\frac{\partial g_2}{\partial x_2}\right)-\left(\frac{\partial g_1}{\partial x_2}\right)\left(\frac{\partial g_2}{\partial x_1}\right)\neq 0$$ 이다.

을 만족한다고 하자. 그러면 확률변수 Y_1와 Y_2는 공동연속(jointly continuous)이고, 두 확률변수의 결합확률밀도함수는

$$f_{Y_1,Y_2}(y_1,y_2)=f_{X_1,X_2}(x_1,x_2)|J(x_1,x_2)|^{-1}$$

이다. ◆

그 다음으로 위의 정리를 활용한 다음의 문제를 생각하여 보자.

문제: 평면에서 한 점의 좌표를 (X,Y)이라 하고, X와 Y는 독립인 표준정규확률변수라고 하자. (X,Y)를 극좌표 (R,Θ)로 나타낼 때, R와 Θ의 결합확률밀도함수는 어떻게 될까? R^2와 Θ의 결합밀도함수는?

풀이: r와 θ를

$$r=g_1(x,y)=\sqrt{x^2+y^2},\quad \theta=g_2(x,y)=\arctan\frac{y}{x}$$

이라고 하자.

편도함수들을 구하여 보면

$$\frac{\partial g_1}{\partial x}=\frac{x}{\sqrt{x^2+y^2}},\quad \frac{\partial g_1}{\partial y}=\frac{y}{\sqrt{x^2+y^2}},\quad \frac{\partial g_2}{\partial x}=\frac{-y}{x^2+y^2},\quad \frac{\partial g_2}{\partial y}=\frac{x}{x^2+y^2}$$

이다.

그러므로

$$J(x,y)=\frac{x^2}{(x^2+y^2)^{1.5}}+\frac{y^2}{(x^2+y^2)^{1.5}}=\frac{1}{\sqrt{x^2+y^2}}=\frac{1}{r}$$

이다.

X와 Y의 결합확률밀도함수가

$$f(x,y)=\frac{1}{2\pi}\exp\left[-\frac{x^2+y^2}{2}\right]$$

이므로, $R=\sqrt{X^2+Y^2}$과 $\Theta=\arctan\frac{Y}{X}$의 결합확률밀도함수는

$$f(r,\theta)=\frac{1}{2\pi}r\exp\left[-\frac{r^2}{2}\right]$$

이다.

위의 결합확률밀도함수는 R와 Θ의 주변확률밀도함수로 인수분해되므로, R와 Θ는 독립확률변수이다. R는 확률밀도함수가

$$f(r)=r\exp\left[-\frac{r^2}{2}\right] \quad (0<r<\infty)$$

인 랄리 분포(Rayleigh distribution)를 따르고, $\Theta\sim$ Uniform$(0,2\pi)$이다.

이제 R^2와 Θ의 결합확률밀도함수를 구하여 보자.

$$d=g_1(x,y)=x^2+y^2,\quad \theta=g_2(x,y)=\arctan\frac{y}{x}$$

이라고 하자.

편도함수들을 구하여 보면

$$\frac{\partial g_1}{\partial x}=2x,\quad \frac{\partial g_1}{\partial y}=2y,\quad \frac{\partial g_2}{\partial x}=\frac{-y}{x^2+y^2},\quad \frac{\partial g_2}{\partial y}=\frac{x}{x^2+y^2}$$

이다.

그러므로

$$J(x,y)=\frac{2x^2}{x^2+y^2}+\frac{2y^2}{x^2+y^2}=2$$

이다.

$R^2=X^2+Y^2$와 $\Theta=\arctan\frac{Y}{X}$의 결합확률밀도함수는

$$f(d,\theta)=\frac{1}{2}\exp\left[-\frac{d}{2}\right]\frac{1}{2\pi}$$

이다. 여기에서 $0<d<\infty$이고 $0<\theta<2\pi$이다.

따라서 R^2와 Θ는 독립이며, R^2는 모수가 0.5인 지수분포를 따른다. ◆

균등확률변수들을 적절히 변환하여 정규확률변수를 만드는데 위의 결과를 사용할 수 있다.

$U_1\sim$ Uniform(0,1)와 $U_2\sim$ Uniform(0,1)가 서로 독립이라고 하자.

확률벡터 (X_1,X_2)의 극좌표변환 (R,Θ)를 생각하여 U_1와 U_2를 서로 독립인 단위정규확률변수 X_1와 X_2로 변환한다.

위 문제의 결과로부터 R^2와 Θ는 독립이며 $R^2={X_1}^2+{X_2}^2$는 모수가 0.5인 지수분포를 따른다.

그런데 $x>0$에 대하여

$$\text{Prob}[-2\log U_1<x]=\text{Prob}\left[\log U_1>-\frac{x}{2}\right]=\text{Prob}\left[U_1>-\exp\left[-\frac{x}{2}\right]\right]=1-\exp\left[-\frac{x}{2}\right]$$

이므로, $-2\log U_1$는 모수가 0.5인 지수분포를 따른다.

한편 $2\pi U_2\sim$ Uniform$(0,2\pi)$이므로, 우리는 Θ를 생성하기 위하여 $2\pi U_2$를 사용할 수 있다.

R^2와 Θ를 각각

$$R^2 = -2\log U_1, \quad \Theta = 2\pi U_2$$

이라고 하면, R^2는 원점으로부터 거리의 제곱으로 선택할 수 있고, Θ는 편각(argument)으로 선택할 수 있다.

$X_1 = R\cos\Theta$이고 $X_2 = R\sin\Theta$이므로,

$$X_1 = R\cos\Theta = \sqrt{-2\log U_1}\cos 2\pi U_2, \quad X_2 = R\sin\Theta = \sqrt{-2\log U_1}\sin 2\pi U_2$$

는 서로 독립인 단위정규확률변수가 된다.

11.6.2.2 소스 코드

```
#include <stdlib.h>
#include <time.h>
#include <stdio.h>
#include <math.h>

double Box(void);

int number;
double normal[200000], mean, sigma;

void main( void )
{
    int count;
    double temp, variance;
    srand((unsigned)time(NULL));

    printf( "₩n <1> 발생할 마구잡이수의 개수: " );
    scanf( "%d", &number );
    printf( "₩n <2> 평균: " );
    scanf( "%lf", &mean );
    printf( "₩n <3> 분산: " );
    scanf( "%lf", &variance );

    for (count=0; count<number; count++)
    {
        temp = Box();
        sigma = sqrt(variance);
        normal[count] = sigma*temp + mean;
    }

    printf( "₩n <4> 입력한 값들에 대한 결과 ₩n" );

    for (count=0; count<number; count++)
        printf( " %8.4lf ", normal[count] );

    printf( "₩n₩n₩n" );
}

double Box(void)
{
    static int count=0;
    static double u, temp;
    double pi=3.1415926535;

    if ( count==0 )
```

```
    {
        count++;
        temp = sqrt(-2.0*log((rand()+0.5)/(RAND_MAX+1.0)));
        u = 2.0 * pi * ((rand()+0.5)/(RAND_MAX+1.0));
        return temp*cos(u);
    }
    else
    {
        count = 0;
        return temp*sin(u);
    }
}
```

11.6.2.3 실행 결과

<1> 발생할 마구잡이수의 개수: 305

<2> 평균: 142.9

<3> 분산: 8.57

<4> 입력한 값들에 대한 결과

```
142.4200 140.6142 144.6767 139.2747 143.5569 145.7598 143.2207 147.2649 138.0736
137.4132 145.8283 140.6458 144.5838 146.3760 143.8604 140.6614 144.2780 145.7407
138.1945 146.8217 140.0002 140.7038 146.1139 145.3869 142.8486 138.1546 143.4896
142.9998 143.9334 142.2185 146.9915 145.8867 141.5022 146.8411 143.5533 140.1050
144.6287 143.6728 149.2842 145.7204 141.0954 142.6597 139.0714 148.4542 140.8883
141.6307 142.2627 145.0703 138.1577 140.4677 144.9970 145.6567 145.4033 145.0027
138.7878 143.2109 139.1533 141.5330 143.7183 143.3836 140.0684 140.2782 142.9831
140.0017 140.7646 142.9391 145.2200 138.7068 142.3704 144.5801 143.0589 148.4774
148.5275 144.4208 143.5500 136.2812 145.2159 143.0144 139.2896 145.3633 141.8907
136.5218 142.3161 142.6984 141.7062 144.1200 144.2413 141.0204 146.2579 139.8630
141.9346 144.7585 136.8845 142.3953 146.8090 138.7459 145.4164 149.3007 141.4385
142.8345 139.3050 146.0294 139.5721 141.4007 143.5750 141.4495 142.9391 144.5495
143.1720 139.0984 141.0035 141.5662 143.8265 148.6902 134.2368 143.4598 143.0592
142.5576 139.3187 141.5809 137.3506 140.9162 140.5145 138.5072 140.5208 145.3689
145.1460 142.6258 142.3701 141.6734 144.6778 143.1922 142.3497 140.6303 150.0012
141.9750 145.7890 140.2054 139.8749 142.1978 144.5032 143.8445 139.4483 143.2136
144.8718 143.9649 141.1561 142.9621 143.5332 140.0989 144.5321 144.7786 143.9058
139.8950 142.4033 141.5197 147.6259 138.6159 143.3954 139.8600 141.5285 139.5223
142.8287 147.9587 141.5060 142.2826 139.0818 140.6308 141.5680 140.8139 148.2007
144.2716 143.7003 143.6404 144.8114 139.7420 142.3982 141.4317 143.1328 139.3177
138.9088 142.5467 142.0138 149.7239 142.7681 144.9530 138.2116 137.8091 140.5000
140.0159 147.7746 146.5015 141.4525 146.2831 142.7602 142.3847 145.3867 146.0707
142.1753 141.9634 147.9716 142.7877 144.5767 139.2826 144.3451 141.9929 140.7206
141.7938 143.3591 142.5565 144.4565 144.7230 147.7648 149.9603 144.1792 138.7362
146.1021 142.3782 141.9394 143.9319 146.6169 147.5431 148.7554 141.3777 148.0985
145.8495 141.1084 142.0474 142.4513 142.7622 141.2079 142.0350 143.3400 143.4155
141.0031 141.7026 140.5636 144.3025 143.4154 140.2246 148.1337 139.2057 146.7523
147.1104 143.2230 137.7786 142.1674 139.9548 138.0179 146.7836 138.3751 144.2627
143.5344 140.8754 139.9846 142.7358 147.1605 140.4870 140.2175 137.6351 143.7212
139.1265 147.8131 141.2324 142.5783 139.3885 142.3783 139.5743 139.3476 143.1686
142.5571 142.0374 141.6824 144.8183 147.7525 139.6597 142.3142 144.9925 145.6840
147.4445 139.5874 146.3269 144.1279 143.6307 150.5311 138.6780 144.1440 143.4311
146.2674 147.7991 137.9919 142.5507 143.3246 139.2833 140.0521 143.0424 143.9803
141.3930 142.8292 144.9570 145.7096 140.8242 141.8609 139.9525 142.9031
```

11.6.3 막대그림표

11.6.3.1 이론

MFC를 사용하여 정규분포를 모의실험하는데, 앞에서와는 달리 좀 더 현실적인 상황을 가정하였다. 현실적으로 있을 법한, 인구가 7000400명이고 체중의 평균이 58.04kg이고 분산이 65.1249kg²인 대도시를 가정하여 평균값과 분산값을 입력하여 보았다. 마구잡이수를 발생하기 위하여 사용한 알고리즘은 박스-뮬러의 극좌표법이다.

수평축은 g 단위로 나타낸 체중이고 수직축은 그에 해당하는 사람수이다. 화면의 가운데 튀어나온 수직선의 끝은 도수(frequency)가 3850명인 상황을 나타낸다. 모니터 클라이언트 영역에는 나타나지 않지만 좌우 수평축으로 더 넓은 범위에서도 막대그림표가 그려져 있다. 소스 코드를 잘 보면 알 수 있을 것이다.

화면의 수평축 방향으로 1만큼 이동하는 것은 10g의 체중이 변하는 것을 의미한다. 따라서 수평축 방향으로 1500만큼 이동하는 것은 15kg의 체중이 변하는 것을 나타내고 2000만큼 이동하는 것은 20kg의 체중이 변하는 것을 나타낸다. 화면의 수직축 방향으로 1만큼 이동하는 것은 1명의 인원을 의미한다. 여기에서 1만큼 이동한다는 것이 하나의 화소를 의미하는 것이 아니다. 매핑 모드가 MM_LOMETRIC이므로 논리 단위가 화소가 아니라 0.1mm이다.

11.6.3.2 소스 코드

```
// BoxMullerView.cpp : implementation of the CBoxMullerView class
//

#include "stdafx.h"
#include "BoxMuller.h"

#include "BoxMullerDoc.h"
#include "BoxMullerView.h"

#include <math.h>

double Box(void);

#define sampleSize 7000400

const double mean=58040.0, variance=65124900.0;

int interval[sampleSize];
int weight, from=mean-20000, to=mean+20000;

#ifdef _DEBUG
#define new DEBUG_NEW
#undef THIS_FILE
static char THIS_FILE[] = __FILE__;
#endif

/////////////////////////////////////////////////////////////////////////////
// CBoxMullerView

IMPLEMENT_DYNCREATE(CBoxMullerView, CView)

BEGIN_MESSAGE_MAP(CBoxMullerView, CView)
    //{{AFX_MSG_MAP(CBoxMullerView)
        // NOTE - the ClassWizard will add and remove mapping macros here.
        //    DO NOT EDIT what you see in these blocks of generated code!
```

```
	//}}AFX_MSG_MAP
	// Standard printing commands
	ON_COMMAND(ID_FILE_PRINT, CView::OnFilePrint)
	ON_COMMAND(ID_FILE_PRINT_DIRECT, CView::OnFilePrint)
	ON_COMMAND(ID_FILE_PRINT_PREVIEW, CView::OnFilePrintPreview)
END_MESSAGE_MAP()

/////////////////////////////////////////////////////////////////////////////
// CBoxMullerView construction/destruction

CBoxMullerView::CBoxMullerView()
{
	// TODO: add construction code here

}

CBoxMullerView::~CBoxMullerView()
{
}

BOOL CBoxMullerView::PreCreateWindow(CREATESTRUCT& cs)
{
	// TODO: Modify the Window class or styles here by modifying
	//  the CREATESTRUCT cs

	return CView::PreCreateWindow(cs);
}

/////////////////////////////////////////////////////////////////////////////
// CBoxMullerView drawing

void CBoxMullerView::OnDraw(CDC* pDC)
{
	CBoxMullerDoc* pDoc = GetDocument();
	ASSERT_VALID(pDoc);

	int i;
	char buffer[10];

	CRect rect;
	GetClientRect(&rect);
	pDC->SetMapMode(MM_LOMETRIC);
	pDC->SetViewportOrg(rect.Width()/2, 1450);
	pDC->SetTextAlign(TA_CENTER+TA_TOP);

	srand( (unsigned)time( NULL ) );

	for (i=0; i<sampleSize; i++)
		interval[i] = 0;

	for (i=0; i<sampleSize; i++)
	{
		weight = 10*int((mean + sqrt(variance)*Box())/10.0);

		if ( weight<from || weight>to )
			continue;

		interval[ int((weight-from)/10) ]++;
```

```
    }

    pDC->TextOut(0, 3800, "평균이 58.04kg이고 표준편차가 8.07kg인 집단");
    pDC->MoveTo(0, 0);
    pDC->LineTo(0, 3850);

    int coordinate = 43040;

    for (i=-15; i<16; i=i+3)
    {
        sprintf(buffer, "%d", coordinate);
        pDC->TextOut(100*i, -12, buffer);
        coordinate += 3000;
    }

    for (i=-2000; i<2001; i+=1)
    {
        pDC->MoveTo(i,0);
        pDC->LineTo(i, interval[i+2000]);
    }
}

/////////////////////////////////////////////////////////////////////////////
// CBoxMullerView printing

BOOL CBoxMullerView::OnPreparePrinting(CPrintInfo* pInfo)
{
    // default preparation
    return DoPreparePrinting(pInfo);
}

void CBoxMullerView::OnBeginPrinting(CDC* /*pDC*/, CPrintInfo* /*pInfo*/)
{
    // TODO: add extra initialization before printing
}

void CBoxMullerView::OnEndPrinting(CDC* /*pDC*/, CPrintInfo* /*pInfo*/)
{
    // TODO: add cleanup after printing
}

/////////////////////////////////////////////////////////////////////////////
// CBoxMullerView diagnostics

#ifdef _DEBUG
void CBoxMullerView::AssertValid() const
{
    CView::AssertValid();
}

void CBoxMullerView::Dump(CDumpContext& dc) const
{
    CView::Dump(dc);
}

CBoxMullerDoc* CBoxMullerView::GetDocument() // non-debug version is inline
{
    ASSERT(m_pDocument->IsKindOf(RUNTIME_CLASS(CBoxMullerDoc)));
```

```
    return (CBoxMullerDoc*)m_pDocument;
}
#endif //_DEBUG

/////////////////////////////////////////////////////////////////////////////
// CBoxMullerView message handlers

double Box(void)
{
    int i=0;
    double u=0.0, temp=0.0;
    double pi=3.1415926535;

    if ( i==0 )
    {
        i = 1;
        temp = sqrt(-2.0*log(rand()/(RAND_MAX+1.0)));
        u = 2.0 * pi * (rand()/(RAND_MAX+1.0));
        return temp*cos(u);
    }
    else
    {
        i = 0;
        return temp*sin(u);
    }
}
```

11.6.3.3 실행 결과

11.6.4 George Marsaglia의 방법

11.6.4.1 이론

만일 $X\sim$ Uniform(0,1)이면, $2X\sim$ Uniform(0,2)이다. 또한 $2X-1$은 Uniform(−1,1)를 따르게 된다. 그러므로 u_1와

u_2가 구간]0,1[에서 발생된 마구잡이수라면, $(v_1, v_2) = (2u_1 - 1, 2u_2 - 1)$와 같이 정의되는 점 (v_1, v_2)은 중심이 원점이고 한 변의 길이가 2인 정사각형(regular square) 내부에 찍히는 점이 된다. 그런 마구잡이수들을 많이 발생(generation)시키면 (v_1, v_2)에 의한 점들은 정사각형 내부에 촘촘히 그리고 균일하게 분포하게 된다.

그런 (v_1, v_2)들 중에서 중심이 원점이고 반지름이 1인 원 내부에 분포하는 점들만 선택한다. 수식으로 나타내면 ${v_1}^2 + {v_2}^2 \le 1$이다.

원 내부에 분포하는 점 (V_1, V_2)의 극좌표를 (R, Θ)라고 하자. 그러면 R와 Θ는 서로 독립이며, $R^2 \sim \text{Uniform}(0,1)$이고, Θ 역시 균등확률변수이다.

한편

$$\cos\theta = \frac{v_1}{r} = \frac{v_1}{\sqrt{{v_1}^2 + {v_2}^2}}, \quad \sin\theta = \frac{v_2}{r} = \frac{v_2}{\sqrt{{v_1}^2 + {v_2}^2}}$$

이 성립하므로, 박스-뮬러의 극좌표법에서 유도된

$$x = \sqrt{-2\log u_1}\cos 2\pi u_2\,, \quad y = \sqrt{-2\log u_1}\sin 2\pi u_2$$

으로부터 또다른 마구잡이수 u를 생성한 후에 x와 y를

$$x = \frac{v_1}{r}\sqrt{-2\log u}\,, \quad y = \frac{v_2}{r}\sqrt{-2\log u}$$

이라고 하면, X와 Y는 서로 독립인 표준정규확률변수가 된다.

이제 이것을 좀 더 쉽게 응용할 수 있도록 하기 위해, 새로운 마구잡이수 u를 도입하지 않고 u 대신 R^2를 사용한다. 이렇게 해도 되는 이유는

$$S = R^2 = {V_1}^2 + {V_2}^2 \le 1$$

의 조건 하에서 $R^2 \sim \text{Uniform}(0,1)$이고 Θ와 독립이기 때문이다.

그렇게 하면

$$X = V_1\sqrt{-2\frac{\log S}{S}}, \quad Y = V_2\sqrt{-2\frac{\log S}{S}}$$

을 얻게 되고, 이 두 변수 X와 Y도 서로 독립인 표준정규확률변수가 된다.

11.6.4.2 소스 코드

```
#include <stdlib.h>
#include <time.h>
#include <stdio.h>
#include <math.h>

double Marsaglia(void);

int number;
double normal[100000], mean, sigma;

void main( void )
{
    int count;
    double temp, variance;

    srand( (unsigned)time( NULL ) );
    printf( "₩n <1> 발생할 마구잡이수의 개수: " );
    scanf( "%d", &number );
    printf( "₩n <2> 평균: " );
```

```
    scanf( "%lf", &mean );
    printf( "\n <3> 분산: " );
    scanf( "%lf", &variance );

    for (count=0; count<number; count++)
    {
        temp = Marsaglia();
        sigma = sqrt(variance);
        normal[count] = mean + sigma*temp;
    }

    printf( "\n <4> 입력한 값들에 대한 결과 \n" );

    for (count=0; count<number; count++)
        printf( " %8.4lf ", normal[count] );

    printf( "\n\n\n" );
}

double Marsaglia(void)
{
    static int count=0;
    static double v1, v2, s;

    if ( count==0 )
    {
        count++;

        do
        {
            v1 = 2.0 * ((rand()+0.5)/(RAND_MAX+1.0)) - 1.0;
            v2 = 2.0 * ((rand()+0.5)/(RAND_MAX+1.0)) - 1.0;
            s = v1*v1 + v2*v2;
        }
        while ( (s>=1.0)||(s==0.0) );

        s = sqrt(-2.0*log(s)/s);
        return v1*s;
    }
    else
    {
        count = 0;
        return v2*s;
    }
}
```

11.6.4.3 실행 결과

```
<1> 발생할 마구잡이수의 개수: 305

<2> 평균: 67.49

<3> 분산: 21.69852

<4> 입력한 값들에 대한 결과
 66.3046   64.1314   72.1103   57.4256   69.5224   79.0386   71.7594   70.0629   65.0559
 65.4415   70.2382   71.4621   73.8561   74.2113   64.4988   69.5258   70.0498   70.5221
 67.8482   70.2279   64.9344   73.7392   69.3106   73.9035   64.7904   66.6906   64.9075
```

```
66.3938  64.0830  72.1199  70.3785  66.5207  68.2241  67.4998  72.8566  68.3857
67.8109  70.0617  69.6805  66.9124  67.3810  66.2477  66.1470  75.3236  64.1928
76.2091  68.2966  69.3812  70.5154  61.2444  70.3195  62.6660  68.4817  66.8882
65.3817  66.3649  61.1012  63.4982  67.9821  62.7499  53.5402  60.6666  69.7390
68.8970  64.8512  63.4702  71.9452  67.6828  68.7116  65.8718  65.2689  73.5922
64.9861  65.6981  65.8100  73.0531  70.1153  63.2285  64.4615  57.7456  68.6647
73.6133  67.4986  64.7713  68.6391  74.2547  61.2564  66.7485  59.4265  68.8390
70.9262  68.5608  72.4365  68.7791  66.7893  74.2014  70.1410  67.3992  67.4743
71.4790  68.4347  67.5176  70.6503  63.4074  67.1393  74.0272  67.8271  74.3654
62.6414  67.9127  63.0328  73.9375  56.8175  79.1502  70.7092  56.6954  73.4930
72.4117  65.0326  71.6267  67.0000  67.6093  67.1221  71.0336  70.7698  66.9594
69.5308  66.8579  67.5389  62.8967  70.5917  65.3625  65.0997  67.4004  58.6544
67.9453  70.7094  74.3528  68.6496  63.8718  73.2431  64.5365  65.1479  63.3768
66.4947  63.8240  56.4433  71.3794  64.5349  71.8337  60.8019  67.8861  68.4825
73.1235  69.9189  66.4474  61.1440  67.5149  68.4338  61.0294  74.4370  70.9593
68.1734  62.3208  72.6442  70.4801  67.1478  74.5240  67.9210  72.0969  64.5792
74.8072  66.4978  59.0808  64.5970  70.5164  70.9540  69.6057  70.1210  62.8195
58.2001  59.7565  65.9823  66.3344  73.2190  56.8822  69.0957  77.7513  61.9784
60.2214  65.7024  67.3473  63.1993  67.1756  66.1302  70.9448  63.9635  71.2061
63.5421  72.9135  64.1765  57.0690  68.5072  60.5358  61.6041  72.2856  64.2295
74.5069  67.8153  62.5576  67.4078  66.1831  63.1929  67.7139  64.2962  68.4981
67.8499  62.8817  75.0289  65.6714  65.5989  69.9495  67.6255  67.6030  75.0948
68.5860  64.8062  64.4046  75.9134  61.9002  68.9930  68.9518  67.2726  70.4724
72.4033  60.0117  66.8560  69.6723  61.5055  66.3930  63.7247  70.6898  64.2307
64.6230  60.3431  68.3374  71.4462  66.5884  71.1212  65.1862  66.3726  66.3107
58.7675  69.3742  63.7557  61.3547  80.0878  65.1382  62.4511  66.7963  75.8703
77.2372  69.5156  68.6996  72.3382  67.7035  69.2463  64.2588  67.0772  61.0042
69.8200  72.0223  73.5292  68.8845  63.2527  65.9357  69.1631  67.2534  67.9444
71.3161  59.1029  63.8728  63.9986  71.4484  66.2557  56.3693  65.0965  68.7702
71.6847  71.6823  61.6270  72.0466  61.2567  71.2644  72.1790  64.3053  63.3049
69.3456  66.5451  64.5612  76.8489  63.0251  60.9591  63.5610  70.4084
```

11.6.5 중심극한정리를 활용

11.6.5.1 이론

중심극한정리 때문에 정규분포가 엄청 중요한 분포라고 이미 언급했다. 그런데 정규분포를 빛내주는 이러한 중심극한정리를 활용하여 정규분포를 따르는 마구잡이수들을 발생시킬 수 있다. 엄밀한 알고리즘은 아니고 근사적인 알고리즘이다.

Uniform$(0, b)$를 따르는 확률변수의 기대값은 $\frac{b}{2}$이고 분산은 $\frac{b^2}{12}$이다. 중심극한정리를 Uniform$(0, b)$에 적용하면 $n \to \infty$인 극한에서

$$\frac{\sum_{i=1}^{n} X_i - n\frac{b}{2}}{\frac{b}{2}\sqrt{\frac{n}{3}}} \sim \text{Normal}(0,1)$$

이다.

프로그램에서는 $b = 1$이고 $n = 12$인 경우를 구현하였다.

11.6.5.2 소스 코드

```
/***** 균등난수 (선형합동법) *******************************/
```

```
static unsigned long seed = 1;      /* 임의 */
void init_rnd(unsigned long x)
{
    seed = x;
}

unsigned long irnd(void)
{
    seed = seed * 1566083941UL + 1;
    return seed;
}

#include <limits.h>
double rnd(void)  /* 0 <= rnd() < 1 */
{
    return (1.0 / (ULONG_MAX + 1.0)) * irnd();
}

double nrnd1(void)
{
    return rnd()+rnd()+rnd()+rnd()+rnd()+rnd()+rnd()+rnd()+rnd()+rnd()+rnd()+rnd()-6;
}

/**********************************************************/

#include <time.h>
#include <stdio.h>
#include <math.h>
#include <stdlib.h>
int main()
{
    long int n, i, histo[20], ix;
    double s1, s2, x;

    init_rnd((unsigned long) time(NULL));       /* 초기화 */

    printf("\n 개수? ");
    scanf("%d", &n);

    for (i=0; i<20; i++)
        histo[i] = 0;

    s1 = s2 = 0;

    for (i=0; i<n; i++)
    {
        x = nrnd1();
        ix = (int) floor(2*x) + 10;

        if ( ix>=0 && ix<20 )
            histo[ix]++;

        s1 += x;
        s2 += x * x;
    }

    for (i=0; i<20; i++)
```

```
        printf("₩n %4.1f -- %4.1f: %lf %%", 0.5*(i-10), 0.5*(i-9), 100.0*histo[i]/n);

    s1 /= n;
    s2 = sqrt((s2 - n * s1 * s1) / (n - 1));
    printf("₩n₩n 평균 %g  표준편차 %g", s1, s2);
    printf("₩n₩n₩n");
    return EXIT_SUCCESS;
}
```

11.6.5.3 실행 결과

```
개수? 7777777

-5.0 -- -4.5: 0.000039 %
-4.5 -- -4.0: 0.000913 %
-4.0 -- -3.5: 0.011340 %
-3.5 -- -3.0: 0.087904 %
-3.0 -- -2.5: 0.454963 %
-2.5 -- -2.0: 1.670246 %
-2.0 -- -1.5: 4.533609 %
-1.5 -- -1.0: 9.329221 %
-1.0 -- -0.5: 14.955031 %
-0.5 --  0.0: 18.948319 %
 0.0 --  0.5: 18.953128 %
 0.5 --  1.0: 14.988794 %
 1.0 --  1.5: 9.317740 %
 1.5 --  2.0: 4.511932 %
 2.0 --  2.5: 1.681226 %
 2.5 --  3.0: 0.457071 %
 3.0 --  3.5: 0.086747 %
 3.5 --  4.0: 0.011083 %
 4.0 --  4.5: 0.000694 %
 4.5 --  5.0: 0.000000 %

평균 -4.76862e-005  표준편차 1.00006
```

11.6.6 이변량정규분포(bivariate normal distribution)

11.6.6.1 이론

필자는 이 책에서 정규분포에 한해서만 단일변량분포 외에 이변량분포도 살펴볼 것이다.

이변량정규분포의 결합확률밀도함수는

$$f(x,y)=\frac{1}{2\pi\sigma_X\sigma_Y\sqrt{1-\rho^2}}\exp\left[-\frac{1}{2(1-\rho^2)}\left(\left(\frac{x-\langle X\rangle}{\sigma_X}\right)^2+\left(\frac{y-\langle Y\rangle}{\sigma_Y}\right)^2-2\rho\frac{(x-\langle X\rangle)(y-\langle Y\rangle)}{\sigma_X\sigma_Y}\right)\right]$$

이다. 여기에서 ρ는 상관계수(correlation coefficient)이다.

이변량정규분포를 모의실험하는 두 가지 방법을 살펴보자.

첫 번째 방법은 다음과 같다.

Z_1와 Z_2가 서로 독립이고 둘 다 표준정규분포를 따른다. Z_1와 Z_2를

$$X_1=\mu_1+\sigma_1 Z_1,\quad X_2=\mu_2+\sigma_2\rho Z_1+\sigma_2\sqrt{1-\rho^2}Z_2$$

으로 변수변환하면, Z_1와 Z_2는 5개의 모수들 μ_1, μ_2, ${\sigma_1}^2$, ${\sigma_2}^2$, ρ을 가지는 이변량정규분포를 따른다.

두 번째 방법은 다음과 같다. 이 방법을 프로그램으로 구현하였다.

표준정규분포를 따르고 서로 독립인 두 확률변수 V와 W가 있다. 새로운 확률변수 $X = aV + bW$와 $Y = aV - bW$를 만들면, (X, Y)는 상관계수가 $a^2 - b^2$인 정규분포를 따른다.

프로그램에서 함수 binormal_rnd(r, &x, &y)를 호출하면, 평균이 0이고 표준편차가 1이며 상관계수가 r인 이변량 정규분포를 따르는 마구잡이수가 변수 x와 y에 들어간다.

11.6.6.2 소스 코드

```
static unsigned long seed = 1;       /* 任意 */

void init_rnd(unsigned long x)
{
    seed = x;
}

unsigned long irnd(void)
{
    seed = seed * 1566083941UL + 1;
    return seed;
}

#include <limits.h>
double rnd(void)     /* 0 <= rnd() < 1 */
{
    return (1.0 / (ULONG_MAX + 1.0)) * irnd();
}

/***********************************************************/

#include <math.h>
void binormal_rnd(double r, double *x, double *y)        /* 2変量正規分布の乱数 */
{
    double r1, r2, s;

    do
    {
        r1 = 2 * rnd() - 1;
        r2 = 2 * rnd() - 1;
        s = r1 * r1 + r2 * r2;
    }
    while (s>1 || s==0);

    s = - log(s) / s;
    r1 = sqrt((1 + r) * s) * r1;
    r2 = sqrt((1 - r) * s) * r2;
    *x = r1 + r2;
    *y = r1 - r2;
}

/***********************************************************/

#include <stdio.h>
#include <stdlib.h>
int main()
```

```
{
    int i;
    double x, y;

    for (i=0; i<32; i++)
    {
        binormal_rnd(0.5, &x, &y);
        printf("₩n  (%lf,%lf)", x, y);
    }

    printf("₩n₩n₩n");
    return EXIT_SUCCESS;
}
```

11.6.6.3 실행 결과

```
(0.167482,-0.715875)
(-0.686184,-1.203219)
(-0.418848,-1.321276)
(0.853674,-0.501179)
(0.147416,-0.116602)
(1.183764,1.257689)
(0.006342,0.278401)
(1.859127,1.159557)
(-0.950744,-0.307154)
(-0.418595,-0.507696)
(1.973193,2.331332)
(0.778417,0.419086)
(0.022327,-0.041609)
(1.066496,-0.611629)
(-0.049995,-0.630288)
(-0.547187,0.875380)
(0.855431,0.197937)
(-0.060268,0.139415)
(-0.882453,0.060204)
(0.766302,1.568564)
(1.296140,0.041255)
(-1.116862,-0.733392)
(-0.714016,-0.953591)
(0.689991,0.741913)
(1.527505,-0.491385)
(0.834106,-0.458599)
(0.089048,0.805847)
(1.314245,0.279076)
(-1.043752,0.562530)
(1.137267,-1.193552)
(1.077792,0.757678)
(-0.041610,-0.863673)
```

11.7 대수정규분포(lognormal distribution)

11.7.1 개론

확률변수 $\ln X = Y \sim \mathrm{Normal}(\mu, \sigma^2)$일 때, X의 누적분포함수는

$$F(x) = \mathrm{Prob}[X \leq x] = \mathrm{Prob}[\ln X \leq \ln x] = \mathrm{Prob}\left[\frac{\ln X - \mu}{\sigma} \leq \frac{\ln x - \mu}{\sigma}\right] = \mathrm{Prob}\left[Z \leq \frac{\ln x - \mu}{\sigma}\right]$$

이 된다.

따라서 X의 확률밀도함수는

$$f(x; \mu, \sigma) = \frac{1}{\sigma\sqrt{2\pi}x}\exp\left[-\frac{(\ln x - \mu)^2}{2\sigma^2}\right] \quad (0 \leq x)$$

이 된다. 이것을 대수정규분포라고 한다.

보기를 들어 $\mu = \ln 20000$이고 $\sigma = 1$인 대수정규분포는

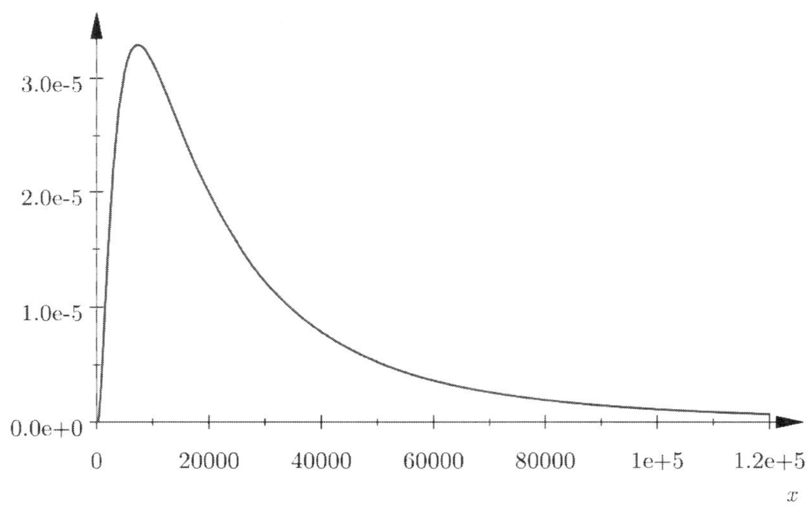

와 같다.

경제학자들은 대수정규분포를 사용하여 소득(income)의 분포를 종종 모델링한다.

11.7.2 정규분포로부터 유도

11.7.2.1 이론

대수정규분포의 확률밀도함수를 유도하던 과정을 생각해 보면, 어렵지 않게 대수정규분포를 모의실험할 수 있다.

우선 표준정규분포를 따르는 확률변수 Z를 생성한다.

그 다음에 $e^{\mu+\sigma Z}$을 계산한다.

11.8 카이제곱분포(chi-square distribution)

11.8.1 개론

카이제곱분포는 감마분포(gamma distribution)의 특별한 경우이다. 우선 감마함수(gamma function)를 정의하자. 우리는 감마함수를

$$\Gamma(\alpha) \equiv \int_0^\infty x^{\alpha-1}e^{-x}dx$$

과 같이 정의한다.

확률밀도함수가

$$f(x;v) = \frac{x^{\frac{v}{2}-1}e^{-\frac{x}{2}}}{2^{\frac{v}{2}}\Gamma\left(\frac{v}{2}\right)} \quad (0 \le x)$$

으로 주어지면, 확률변수 X는 자유도(degree of freedom)가 v인 카이제곱분포를 따른다고 말하고 $X \sim \chi^2(v)$으로 표기한다.

보기를 들어 $v = 6$인 카이제곱분포는

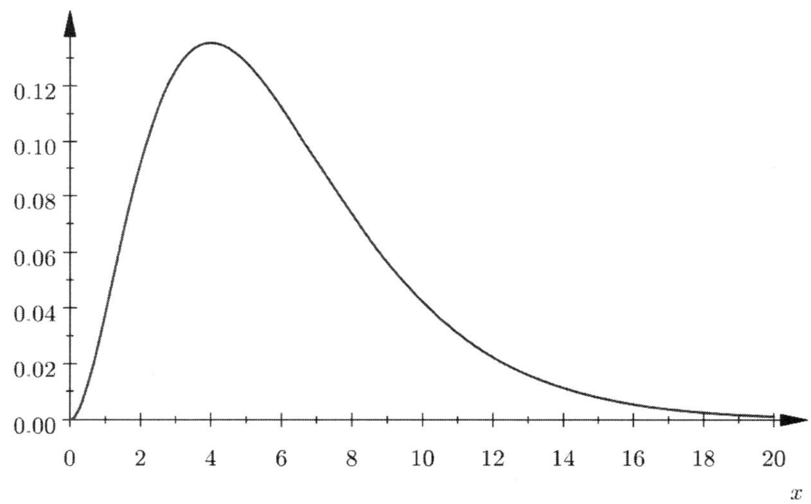

와 같다.

11.8.2 표준정규분포로부터 유도

11.8.2.1 이론

우리는 다음의 정리를 사용하여 자유도가 1인 카이제곱분포를 모의실험할 수 있다.

정리: Z가 표준정규분포를 따르는 확률변수이면, $Z^2 \sim \chi^2(1)$이다.

증명: Z^2의 적률생성함수(moment generating function)는

$$M_{Z^2}(t) = E\left[e^{tZ^2}\right] = \int_{-\infty}^{\infty} e^{tz^2}\frac{1}{\sqrt{2\pi}}e^{-\frac{z^2}{2}}dz = \frac{1}{\sqrt{2\pi}}\int_{-\infty}^{\infty} e^{tz^2}e^{-\frac{z^2}{2}}dz = \frac{1}{\sqrt{2\pi}}\int_{-\infty}^{\infty} e^{-\frac{z^2}{2}(1-2t)}dz$$

이다.

$u = \frac{\sqrt{1-2t}}{\sqrt{2}}z$이라고 하면, 위의 식은

$$M_{Z^2}(t) = \frac{1}{\sqrt{2\pi}}\int_{-\infty}^{\infty}\frac{\sqrt{2}}{\sqrt{1-2t}}e^{-u^2}du = \frac{1}{\sqrt{\pi(1-2t)}}\int_{-\infty}^{\infty}e^{-u^2}du = \frac{\sqrt{\pi}}{\sqrt{\pi(1-2t)}} = \frac{1}{\sqrt{1-2t}}$$

이 된다. 이것은 자유도가 1인 카이제곱분포의 적률생성함수이다. ∎

자유도가 임의의 n인 카이제곱분포를 모의실험하려면 다음의 정리를 이용하면 된다.

정리: X_1, X_2, ⋯, X_{n-1}, X_n이 Normal(μ,σ^2)에서 추출한 확률표본이라고 하자. 그러면 $\sum_{i=1}^{n}\frac{(X_i-\mu)^2}{\sigma^2}$는 자유도가 n인 카이제곱분포를 따른다.

증명: 표준정규화시킨 X_i를 Z_i라고 하자. 즉 $Z_i = \frac{X_i-\mu}{\sigma}$이다.

그러면 ${Z_i}^2 \sim \chi^2(1)$이다.

따라서 $\sum_{i=1}^{n}{Z_i}^2$는 자유도가 n인 카이제곱분포를 따른다. ∎

11.9 코시 분포(Cauchy distribution)

11.9.1 개론

문제: 퍼지지 않는 광선을 내보내는 빛샘이 x축에서 1만큼 떨어져 있다. 이 광선과 x축의 교점의 좌표를 X라고 하자. X가 x축 전체에 걸쳐 이동하도록 이 빛샘을 회전시키면, X의 확률밀도함수는? 단 광선이 축과 만나지 않는 경우는 제외한다.

풀이: 빛샘에서 x축에 내린 수선을 y축이라고 하자. 그러면 y축과 광선이 이루는 각도 θ에 의하여 X가 결정된다.

X의 누적분포함수는

$$\text{Prob}[X \le x] = \text{Prob}[\tan\theta \le x] = \text{Prob}[\theta \le \arctan x] = \frac{\arctan x - \left(-\frac{\pi}{2}\right)}{\pi} = \frac{1}{2} + \frac{\arctan x}{\pi}$$

이다.

따라서 구하고자 하는 확률밀도함수는

$$f(x) = \frac{d}{dx}\left[\frac{1}{2} + \frac{\arctan x}{\pi}\right] = \frac{1}{\pi(1+x^2)}$$

이 된다. ◆

X의 확률밀도함수가

$$f(x;\alpha,\beta)=\frac{\beta}{\pi(\beta^2+(x-\alpha)^2)}$$

일 때, X는 코시 분포를 따른다고 말한다. 코시 분포에는 위치모수 $\alpha>0$와 척도모수 $\beta>0$가 포함되어 있다.

코시 분포를 모의실험하기 위한 방법을 두 가지 알아보자.

11.9.2 확률적분변환

11.9.2.1 이론

첫 번째 방법은 확률적분변환을 이용하는 방법이다.

코시 분포를 따르는 확률변수 X의 누적분포함수는

$$\int_{-\infty}^{x}\frac{\beta}{\pi(\beta^2+(t-\alpha)^2)}dt=\frac{1}{\pi}\left[\arctan\frac{t-\alpha}{\beta}\right]_{t=-\infty}^{x}=\frac{1}{\pi}\arctan\frac{x-\alpha}{\beta}+\frac{1}{2}$$

이다.

위의 결과를 U와 같다고 놓은 뒤에 X에 대하여 풀면

$$\frac{1}{\pi}\arctan\frac{X-\alpha}{\beta}+\frac{1}{2}=U,$$

$$\frac{X-\alpha}{\beta}=\tan\left[\left(U-\frac{1}{2}\right)\pi\right],$$

$$X=\alpha+\beta\tan\left[\left(U-\frac{1}{2}\right)\pi\right]=\alpha-\beta\tan\left[\frac{\pi}{2}-U\pi\right]=\alpha-\frac{\beta}{\tan U\pi}$$

을 얻는다.

11.9.3 정규분포로부터 유도

11.9.3.1 이론

두 번째 방법에서는 정규분포로부터 코시 분포를 유도한다.

이 방법을 알아보기 전에 우선 알아두어야 할 정리가 있다.

정리: 두 확률변수 X와 Y의 결합확률밀도함수를 f라고 하면, 새로운 확률변수 $W=\frac{X}{Y}$의 확률밀도함수는

$$f_W(w)=\int_{-\infty}^{\infty}|y|f(wy,y)dy$$

이 된다. ◆

문제: 서로 독립인 두 확률변수 $X\sim\text{Normal}(0,\sigma_X)$와 $Y\sim\text{Normal}(0,\sigma_Y)$가 있다. 새로운 확률변수 $W=\frac{X}{Y}$의 확률밀도함수를 구하여라.

풀이: 먼저 X와 Y의 결합확률밀도함수를 구해보면

$$f(x,y)=\frac{1}{2\pi\sigma_X\sigma_Y}\exp\left[-\frac{x^2}{2\sigma_X{}^2}-\frac{y^2}{2\sigma_Y{}^2}\right]$$

이다.

W의 확률밀도함수는

$$f_W(w) = \int_{-\infty}^{\infty} |y| \frac{1}{2\pi\sigma_X\sigma_Y} \exp\left[-\frac{y^2w^2}{2\sigma_X{}^2} - \frac{y^2}{2\sigma_Y{}^2}\right] dy = \frac{1}{\pi\sigma_X\sigma_Y} \int_0^{\infty} y \exp\left[-\frac{y^2w^2}{2\sigma_X{}^2} - \frac{y^2}{2\sigma_Y{}^2}\right] dy$$

$$= \frac{1}{-2\pi\sigma_X\sigma_Y\left(\frac{w^2}{2\sigma_X{}^2} + \frac{1}{2\sigma_Y{}^2}\right)} \left[\exp\left[-y^2\left(\frac{w^2}{2\sigma_X{}^2} + \frac{1}{2\sigma_Y{}^2}\right)\right]\right]_{y=0}^{\infty} = \frac{1}{\pi\left(\frac{\sigma_Y}{\sigma_X}w^2 + \frac{\sigma_X}{\sigma_Y}\right)}$$

이다. 이것은 $\alpha = 0$이고 $\beta = \frac{\sigma_X}{\sigma_Y}$인 코시 분포의 확률밀도함수이다. ◆

11.12 어랑 분포(Erlang distribution)

11.12.1 개론

확률밀도함수가

$$f(x; \alpha, \beta) = \frac{\beta^\alpha}{(\alpha - 1)!} x^{\alpha-1} e^{-\beta x} \quad (0 \le x)$$

으로 주어지면, 확률변수 X는 형태모수 α가 자연수이고 척도모수가 $\beta > 0$인 어랑 분포를 따른다고 말하고 $X \sim \mathrm{Erlang}(\alpha, \beta)$으로 표기한다.

어랑 분포를 모의실험하는 방법은 다음과 같다.

우선 $Y \sim \mathrm{Erlang}(\alpha, 1)$를 발생시킨 다음 $X = \frac{Y}{\beta}$를 처리해 준다.

그렇다면 어떻게 $Y \sim \mathrm{Erlang}(\alpha, 1)$를 발생시킬 것인가? 여기에서 Y의 확률밀도함수는

$$f(x; \alpha, 1) = \frac{1}{(\alpha - 1)!} x^{\alpha-1} e^{-x}$$

이다.

11.12.2 확률적분변환

11.12.2.1 이론

$\beta = 1$이고 $\alpha = 1$인 어랑 분포는 지수분포이다. 따라서 이 경우에 우리는 확률적분변환을 사용하여 쉽게 어랑 분포를 구현할 수 있다.

11.12.3 재생성을 활용

11.12.3.1 이론

$\beta=1$이고 $\alpha\neq 1$인 자연수인 경우, 어랑 분포의 재생성(reproductive property)을 이용하여 어렵지 않게 구현할 수 있다. 즉 서로 독립이고 Erlang(1,1)를 따르는 α개의 확률변량들을 더해줌으로써 Erlang(α, 1)를 얻는다.

11.13 감마분포(gamma distribution)

11.13.1 개론

기억을 되살리는 차원에서, 카이제곱분포를 공부할 때 정의했던 감마함수(gamma function)를 다시 한 번 정의하자.

우리는 감마함수를

$$\Gamma(\alpha)\equiv\int_0^\infty t^{\alpha-1}e^{-t}dt$$

과 같이 정의한다. 감마함수는 자연수를 제외한 정수에서 정의되지 않는다.

감마함수의 그래프는

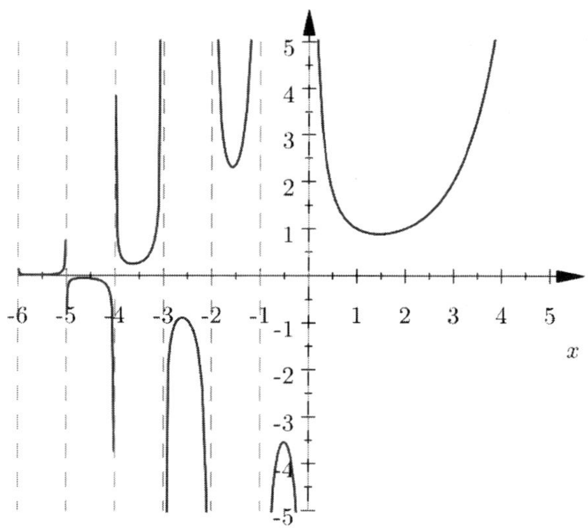

과 같다.

감마함수로부터 감마분포의 확률밀도함수를 유도하여 보자.

감마함수의 정의식에서 $t=\beta x$으로 치환하면

$$\Gamma(\alpha)=\int_0^\infty(\beta x)^{\alpha-1}e^{-\beta x}\beta dx=\int_0^\infty\beta^\alpha x^{\alpha-1}e^{-\beta x}dx\quad(0<\beta)$$

이 된다.

위의 식은

$$1 = \int_0^\infty \frac{\beta^\alpha}{\Gamma(\alpha)} x^{\alpha-1} e^{-\beta x} dx$$

으로 변형된다. 이 식으로부터 우리는 피적분함수를 어떤 확률밀도함수로 생각할 수 있다.

확률밀도함수가

$$f(x;\alpha,\beta) = \frac{\beta^\alpha}{\Gamma(\alpha)} x^{\alpha-1} e^{-\beta x} \quad (0 \le x)$$

으로 주어지면, 확률변수 X 는 형태모수가 $\alpha > 0$ 이고 척도모수가 $\beta > 0$ 인 감마분포를 따른다고 말하고 $X \sim \text{Gamma}(\alpha,\beta)$로 표기한다.

$X \sim \text{Gamma}(\alpha,\beta)$의 평균은 $\frac{\beta}{\alpha}$이고 분산은 $\frac{\beta^2}{\alpha}$이다.

감마분포를 모의실험하는 방법은 다음과 같다.

우선 $Y \sim \text{Gamma}(\alpha,1)$를 발생시킨 다음 $X = \frac{Y}{\beta}$를 처리해 준다.

그렇다면 어떻게 $Y \sim \text{Gamma}(\alpha,1)$를 발생시킬 것인가? 여기에서 Y의 확률밀도함수는

$$f(y;\alpha,1) = \frac{1}{\Gamma(\alpha)} x^{\alpha-1} e^{-x}$$

이다.

형태모수가 자연수인 감마분포는 어랑 분포이다. 따라서 우리는 자연수가 아닌 형태모수를 가지는 감마분포만 구현하면 된다.

11.13.2 기각법

11.13.2.1 이론

형태모수 α가 자연수가 아닐 경우, 어떻게 감마분포를 모의실험할 수 있을까? 우리는 기각법으로 그 문제를 해결할 수 있다. 우리는 지금까지 각각의 상황에 따라 그에 알맞은 알고리즘을 적용하여 문제를 해결하였다. 기각법은 분포를 모의실험하는 일반적인 알고리즘이다. 일반적이란 말의 뜻은 확률밀도함수가 어떤 형태이든지간에 모의실험을 할 수 있다는 것을 의미한다. 만능의 방법이라는 말이다. 항상 가능한 방법이기 때문에 알고리즘이 다소 복잡하다. 이것은 단점이라기보다는 당연하다고 해야 할 것이다. 수학자 노이만[3]이 기각법의 시초자라고 할 수 있다.

밀도함수가 $g(x)$인 확률변수를 생성하는 방법을 이미 알고 있다고 하자. $g(x)$으로부터 Y를 생성한 후 $\frac{f(Y)}{g(Y)}$에 비례하는 확률로 생성된 Y를 합격시킴으로써 밀도함수가 $f(x)$인 확률변수를 생성할 수 있다. 모든 y값에 대하여 $\frac{f(Y)}{g(Y)} \le C$를 만족하는 상수 $C \ge 1$를 구한다.

---

[3] John von Neumann

Born: 28 Dec 1903 in Budapest, Hungary

Died: 8 Feb 1957 in Washington D.C., USA

그러면 기각법은

㉮ 서로 독립인 확률변수 $U \sim \text{Uniform}(0,1)$와 Y를 생성한다. 여기에서 Y의 확률밀도함수는 g이다.
㉯ 만일 $U \le \frac{f(Y)}{Cg(Y)}$이면 Y를 받아들여 $X = Y$으로 하고, $U > \frac{f(Y)}{Cg(Y)}$이면 단계㉮로 간다.

와 같이 두 단계로 기술된다.

결국 조건을 만족하는 C와 $g(x)$의 쌍을 구하는 것이 핵심이다.

한편 $0 < \frac{f(Y)}{Cg(Y)} \le 1$이 성립한다. 확인하여 보아라.

이제 기각법으로 확률밀도함수가 $f(x) = \frac{1}{\Gamma(\alpha)} x^{\alpha-1} e^{-x}$인 감마분포를 모의실험하여 보자. 여기에서 $0 < \alpha < 1$이다.

우리는 x의 범위에 따라

$$x^{\alpha-1} e^{-x} = \begin{cases} x^{\alpha-1} & (0 \le x \le 1) \\ e^{-x} & (1 < x) \end{cases}$$

이 성립함을 알 수 있다.

따라서

$$\frac{1}{\Gamma(\alpha)} x^{\alpha-1} e^{-x} \le Cg(x) = \begin{cases} \dfrac{x^{\alpha-1}}{\Gamma(\alpha)} & (0 \le x \le 1) \\ \dfrac{e^{-x}}{\Gamma(\alpha)} & (1 < x) \end{cases}$$

을 생각할 수 있다.

상수 C와 $g(x)$가 조건을 만족하도록 $C \ge 1$와 $g(x)$의 쌍을 구해 보면

$$C = \frac{1}{\Gamma(\alpha)} \left(\frac{1}{\alpha} + \frac{1}{e} \right), \quad g(x) = \begin{cases} \dfrac{x^{\alpha-1}}{\frac{1}{\alpha} + \frac{1}{e}} & (0 \le x \le 1) \\ \dfrac{e^{-x}}{\frac{1}{\alpha} + \frac{1}{e}} & (1 < x) \end{cases}$$

이다. 또한

$$\frac{f(x)}{Cg(x)} = \begin{cases} e^{-x} & (0 \le x \le 1) \\ x^{\alpha-1} & (1 < x) \end{cases}$$

이 $0 < \frac{f(Y)}{Cg(Y)} \le 1$을 만족함을 확인할 수 있다.

결국 $0 < \alpha < 1$인 감마분포를 아래의 알고리즘

㉮ 서로 독립인 확률변수 $U \sim \text{Uniform}(0,1)$와 Y를 생성한다. 여기에서 Y의 확률밀도함수는 $g(y)$이다.
㉯ 만일 $U \le \begin{cases} e^{-Y} & (0 \le Y \le 1) \\ Y^{\alpha-1} & (1 < Y) \end{cases}$이면 Y를 받아들여 $X = Y$으로 하고, $U > \begin{cases} e^{-Y} & (0 \le Y \le 1) \\ Y^{\alpha-1} & (1 < Y) \end{cases}$이면 단계㉮로 간다.

으로 모의실험할 수 있다.

11.15 막스웰-볼츠만 분포

11.15.1 개론

물리학에서 중요한 역할을 하는 분포이다. 이 분포는 기체분자의 속력에 관한 분포이다. 이 분포에 대한 확률밀도함수는

$$f(v)=\frac{2m}{kT}\sqrt{\frac{m}{2\pi kT}}v^2\exp\left[-\frac{m}{2kT}v^2\right]\quad(0\le v)$$

이다. 여기에서 v은 기체분자의 속력, m은 질량, T는 온도, k는 볼츠만 상수이다.

온도 300K의 실온(room temperature)에서 질량이 3.346×10^{-27}kg인 수소기체분자의 속력 분포를 그래프로 나타내어 보면

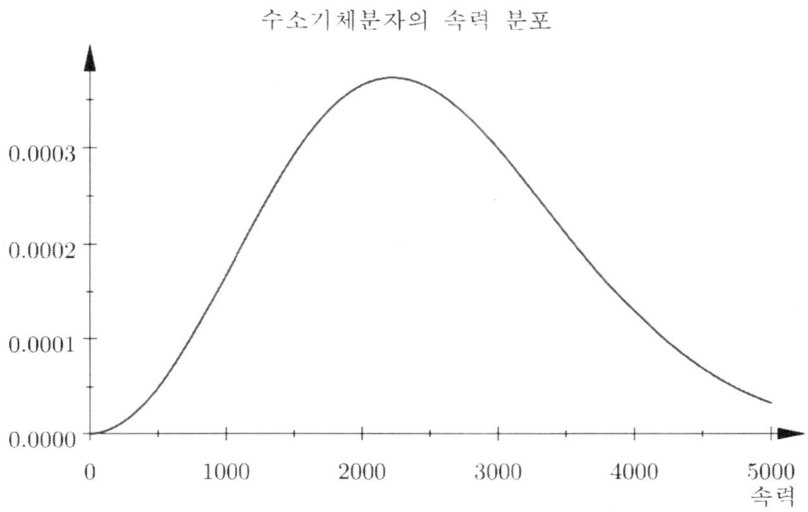

과 같다.

최빈속력(most probable speed)을 계산하기 위하여

$$\frac{df(v)}{dv}=\frac{2m}{kT}\sqrt{\frac{m}{2\pi kT}}\left(2v\exp\left[-\frac{m}{2kT}v^2\right]-\frac{m}{kT}v^3\exp\left[-\frac{m}{2kT}v^2\right]\right)=0$$

을 풀면 $v=\sqrt{\frac{2kT}{m}}$이다.

평균속력을 계산하여 보면

$$\langle v\rangle=\int_0^\infty vf(v)dv=\sqrt{\frac{8kT}{\pi m}}$$

을 얻는다.

제곱평균제곱근 속력(root-mean square speed)을 계산하여 보면

$$\sqrt{\langle v^2\rangle}=\sqrt{\int_0^\infty v^2f(v)dv}=\sqrt{\frac{3kT}{m}}$$

을 얻는다.

위의 식들로부터 최빈속력과 평균속력과 제곱평균제곱근 속력의 비율은

$$\sqrt{\frac{2kT}{m}}:\sqrt{\frac{8kT}{\pi m}}:\sqrt{\frac{3kT}{m}}=\sqrt{2}:\sqrt{\frac{8}{\pi}}:\sqrt{3}$$

임을 알 수 있다.

막스웰[4]과 볼츠만[5] 둘 다 물리학자이다. 통계적으로 기체들을 취급함으로써 막스웰은 1866년에 기체들의 막스웰-볼츠만 기체운동론(kinetic theory of gas)을 볼츠만과 독립적으로 공식화했다. 볼츠만은 1871년에 막스웰-볼츠만 분포를 얻었다.

11.15.2 기각법

11.15.2.1 이론

확률밀도함수가 $g(v)=\frac{v^2e^{-v}}{2}$인 분포를 생각하자. 여기에서 $0\le v$이다.

$\frac{f(v)}{g(v)}$을 계산하여 보면

$$\frac{f(v)}{g(v)}=\frac{4m}{kT}\sqrt{\frac{m}{2\pi kT}}\exp\left[\frac{kT}{2m}\right]\exp\left[-a\left(v-\frac{kT}{m}\right)^2\right]\le\frac{4m}{kT}\sqrt{\frac{m}{2\pi kT}}\exp\left[\frac{kT}{2m}\right]$$

이다. 따라서 $\frac{4m}{kT}\sqrt{\frac{m}{2\pi kT}}\exp\left[\frac{kT}{2m}\right]$을 C로 택한다.

이제 기각법을 적용할 준비가 다 되었다. 그 과정은

㉮ 서로 독립인 확률변수 $U\sim\text{Uniform}(0,1)$와 Y를 생성한다. Y의 확률밀도함수는 $g(y)$이다.
㉯ 만일 $U\le\exp\left[-a\left(Y-\frac{kT}{m}\right)^2\right]$이면 $V=Y$으로 하고, $U>\exp\left[-a\left(Y-\frac{kT}{m}\right)^2\right]$이면 단계㉮로 간다.

와 같다.

여기까지 모두 이해를 했다고 해서 끝난 것이 아니다. 우리는 단계㉮에서 확률변수 Y를 생성할 수 있다고 미리 가정하였다. 이것은 어떻게 발생시키는가? 사실 우리는 Y를 모의실험하는 방법을 이미 공부하였다. 확률변수 Y는 $\alpha=3$이고 $\beta=1$인 감마분포이다.

---

4 James Clerk Maxwell, 1831~1879

5 Ludwig Boltzmann, 1844~1906

11.17 베르누이 분포(Bernoulli distribution)

11.17.1 이론

동전을 던졌을 때 앞면이 나오는지 뒷면이 나오는지 알아보는 실험, 남자와 여자로 구별되는 신생아의 성별, 양품과 불량품으로 판정되는 어떤 제품의 품질검사의 결과 등과 같이 오직 두 가지 형태로만 결과가 나타나는 시행을 베르누이 시행(Bernoulli process)이라고 한다. 이때 이런 두 가지 형태의 결과를 보통 성공과 실패로 나타낸다. 베르누이 시행은

(1) 실험은 n번 반복된다.
(2) 각 시행은 성공이나 실패로 분류된다.
(3) 성공할 확률 p은 매 시행 때마다 항상 동일하다.
(4) 각 시행은 서로 독립이다.

와 같은 성질들을 만족해야 한다.

베르누이 확률변수는

$$X(\omega) \equiv \begin{cases} 1 & (\omega \in E) \\ 0 & (\omega \in E^C) \end{cases}$$

으로 정의된다. 여기에서 E은 성공을 의미하고 E^C은 실패를 의미한다.

베르누이 확률변수 X의 평균은 $\langle X \rangle = p$이고 분산은 $\text{var}[X] = p(1-p)$이다.

베르누이 분포의 확률질량함수는

$$f(x;p) = p^x(1-p)^{1-x}$$

이다. 여기에서 x는 0이나 1의 값만 가질 수 있다.

베르누이 분포는 이항분포의 기초가 된다.

11.18 이항분포(binomial distribution)

11.18.1 개론

전년도까지의 평균타율이 3할 1푼 4리였던 이종범 선수의 올해 현재까지의 타수가 82타수이었다. 올해 이종범 선수는 몇 개의 안타를 쳤을까?

위의 문제는 이항분포에 관한 것이다. 그럼 이항분포는 무엇일까?

베르누이 시행을 n번 반복한다고 하자. j번째 베르누이 시행에서의 베르누이 확률변수를 X_j라고 하면

$$\text{Prob}[X_j = 0] = 1 - p, \quad \text{Prob}[X_j = 1] = p$$

이다.

이때 $X = X_1 + X_2 + \cdots + X_{n-1} + X_n$는 n번의 베르누이 시행에서 성공한 횟수이므로, X의 확률질량함수는

$$f(x; n, p) = \binom{n}{x} p^x (1-p)^{n-x} I_{(0,1,2,3,\cdots)}(x) = \frac{n!}{x!\,(n-x)!} p^x (1-p)^{n-x} I_{(0,1,2,3,\cdots)}(x)$$

이 된다.

보기를 들어 $n = 10$이고 $p = 0.33$인 이항분포는

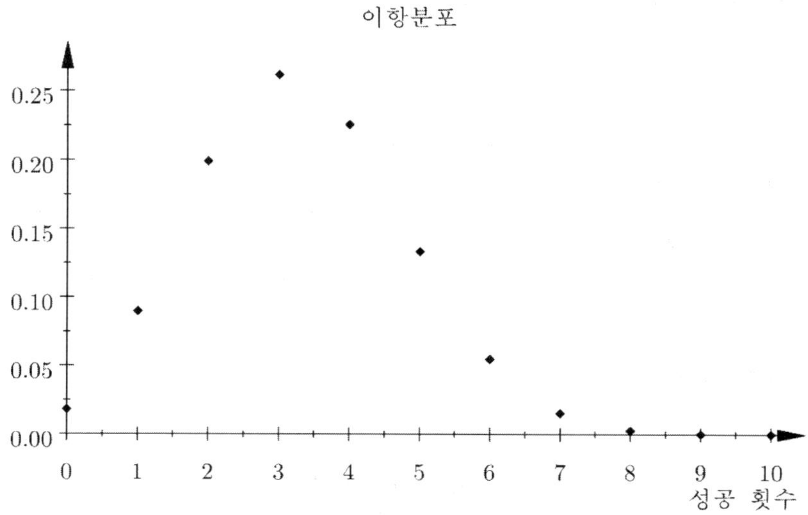

와 같다.

위의 이항분포의 평균은 $\mu = np$이고 분산은 $\sigma^2 = np(1-p)$이다.

증명은 독자에게 남긴다.

11.18.2 소스 코드

```
#include <stdlib.h>
#include <time.h>
#include <stdio.h>
#define limit 100000

int Bernoulli(double);
int Binomial(int, double);
void Probability(void);

int number, x[limit];
double pro[limit];

void main( void )
{
    int count;
    double p, populMean, populVar, sum=0.0, sampleMean, sumSquare=0.0, sampleVar;
    srand( (unsigned)time( NULL ) );
```

```
    printf( "₩n <1> 발생 마구잡이수: " );
    scanf( "%d", &number );
    printf( "₩n <2> 성공할 확률: " );
    scanf( "%lf", &p );

    populMean = number * p;
    populVar = number * p * (1.0-p);

    for (count=0; count<number; count++)
    {
        x[count] = Binomial(number, p);
        sum += x[count];
    }

    sampleMean = sum / number;

    for (count=0; count<number; count++)
        sumSquare += (x[count]-sampleMean) * (x[count]-sampleMean);

    sampleVar = sumSquare / number;

    printf( "₩n <3> 발생 마구잡이수" );
    printf( "₩n  모평균은 %lf이고 모분산은 %lf이다.", populMean, populVar );
    printf( "₩n  표본평균은 %lf이고 표본분산은 %lf이다.₩n", sampleMean, sampleVar );

    for (count=0; count<number; count++)
        printf( "%5d", x[count] );

    printf( "₩n" );
    Probability();

    for (count=0; count<=number; count++)
        printf( " Pr(X=%2d)=%.5lf ", count, pro[count] );

    printf( "₩n₩n₩n" );
}

// Returns 1 with probability p or 0 with probability 1-p.
// NOTE: use 0.0≤p≤1.0
int Bernoulli(double p)
{
    return double(rand())/RAND_MAX<(1.0-p) ? 0 : 1;
}

// Returns a binomial distributed integer between 0 and n inclusive.
// NOTE: use n>0 and 0.0≤p≤1.0
int Binomial(int number, double p)
{
    int count, nn=0;

    for (count=0; count<number; count++)
        nn += Bernoulli(p);

    return nn;
}

void Probability(void)
{
```

```
    int count, j, temp[limit]={-1,};

    for (count=0; count<=number; count++)
    {
        j = x[count];
        temp[j] += 1;
    }

    for (count=0; count<=number; count++)
        pro[count] = (double)temp[count] / double(number);
}
```

11.18.3 실행 결과

```
<1> 발생 마구잡이수: 82

<2> 성공할 확률: 0.314

<3> 발생 마구잡이수
 모평균은 25.7480000이고 모분산은 17.6631280이다.
 표본평균은 25.3170730이고 표본분산은 12.1921480이다.
  28   28   30   19   25   25   26   28   25   26   30   28   25   24   28   24   20   25
  22   29   26   22   27   27   17   22   25   25   25   23   20   30   22   18   26   23
  26   24   28   22   27   25   33   24   26   20   22   19   25   25   24   25   22   21
  26   31   22   32   25   27   24   24   22   24   31   29   25   26   29   31   35   28
  21   25   20   26   29   29   26   29   22   27
Pr(X= 0)=0.00000  Pr(X= 1)=0.00000  Pr(X= 2)=0.00000  Pr(X= 3)=0.00000  Pr(X= 4)=0.00000
Pr(X= 5)=0.00000  Pr(X= 6)=0.00000  Pr(X= 7)=0.00000  Pr(X= 8)=0.00000  Pr(X= 9)=0.00000
Pr(X=10)=0.00000  Pr(X=11)=0.00000  Pr(X=12)=0.00000  Pr(X=13)=0.00000  Pr(X=14)=0.00000
Pr(X=15)=0.00000  Pr(X=16)=0.00000  Pr(X=17)=0.01220  Pr(X=18)=0.01220  Pr(X=19)=0.02439
Pr(X=20)=0.04878  Pr(X=21)=0.02439  Pr(X=22)=0.12195  Pr(X=23)=0.02439  Pr(X=24)=0.09756
Pr(X=25)=0.18293  Pr(X=26)=0.12195  Pr(X=27)=0.06098  Pr(X=28)=0.08537  Pr(X=29)=0.07317
Pr(X=30)=0.03659  Pr(X=31)=0.03659  Pr(X=32)=0.01220  Pr(X=33)=0.01220  Pr(X=34)=0.00000
Pr(X=35)=0.01220  Pr(X=36)=0.00000  Pr(X=37)=0.00000  Pr(X=38)=0.00000  Pr(X=39)=0.00000
Pr(X=40)=0.00000  Pr(X=41)=0.00000  Pr(X=42)=0.00000  Pr(X=43)=0.00000  Pr(X=44)=0.00000
Pr(X=45)=0.00000  Pr(X=46)=0.00000  Pr(X=47)=0.00000  Pr(X=48)=0.00000  Pr(X=49)=0.00000
Pr(X=50)=0.00000  Pr(X=51)=0.00000  Pr(X=52)=0.00000  Pr(X=53)=0.00000  Pr(X=54)=0.00000
Pr(X=55)=0.00000  Pr(X=56)=0.00000  Pr(X=57)=0.00000  Pr(X=58)=0.00000  Pr(X=59)=0.00000
Pr(X=60)=0.00000  Pr(X=61)=0.00000  Pr(X=62)=0.00000  Pr(X=63)=0.00000  Pr(X=64)=0.00000
Pr(X=65)=0.00000  Pr(X=66)=0.00000  Pr(X=67)=0.00000  Pr(X=68)=0.00000  Pr(X=69)=0.00000
Pr(X=70)=0.00000  Pr(X=71)=0.00000  Pr(X=72)=0.00000  Pr(X=73)=0.00000  Pr(X=74)=0.00000
Pr(X=75)=0.00000  Pr(X=76)=0.00000  Pr(X=77)=0.00000  Pr(X=78)=0.00000  Pr(X=79)=0.00000
Pr(X=80)=0.00000  Pr(X=81)=0.00000  Pr(X=82)=0.00000
```

11.19 기하분포(geometric distribution)

11.19.1 개론

어떤 제조공정에서 생산된 제품들은 평균적으로 25개당 1개가 불량품이다. 9번째로 품질검사를 하고 있는 제품이 처음으로 발견된 불량품일 확률은?

위의 문제는 기하분포와 관련되어 있다. 기하분포는 어떤 분포일까?

성공할 확률이 p인 시행을 독립적으로 반복한다. 처음으로 성공할 때까지 실시한 시행의 횟수를 확률변수 X라고 하자. 이때 확률변수의 확률질량함수는

$$f(x;p) = p(1-p)^{x-1} I_{(1,2,3,\cdots)}(x)$$

이다. 이것을 기하분포라고 한다.

기하분포를 따르는 확률변수의 평균은 $\mu = \frac{1}{p}$이고 분산은 $\sigma^2 = \frac{1-p}{p^2}$이다.

증명은 독자에게 남긴다.

11.19.2 정의에 의하여

11.19.2.1 이론

우리는 기하분포를 쉽게 모의실험할 수 있다. 균등마구잡이수가 주어진 확률 p보다 클 때까지 균등마구잡이수를 발생시키면서 균등마구잡이수의 발생횟수를 센다. 여기에 1를 더하면 된다.

이항분포와 기하분포의 개념이 비슷하다고 느끼는 사람이 많을 것이다. 이항분포에서는 시행횟수가 정해진 상태에서 성공의 횟수를 따지고, 기하분포에서는 처음 성공할 때까지의 시행횟수를 따진다.

기하분포는 기억하지 못하는 성질(memoryless property)을 가지고 있다. 과거에 a번 이상 실패했는데 앞으로 b번 이상 더 실패할 확률이나 처음 시작하여 앞으로 b번 이상 실패할 확률이나 동일하다.

11.19.2.2 소스 코드

```
#include <stdlib.h>
#include <time.h>
#include <stdio.h>
#define limit 100000

int Geometric(double);
void Probability(void);

int number, x[limit], max;
double pro[limit];

void main( void )
{
    int count;
    double p, populMean, populVar, sum=0.0, sampleMean, sumSquare=0.0, sampleVar;
    srand( (unsigned)time( NULL ) );
```

```
    printf( "￦n <1> 마구잡이수의 개수: " );
    scanf( "%d", &number );
    printf( "￦n <2> 성공할 확률: " );
    scanf( "%lf", &p );

    populMean = 1.0 / p;
    populVar = (1.0-p) / (p*p);

    for (count=0; count<number; count++)
    {
        x[count] = Geometric(p);
        sum += x[count];

        if ( x[count]>max )
            max = x[count];
    }

    sampleMean = sum / number;

    for (count=0; count<number; count++)
        sumSquare += (x[count]-sampleMean) * (x[count]-sampleMean);

    sampleVar = sumSquare / number;

    printf( "￦n <3> 발생 마구잡이수" );
    printf( "￦n  모평균은 %lf이고 모분산은 %lf이다.", populMean, populVar );
    printf( "￦n  표본평균은 %lf이고 표본분산은 %lf이다.￦n", sampleMean, sampleVar );

    for (count=0; count<number; count++)
        printf( "%5d", x[count] );

    printf( "￦n" );
    Probability();

    for (count=1; count<max+1; count++)
        printf( " Pr(X=%3d)=%.4lf ", count, pro[count] );

    printf( "￦n￦n￦n" );
}

int Geometric(double p)
{
    int nn=1;

    while ( double(rand())/RAND_MAX>p )
        nn++;

    return nn;
}

void Probability(void)
{
    int count, j, temp[limit]={0,};

    for (count=0; count<number+1; count++)
    {
        j = x[count];
```

```
        temp[j]++;
    }

    for (count=1; count<max+1; count++)
        pro[count] = (double)temp[count] / double(number);
}
```

11.19.2.3 실행 결과

```
<1> 마구잡이수의 개수: 165

<2> 성공할 확률: 0.04

<3> 발생 마구잡이수
 모평균은 25.0000000이고 모분산은 600.0000000이다.
 표본평균은 22.0060061이고 표본분산은 418.4908720이다.
  10  11  24  22   7  49  16  12  33  15  12   2  36  55  27   8   5  13
   5  12   2  59  38  13   6  19  15   6  27   7   3   2   5  16  10  17
  18  15  13  22   4  48   5  85   3   6   6  27  12  12  15  14  12   4
  29  50  70   2   8  71  12  17   2  15  12   9   6  23  35  83  51  42
  24  57  51   9  49   3  46  34  21   7  11  35  87   4   7  59   7  17
   5   5  41   8   7  14  42  88  17   5   2   9  16  10   6  12  58  30
  75   1   7  53  34  14  35  11   8   9   2  51   1  10   2  11  33   2
   2  70  26  20  74   9  18   9  19  13   8   9   4  44   1  23  28  34
  16  23  43  30  53  20  27   6  53   4  35   5  39  12   7  17   6  34
  11   1  39
Pr(X=  1)=0.0242  Pr(X=  2)=0.0606  Pr(X=  3)=0.0182  Pr(X=  4)=0.0303  Pr(X=  5)=0.0485
Pr(X=  6)=0.0485  Pr(X=  7)=0.0485  Pr(X=  8)=0.0303  Pr(X=  9)=0.0424  Pr(X= 10)=0.0242
Pr(X= 11)=0.0303  Pr(X= 12)=0.0606  Pr(X= 13)=0.0242  Pr(X= 14)=0.0182  Pr(X= 15)=0.0303
Pr(X= 16)=0.0242  Pr(X= 17)=0.0303  Pr(X= 18)=0.0121  Pr(X= 19)=0.0121  Pr(X= 20)=0.0121
Pr(X= 21)=0.0061  Pr(X= 22)=0.0121  Pr(X= 23)=0.0182  Pr(X= 24)=0.0121  Pr(X= 25)=0.0000
Pr(X= 26)=0.0061  Pr(X= 27)=0.0242  Pr(X= 28)=0.0061  Pr(X= 29)=0.0061  Pr(X= 30)=0.0121
Pr(X= 31)=0.0000  Pr(X= 32)=0.0000  Pr(X= 33)=0.0121  Pr(X= 34)=0.0242  Pr(X= 35)=0.0242
Pr(X= 36)=0.0061  Pr(X= 37)=0.0000  Pr(X= 38)=0.0061  Pr(X= 39)=0.0121  Pr(X= 40)=0.0000
Pr(X= 41)=0.0061  Pr(X= 42)=0.0121  Pr(X= 43)=0.0061  Pr(X= 44)=0.0061  Pr(X= 45)=0.0000
Pr(X= 46)=0.0061  Pr(X= 47)=0.0000  Pr(X= 48)=0.0061  Pr(X= 49)=0.0121  Pr(X= 50)=0.0061
Pr(X= 51)=0.0182  Pr(X= 52)=0.0000  Pr(X= 53)=0.0182  Pr(X= 54)=0.0000  Pr(X= 55)=0.0061
Pr(X= 56)=0.0000  Pr(X= 57)=0.0061  Pr(X= 58)=0.0061  Pr(X= 59)=0.0121  Pr(X= 60)=0.0000
Pr(X= 61)=0.0000  Pr(X= 62)=0.0000  Pr(X= 63)=0.0000  Pr(X= 64)=0.0000  Pr(X= 65)=0.0000
Pr(X= 66)=0.0000  Pr(X= 67)=0.0000  Pr(X= 68)=0.0000  Pr(X= 69)=0.0000  Pr(X= 70)=0.0121
Pr(X= 71)=0.0061  Pr(X= 72)=0.0000  Pr(X= 73)=0.0000  Pr(X= 74)=0.0061  Pr(X= 75)=0.0061
Pr(X= 76)=0.0000  Pr(X= 77)=0.0000  Pr(X= 78)=0.0000  Pr(X= 79)=0.0000  Pr(X= 80)=0.0000
Pr(X= 81)=0.0000  Pr(X= 82)=0.0000  Pr(X= 83)=0.0061  Pr(X= 84)=0.0000  Pr(X= 85)=0.0061
Pr(X= 86)=0.0000  Pr(X= 87)=0.0061  Pr(X= 88)=0.0061
```

11.19.3 확률적분변환

11.19.3.1 이론

확률적분변환이 연속형에만 존재하는 것은 아니다. 이산형에도 존재한다.

기하분포의 누적분포함수는

$$\begin{aligned}\mathrm{Prob}[X \le x] &= p + p(1-p) + p(1-p)^2 + p(1-p)^3 + \cdots + p(1-p)^{x-3} + p(1-p)^{x-2} + p(1-p)^{x-1} \\ &= \frac{p}{1-(1-p)}(1-(1-p)^x) = 1-(1-p)^x\end{aligned}$$

이다.

따라서

$$\begin{aligned}\text{Prob}[X=x] &= \text{Prob}[X \le x] - \text{Prob}[X \le x-1] = \text{Prob}\big[\text{Prob}[X \le x-1] \le U \le \text{Prob}[X \le x]\big] \\ &= \text{Prob}[1-(1-p)^{x-1} \le U \le 1-(1-p)^x] = \text{Prob}[(1-p)^{x-1} \ge 1-U \ge (1-p)^x] \\ &= \text{Prob}[(x-1)\log[1-p] \ge \log[1-U] \ge x\log[1-p]] = \text{Prob}\left[x-1 \le \frac{\log[1-U]}{\log[1-p]} \ge x\right]\end{aligned}$$

이 성립한다.

결론적으로, 우리는 기하확률변수를 $\left\lceil \frac{\log U}{\log[1-p]} \right\rceil$으로 모의실험할 수 있다. ⌈ ⌉는 ceiling brackets이다.

11.20 음이항분포(negative binomial distribution)

11.20.1 개론

성공 확률이 p인 베르누이 시행을 r번 성공할 때까지 독립적으로 반복할 경우에 필요한 시행의 횟수를 X라고 하면, 확률변수 X의 확률질량함수는

$$f(x;r,p) = \binom{x-1}{r-1} p^r q^{x-r} I_{(r,r+1,r+2,\cdots)}(x)$$

이 된다. 이것을 음이항분포라고 한다.

11.20.2 재생성을 활용

11.20.2.1 이론

서로 독립이고 모수가 p인 기하확률변수들 X_1, X_2, ⋯, X_{r-1}, X_r을 더하여 만들어지는 확률변수 X는 음이항분포가 된다.

11.21 푸아송 분포(Poisson distribution)

11.21.1 개론

1초 동안 계수기(counter)를 통과하는 방사성 입자들의 평균개수를 4.9개라고 하자. 6개의 입자들이 계수기를 통과할 확률은 얼마인가?

위의 문제는 푸아송 분포와 관련된 것이다.

푸아송[6]은 푸리에[7]의 뒤를 이어 교수가 된 프랑스의 수학자이다. 푸아송은 이항분포에서 시행횟수와 성공확률의 곱을 일정하게 유지하면서 시행횟수를 크게 하고 성공확률을 작게 하면 이항분포에 문제가 생긴다는 것을 보였다. 그가 그런 경우의 대안으로 내놓은 것이 푸아송 분포이다.

모수 $\lambda > 0$를 가지는 푸아송 분포의 확률질량함수는

$$f(x;\lambda) = \frac{e^{-\lambda}\lambda^x}{x!} I_{(0,1,2,3,\cdots)}(x)$$

이다.

보기를 들어 모수가 5일 경우

푸아송 분포

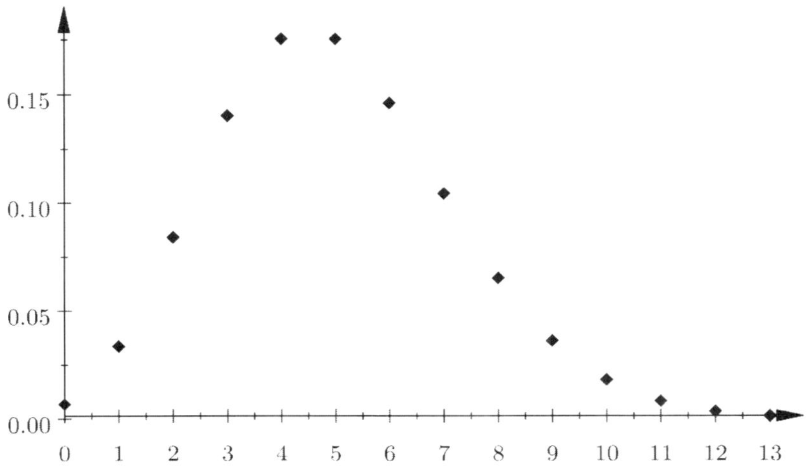

와 같다.

푸아송 분포 $f(x;\lambda)$의 평균과 분산은 둘 다 λ이다.

증명은 독자에게 남긴다.

11.21.2 Donald Erwin Knuth[8]의 방법

11.21.2.1 이론

단계㉮: $L = e^{-\lambda}$, $p = 1$, $count = 0$을 설정한다.

단계㉯: $U \sim \text{Uniform}(0,1)$을 발생시킨다.

단계㉰: $p \times U$를 계산한 값을 새로운 p으로 한다.

단계㉱: 만약 $p \geq L$이면, $count + 1$을 계산한 값을 새로운 $count$으로 한다.

단계㉲: 단계㉯로 간다.

---

6 Siméon Denis Poisson, 1781~1840

7 Jean Baptiste Joseph Fourier, 1768~1830

8 유명한 책인 The Art of Computer Programming을 집필한 컴퓨터 과학자

단계㉥: *count*의 값을 반환한다.

11.21.2.2. 소스 코드

```
#include <stdlib.h>
#include <time.h>
#include <stdio.h>
#include <math.h>
#define limit 100000

int Poisson(double);
void Probability(void);

int number, x[limit], min=1000, max;
double pro[limit];

void main( void )
{
    int count;
    double lambda, sum=0.0, sampleMean, sumSquare=0.0, sampleVar;
    srand((unsigned)time(NULL));

    printf( "₩n <1> 발생 마구잡이수: " );
    scanf( "%d", &number );
    printf( "₩n <2> 모수: " );
    scanf( "%lf", &lambda );

    for (count=0; count<number; count++)
    {
        x[count] = Poisson(lambda);
        sum += x[count];
    }

    sampleMean = sum / number;

    for (count=0; count<number; count++)
    {
        sumSquare += (x[count]-sampleMean) * (x[count]-sampleMean);

        if ( min>x[count] )
            min = x[count];

        if ( max<x[count] )
            max = x[count];
    }

    sampleVar = sumSquare / number;

    printf( "₩n <3> 발생 마구잡이수" );
    printf( "₩n  모평균은 %lf이고 모분산은 %lf이다.", lambda, lambda );
    printf( "₩n  표본평균은 %lf이고 표본분산은 %lf이다.₩n", sampleMean, sampleVar );

    for (count=0; count<number; count++)
        printf( "%4d", x[count] );

    printf( "₩n" );
    Probability();
```

```
    for (count=min; count<=max; count++)
        printf( "  Pr(X=%2d)=%lf  ", count, pro[count] );

    printf( "\n\n\n" );
}

/* ===================================================
 * Returns a Poisson distributed non-negative integer.
 * NOTE: use lambda>0
 * ===================================================
 */
int Poisson(double lambda)
{
    int sum=0;
    double L, p=1.0;

    L = exp(-lambda);

    for (;;)
    {
        p *= (rand()+0.5) / (RAND_MAX+1.0);

        if ( p>=L )
            sum++;
        else
            return sum;
    }
}

void Probability(void)
{
    int count, j, temp[limit]={0,};

    for (count=0; count<=number; count++)
    {
        j = x[count];
        temp[j]++;
    }

    for (count=0; count<=number; count++)
        pro[count] = (double)temp[count] / double(number);
}
```

11.21.2.3 실행 결과

```
<1> 발생 마구잡이수: 438

<2> 모수: 0.24

<3> 발생 마구잡이수
 모평균은 0.240000이고 모분산은 0.240000이다.
 표본평균은 0.232877이고 표본분산은 0.206042이다.
  1  0  0  0  1  0  0  0  1  0  1  0  1  0  0  0  1  0  0  1  0  0
1  1  0  0  1  0  0  0  0  1  1  1  0  1  0  1  0  0  0  1  0  0  0
  0  1  0  1  0  2  1  0  0  0  1  0  0  0  1  1  0  1  0  0  0  0
0  0  1  0  1  0  0  0  0  0  2  0  0  1  0  0  0  0  0  0  0  0  0
  0  0  0  0  1  0  0  0  1  0  0  0  0  0  0  0  0  0  1  0  0  1
0  0  1  0  2  0  0  0  1  0  0  0  0  0  0  0  0  0  0  0  1  0  0
```

```
   0   1   0   0   0   0   0   0   0   0   0   0   1   0   0   0   0   1   0   0   0   0
 0   1   1   0   1   0   0   0   0   0   0   1   0   1   0   1   0   0   0   0   0   0   0
   0   0   0   0   1   0   1   1   0   1   0   0   0   0   1   1   0   0   0   0   0   0
 0   0   0   1   1   0   0   0   1   0   0   0   0   0   0   0   0   0   2   0   0   0   0
   0   0   0   0   0   0   0   0   0   0   0   0   0   1   0   0   0   1   0   0   0   0
 1   0   1   0   1   0   0   0   0   0   0   1   1   0   0   0   0   0   0   0   1   0   0
   1   0   0   0   0   0   2   1   0   0   0   0   0   1   0   0   0   0   1   0   0   0
 1   0   0   0   1   0   0   0   1   0   0   0   0   1   0   0   0   0   0   0   0   0   0
   0   0   0   0   1   0   0   0   0   0   0   0   0   0   0   1   0   1   0   0   0   0
 0   0   0   0   1   0   0   0   1   0   1   0   0   0   0   0   0   0   1   1   1   0   0
   0   0   0   0   0   0   0   0   0   1   0   0   0   0   1   0   1   0   0   0   0   0
 1   0   0   0   0   0   0   0   1   0   0   0   0   0   0   0   0   0   0   1   0   1   1
   0   0   0   0   0   0   1   0   1   0   0   0   0   0   2   0   0   0   0   0   1   1
 0   0   0   0   0   1   1   0   0   0   0
  Pr(X= 0)=0.783105     Pr(X= 1)=0.205479     Pr(X= 2)=0.013699
```

11.22 연습 문제

문항1 이 책에서 구현하지 않은 여러 가지 확률분포를 모의실험하여라.

12 수치적분(numerical integration)

12.1 개론

적분의 기본 개념을 그대로 수치적으로 구현한 것이 수치적분(numerical integration)이다. 다시 말해서 적분을 정의하기 위해 어떤 구간을 많은 수의 조각으로 나눈 뒤에 그 조각들의 넓이를 합하는 것을 프로그램으로 구현하는 것이다.

알고리즘 측면에서 말한다면, 방정식의 근을 구하거나 행렬 연산 등의 다른 수치해법보다는 수치적분의 알고리즘을 이해하기가 훨씬 쉬울 것이다.

일반적으로 어떤 함수의 도함수(derivative)를 구하는 것은 역도함수(antiderivative)를 구하는 것보다 훨씬 쉽다. 그런데 수치해법에 관하여서는 그렇지 않다. 수치미분은 수치적분보다 훨씬 복잡하다.

이번 chapter에서 우리는 여러 가지 공식을 사용하여 직교좌표계와 극좌표계에서 수치적분을 해볼 것이다. 그리고 마지막에는 이중적분과 삼중적분을 공부한다. 여러 가지 공식이 나오는데, 기본적인 아이디어는 같다. 다만 어떤 공식이냐에 따라 실제 적분값에 얼마나 근접한 값이 나오는지 다를 뿐이다.

12.2 사다리꼴공식(trapezoidal rule)

12.2.1 이론

사다리꼴공식을 사용하여 연속함수 $f(x)$에 대하여 $\int_a^b f(x)dx$을 구해 보자.

아래의 그림

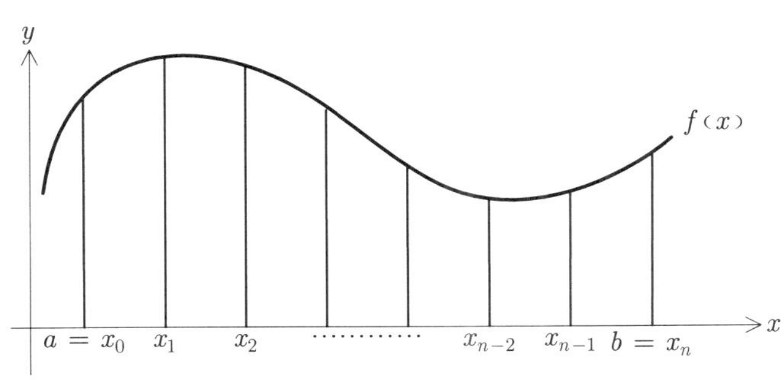

처럼 구간 $[a,b]$을 n등분하여 등분점을

$$a = x_0 < x_1 < x_2 < \cdots < x_{n-2} < x_{n-1} < x_n = b$$

이라고 한다.

그러고 나서

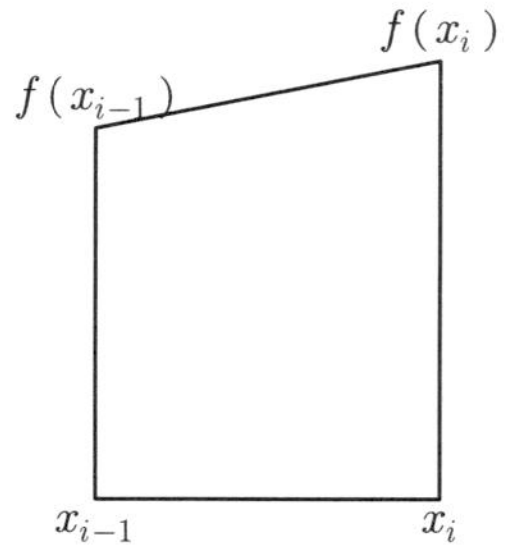

처럼 각 점 $(x_{i-1}, f(x_{i-1}))$과 $(x_i, f(x_i))$을 순서대로 선분(segment)으로 연결하면 사다리꼴(trapezoid)이 n개 생긴다.

사다리꼴들의 넓이의 합을 T_n이라고 하면, 이 값은 $\int_a^b f(x)dx$의 근사값이 된다. n을 크게 하면 할수록 T_n은 $\int_a^b f(x)dx$에 가까워진다.

위의 그림에서 사다리꼴의 넓이는

$$\frac{\big(f(x_{i-1}) + f(x_i)\big) \times (x_i - x_{i-1})}{2}$$

이다.

$h = \frac{b-a}{n}$이라고 하면, 모든 i에 대하여 $x_i - x_{i-1} = h$이므로

$$T_n = \frac{h}{2}\Big(\big(f(x_0) + f(x_1)\big) + \big(f(x_1) + f(x_2)\big) + \cdots + \big(f(x_{n-2}) + f(x_{n-1})\big) + \big(f(x_{n-1}) + f(x_n)\big)\Big)$$

이 된다.

위의 식을 정리하면

$$\int_a^b f(x)dx \approx T_n = \frac{h}{2}\left(f(x_0) + f(x_n) + 2\sum_{i=1}^{n-1} f(x_i)\right)$$

과 같이 쓸 수 있다.

그러면 구간 $]0, \infty[$에서 연속인 함수

$$f(x) = 3x\sin x - \log x$$

에 대하여 사다리꼴공식을 적용하여 정적분 $\int_{0.8}^{2.6} f(x)dx$을 구해 보자.

이 함수의 그래프는

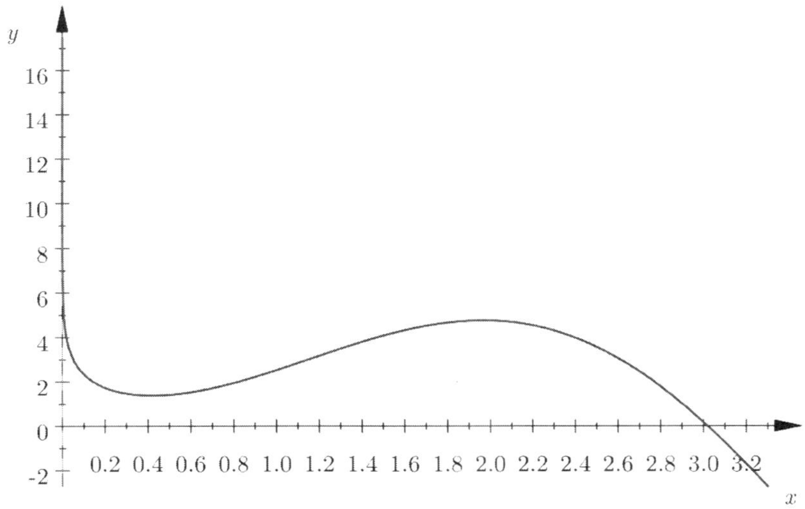

과 같다.

구간 [0.8,2.6]을 n등분한 후에, 등분점을

$$0.8 = x_0 < x_1 < x_2 < \cdots < x_{n-2} < x_{n-1} < x_n = 2.6$$

이라고 둔다.

n개의 사다리꼴 중에서 i번째 사다리꼴의 넓이는

$$\frac{\big(f(x_{i-1}) + f(x_i)\big) \times (x_i - x_{i-1})}{2}$$

이다. 여기에서

$$x_i - x_{i-1} = \frac{b-a}{n} = \frac{2.6-0.8}{n} = \frac{1.8}{n}$$

이다.

프로그램을 실행하여 얻은 결과와 Maple에서

```
> int( 3*x*sin(x)-log(x), x=0.8..2.6 );
```

명령으로 구한 적분값 6.887419623을 비교하여 보아라.

12.2.2 소스 코드

```
#include <stdio.h>
#include <math.h>

double lowerLimit, upperLimit, segmentSize;
int numberSegment;
double tempArea, area;

double Function( double x );

void main( void )
{
    printf( "₩n <1> 적분 아래 끝: " );
    scanf( "%lf", &lowerLimit );
```

```
    printf( "₩n <2> 적분 위 끝: " );
    scanf( "%lf", &upperLimit );
    printf( "₩n <3> 구간 개수: " );
    scanf( "%d", &numberSegment );

    segmentSize = (upperLimit-lowerLimit) / (double)numberSegment;
    tempArea = Function(lowerLimit) + Function(upperLimit);

    for (int i=1; i<numberSegment; i++)
        tempArea = tempArea + 2.0*Function(lowerLimit+(double)i*segmentSize);

    area = (segmentSize/2.0) * tempArea;
    printf( "₩n <4> 입력한 값들에 대한 결과: %20.16lf", area );
    printf( "₩n₩n₩n" );
}

double Function(double x)
{
    return 3.0*x*sin(x)-log(x);
}
```

12.2.3 실행 결과

```
 <1> 적분 아래 끝: 0.8

 <2> 적분 위 끝: 2.6

 <3> 구간 개수: 4576

 <4> 입력한 값들에 대한 결과:    6.8874195189631982
```

12.3 심프슨의 ⅓ 공식

12.3.1 이론

앞 section과 동일한 문제를 다른 공식으로 풀어 보자.

구간 $[a, b]$을 짝수 n등분하고, 그 등분점을

$$0.8 = x_0 < x_1 < x_2 < \cdots < x_{n-2} < x_{n-1} < x_n = 2.6$$

이라 둔다.

그러면 한 등분의 길이는

$$h = \frac{b-a}{n} = \frac{2.6-0.8}{n} = \frac{1.8}{n}$$

이고, $x_k = x_{k-1} + h$가 된다.

k가 짝수일 때 세 점 (x_{k-2}, y_{k-2})과 (x_{k-1}, y_{k-1})과 (x_k, y_k)을 지나는 포물선(parabola)과 x축 사이의 넓이는

$$\frac{h}{3}(y_{k-2} + 4y_{k-1} + y_k)$$

가 된다.

그러므로 이 넓이를 다 합한 것을 S_n이라고 하면

$$\begin{aligned} S_n &= \frac{h}{3}\left((y_0 + 4y_1 + y_2) + (y_2 + 4y_3 + y_4) + \cdots + (y_{n-4} + 4y_{n-3} + y_{n-2}) + (y_{n-2} + 4y_{n-2} + y_n)\right) \\ &= \frac{h}{3}(y_0 + 4y_1 + 2y_2 + 4y_3 + 2y_4 + \cdots + 2y_{n-4} + 4y_{n-3} + 2y_{n-2} + 4y_{n-1} + y_n) \\ &= \frac{h}{3}\left((y_0 + y_n) + 4(y_1 + y_3 + \cdots + y_{n-3} + y_{n-1}) + 2(y_2 + y_4 + \cdots + y_{n-4} + y_{n-2})\right) \end{aligned}$$

이 된다.

사다리꼴공식(trapezoidal rule)은 적분의 근사값을 구하기 위해 일차식인 직선을 이용하는 방법이고, 심프슨의 ⅓ 공식은 이차식인 포물선을 이용하는 방법이다.

사다리꼴공식(trapezoidal tule)과 비교하기 위해서 입력값들을 앞의 사다리꼴공식의 경우와 동일하게 입력한 후 결과를 비교하여 보아라. 또 앞에서와 같이 Maple에서 얻은 6.887419623와 비교하여 보아라.

12.3.2 소스 코드

```
#include <stdio.h>
#include <math.h>

double lower, upper, segmentSize;
int numberSegment;
double temp, area;

double Func( double x );

void main( void )
{
    printf( "₩n <1> 적분 아래 끝: " );
    scanf( "%lf", &lower );
    printf( "₩n <2> 적분 위 끝: " );
    scanf( "%lf", &upper );
    printf( "₩n <3> 구간 개수: " );
    scanf( "%d", &numberSegment );

    segmentSize = (upper-lower) / (double)numberSegment;
    temp = Func(lower) + Func(upper) + 4.0*Func(upper-segmentSize);

    for (int i=1; i<numberSegment-1; i=i+2)
        temp += 4.0*Func(lower+(double)i*segmentSize) + 2.0*Func(lower+(double)(i+1)*segmentSize);

    area = (segmentSize/3.0) * temp;
    printf( "₩n <4> 입력한 값들에 대한 결과: %20.16lf", area );
    printf( "₩n₩n₩n" );
}

double Func(double x)
{
```

```
    return exp(-(x-7.0)*(x-7.0));
}
```

12.3.3 실행 결과

<1> 적분 아래 끝: 0.8

<2> 적분 위 끝: 2.6

<3> 구간 개수: 4576

<4> 입력한 값들에 대한 결과: 6.8874196233541118

12.4 심프슨의 ⅜ 공식

12.4.1 이론

심프슨의 ⅜ 공식은 사다리꼴공식이나 심프슨의 ⅓ 공식과 같은 방법으로 유도할 수 있다.

구간 $[a,b]$을 3의 배수가 되도록 n등분하고, 그 등분점을

$$0.8 = x_0 < x_1 < x_2 < \cdots < x_{n-2} < x_{n-1} < x_n = 2.6$$

이라고 둔다.

그러면 한 등분의 길이는

$$h = \frac{b-a}{n} = \frac{2.6-0.8}{n} = \frac{1.8}{n}$$

이고, $x_k = x_{k-1} + h$가 된다.

k가 짝수일 때 네 점 (x_{k-3}, y_{k-3})과 (x_{k-2}, y_{k-2})과 (x_{k-1}, y_{k-1})과 (x_k, y_k)을 지나는 곡선과 x축 사이의 넓이는

$$\frac{3h}{8}(y_{k-3} + 3y_{k-2} + 3y_{k-1} + y_k)$$

가 된다.

그러므로 이 넓이를 다 합한 것을 S_n이라고 하면

$$\begin{aligned}
S_n = \frac{3h}{8}\big((y_0 + 3y_1 + 3y_2 + y_3) + (y_3 + 3y_4 + 3y_5 + y_6) + (y_6 + 3y_7 + 3y_8 + y_9) + \cdots \\
&+ (y_{n-9} + 3y_{n-8} + 3y_{n-7} + y_{n-6}) + (y_{n-6} + 3y_{n-5} + 3y_{n-4} + y_{n-3}) \\
&+ (y_{n-3} + 3y_{n-2} + 3y_{n-1} + y_n)\big) \\
&= \frac{3h}{8}(y_0 + 3y_1 + 3y_2 + 2y_3 + 3y_4 + 3y_5 + 2y_6 + 3y_7 + 3y_8 + 2y_9 + \cdots + 2y_{n-9} + 3y_{n-8} + 3y_{n-7} \\
&+ 2y_{n-6} + 3y_{n-5} + 3y_{n-4} + 2y_{n-3} + 3y_{n-2} + 3y_{n-1} + y_n) \\
&= \frac{3h}{8}\big((y_0 + y_n) + 3(y_1 + y_2 + y_4 + y_5 + y_7 + y_8 + \cdots + y_{n-8} + y_{n-7} + y_{n-5} + y_{n-4} + y_{n-2} + y_{n-1}) \\
&+ 2(y_3 + y_6 + y_9 + \cdots + y_{n-9} + y_{n-6} + y_{n-3})\big)
\end{aligned}$$

이 된다.

쉽게 추측할 수 있듯이, 일반적으로 심프슨의 3/8 공식이 심프슨의 1/3 공식보다 오차가 작다. 그런데 여기에서는 오히려 오차가 더 큰 결과를 얻었다. 컴퓨터의 내부 반올림 때문에 그렇게 된 것 같다.

12.4.2 소스 코드

```
#include <stdio.h>
#include <math.h>

double lower, upper, segmentSize;
int numberSegment, i;
double temp1, temp2, area;

double Func( double x );

void main( void )
{
    printf( "₩n <1> 적분 아래 끝: " );
    scanf( "%lf", &lower );
    printf( "₩n <2> 적분 위 끝: " );
    scanf( "%lf", &upper );
    printf( "₩n <3> 구간 개수: " );
    scanf( "%d", &numberSegment );

    segmentSize = (upper-lower) / (double)numberSegment;
    temp1 = temp2 = 0.0;

    for (i=1; i<=numberSegment/3; i++)
        temp1 += 3.0 * (Func(lower+((double)(3*i-2))*segmentSize)
          +Func(lower+((double)(3*i-1)*segmentSize)));

    for (i=1; i<numberSegment/3; i++)
        temp2 += 2.0 * (Func(lower+((double)(3*i))*segmentSize));

    area = (0.375*segmentSize) * (Func(lower)+Func(upper)+temp1+temp2);
    printf( "₩n <4> 입력한 값들에 대한 결과: %20.16lf", area );
    printf( "₩n₩n₩n" );
}

double Func(double x)
{
    return 3.0*x*sin(x)-log(x);
}
```

12.4.3 실행 결과

```
 <1> 적분 아래 끝: 0.8

 <2> 적분 위 끝: 2.6

 <3> 구간 개수: 4576
```

<4> 입력한 값들에 대한 결과: 6.8862130807940343

12.5 몬테칼로(Monte Carlo) 적분

12.5.1 이론

마구잡이수를 이용하여 order가 4인 제1종 베셀 함수(the Bessel function of the first kind)를 수치적분(numerical integration)하여 보자.

제1종 베셀 함수는 미분방정식

$$x^2y'' + xy' + (x^2 - v^2)y = 0$$

을 만족시키는 함수이다.

Visual C++ 6.0은 제1종 베셀 함수를 위하여 _j0, _j1, 그리고 _jn routines을 마련해 놓고 있다. 이러한 routines은 각각 order가 0, 1, n인 베셀 함수를 반환한다.

_j0와 _j1는 각각

```
double _j0( double x );
double _j1( double x );
```

와 같이 parameter가 하나지만 _jn의 경우에는

```
double _jn( int n, double x );
```

와 같이 integer 형의 order of Bessel function parameter가 추가된다.

Maple에서

```
> plot(BesselJ(4,x),x=0..10);
```

명령으로 order가 4인 제1종 베셀 함수를 구간 [0,10]에서 그래프로 나타내어 보면

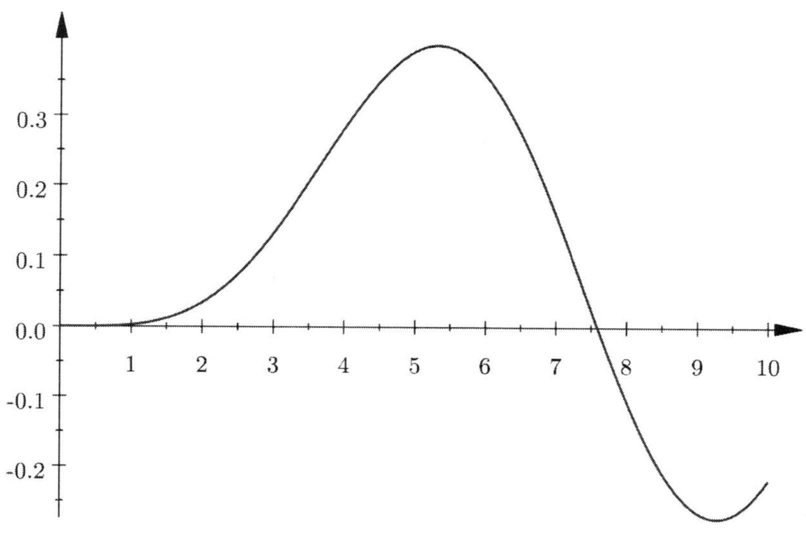

과 같다.

함수값이 0이 되는 x의 값이 7.5와 8 사이이므로 함수값이 항상 양수가 나오도록 적분 구간을 [0.7,7.3]으로 하여 수치적분을 해 보겠다.

방법은 구간 [0.7,7.3]에서 마구잡이수를 많이 발생시킨 후 그 마구잡이수들의 함수값들을 계산한 뒤 발생된 마구잡이수 개수로 나누어준다. 마구잡이수를 많이 발생시킬수록 일반적으로 구간 내에서 함수의 평균값에 가까워질 것이다. 따라서 이러한 평균값에 구간의 길이를 곱하여 주면 구하고자 하는 적분값에 가까운 근사값이 얻어진다.

Maple에서

```
> int(BesselJ(4,x),x=0.7..7.3);
```

명령으로 적분값을 구해 보면 1.334516956이 나온다. 그리고 근사값을 참값과 비교해 볼 수 있도록 참오차를 구하였다. 여기에서 참오차는 참값에서 근사값을 뺀 값이다.

프로그램을 살펴보자.

소스 코드를 보면 fopen 함수를 볼 수 있다.

fopen 함수는 파일을 여는 기능을 한다. 이 함수의 parameter으로는 const char 형의 filename parameter와 const char 형의 mode parameter 두 가지가 있다. filename parameter는 열고자 하는 파일의 이름을 지정한다. mode parameter는 파일에 대한 access 유형을 지정하는데, 여섯 가지의 유형

parameter	설 명
"r"	읽기 위해 연다. 만약 파일이 존재하지 않거나 파일을 찾을 수 없으면, fopen은 fails를 호출한다.
"w"	쓰기 위해 비어 있는 파일을 연다. 만약 주어진 파일이 존재하면, 그 파일의 내용은 파괴된다.
"a"	파일에 새로운 데이터를 쓰기 전에 EOF marker를 제거하지 않고 파일의 끝에서 쓰기 위해 연다; 만약 파일이 존재하지 않으면 먼저 파일을 생성한다.
"r+"	읽고 쓰기 위해 연다. 파일이 존재해야만 한다.
"w+"	읽고 쓰기 위해 비어 있는 파일을 연다. 만약 주어진 파일이 존재하면, 그 파일의 내용은 파괴된다.
"a+"	읽고 appending을 위해 연다; appending operation은 새로운 데이터가 파일에 쓰여지기 전에 EOF marker의 제거를 포함한다. 그리고 EOF marker은 쓰기가 완료된 후 복구된다; 만약 파일이 존재하지 않으면 먼저 파일을 생성한다.

이 있다.

위의 여섯 가지 중에서 우리는 텍스트 파일에 프로그램 실행 결과를 출력(output)하기 위해 "w"를 사용하면 된다.

참고로 제1종 변형 베셀 함수(modified Bessel function of the first kind)는 변형 베셀 함수(modified Bessel function)

$$x^2y'' + xy' - (x^2 + v^2)y = 0$$

을 만족시키는 함수이다.

12.5.2 소스 코드

```
#include <math.h>
#include <stdlib.h>
#include <stdio.h>
#include <time.h>

const double from=0.7;
const double to=7.3;
int turn, i;
double sampleValue, funcValue, sum, average, integrate[1000], exact;

void main( void )
{
    srand(time(NULL));

    for (turn=1; turn<100; turn++)
    {
        for (i=0; i<(turn*10); i++)
        {
            sampleValue = from + (rand()/(RAND_MAX+1.0))*(to-from);
            funcValue = _jn(4, sampleValue);
            sum = sum + funcValue;
        }

        average = sum / double(turn*10);
        integrate[turn] = (to-from) * average;
        sum = 0.0;
    }

    exact = 1.334516956;

    for (i=0; i<turn; i=i++)
        printf( "₩n 표본의 크기: %3d   참값: %9.7lf   근사값: %9.7lf   참오차: %10.7lf",
          i*10, exact, integrate[i], exact-integrate[i] );

    printf( "₩n₩n₩n" );
}
```

12.5.3 실행 결과

```
표본의 크기:   0   참값: 1.3345170   근사값: 0.0000000   참오차:  1.3345170
표본의 크기:  10   참값: 1.3345170   근사값: 0.9714946   참오차:  0.3630224
표본의 크기:  20   참값: 1.3345170   근사값: 0.6949829   참오차:  0.6395341
표본의 크기:  30   참값: 1.3345170   근사값: 1.1913091   참오차:  0.1432079
표본의 크기:  40   참값: 1.3345170   근사값: 1.1936880   참오차:  0.1408290
표본의 크기:  50   참값: 1.3345170   근사값: 1.4329443   참오차: -0.0984273
표본의 크기:  60   참값: 1.3345170   근사값: 1.4764431   참오차: -0.1419261
표본의 크기:  70   참값: 1.3345170   근사값: 1.3681903   참오차: -0.0336733
표본의 크기:  80   참값: 1.3345170   근사값: 1.2894108   참오차:  0.0451061
표본의 크기:  90   참값: 1.3345170   근사값: 1.2754586   참오차:  0.0590583
표본의 크기: 100   참값: 1.3345170   근사값: 1.3650090   참오차: -0.0304920
표본의 크기: 110   참값: 1.3345170   근사값: 1.2656201   참오차:  0.0688968
표본의 크기: 120   참값: 1.3345170   근사값: 1.2588238   참오차:  0.0756932
```

```
표본의 크기: 130   참값: 1.3345170   근사값: 1.3986208   참오차: -0.0641038
표본의 크기: 140   참값: 1.3345170   근사값: 1.3761112   참오차: -0.0415943
표본의 크기: 150   참값: 1.3345170   근사값: 1.3673655   참오차: -0.0328485
표본의 크기: 160   참값: 1.3345170   근사값: 1.3421784   참오차: -0.0076614
표본의 크기: 170   참값: 1.3345170   근사값: 1.3951169   참오차: -0.0605999
표본의 크기: 180   참값: 1.3345170   근사값: 1.3282314   참오차:  0.0062855
표본의 크기: 190   참값: 1.3345170   근사값: 1.2287119   참오차:  0.1058050
표본의 크기: 200   참값: 1.3345170   근사값: 1.3929522   참오차: -0.0584352
표본의 크기: 210   참값: 1.3345170   근사값: 1.3460806   참오차: -0.0115637
표본의 크기: 220   참값: 1.3345170   근사값: 1.3186509   참오차:  0.0158660
표본의 크기: 230   참값: 1.3345170   근사값: 1.2847627   참오차:  0.0497542
표본의 크기: 240   참값: 1.3345170   근사값: 1.1971969   참오차:  0.1373201
표본의 크기: 250   참값: 1.3345170   근사값: 1.4316089   참오차: -0.0970920
표본의 크기: 260   참값: 1.3345170   근사값: 1.4192681   참오차: -0.0847512
표본의 크기: 270   참값: 1.3345170   근사값: 1.3393918   참오차: -0.0048748
표본의 크기: 280   참값: 1.3345170   근사값: 1.3704751   참오차: -0.0359582
표본의 크기: 290   참값: 1.3345170   근사값: 1.3084935   참오차:  0.0260234
표본의 크기: 300   참값: 1.3345170   근사값: 1.3312023   참오차:  0.0033147
표본의 크기: 310   참값: 1.3345170   근사값: 1.3388985   참오차: -0.0043815
표본의 크기: 320   참값: 1.3345170   근사값: 1.4245733   참오차: -0.0900563
표본의 크기: 330   참값: 1.3345170   근사값: 1.3087191   참오차:  0.0257979
표본의 크기: 340   참값: 1.3345170   근사값: 1.3631511   참오차: -0.0286341
표본의 크기: 350   참값: 1.3345170   근사값: 1.3651854   참오차: -0.0306685
표본의 크기: 360   참값: 1.3345170   근사값: 1.3214285   참오차:  0.0130885
표본의 크기: 370   참값: 1.3345170   근사값: 1.2671725   참오차:  0.0673445
표본의 크기: 380   참값: 1.3345170   근사값: 1.4016748   참오차: -0.0671578
표본의 크기: 390   참값: 1.3345170   근사값: 1.3749196   참오차: -0.0404026
표본의 크기: 400   참값: 1.3345170   근사값: 1.2290805   참오차:  0.1054365
표본의 크기: 410   참값: 1.3345170   근사값: 1.3305942   참오차:  0.0039228
표본의 크기: 420   참값: 1.3345170   근사값: 1.3126899   참오차:  0.0218270
표본의 크기: 430   참값: 1.3345170   근사값: 1.2431751   참오차:  0.0913418
표본의 크기: 440   참값: 1.3345170   근사값: 1.3535792   참오차: -0.0190623
표본의 크기: 450   참값: 1.3345170   근사값: 1.2753184   참오차:  0.0591986
표본의 크기: 460   참값: 1.3345170   근사값: 1.3406628   참오차: -0.0061458
표본의 크기: 470   참값: 1.3345170   근사값: 1.3518593   참오차: -0.0173424
표본의 크기: 480   참값: 1.3345170   근사값: 1.3599044   참오차: -0.0253875
표본의 크기: 490   참값: 1.3345170   근사값: 1.2864963   참오차:  0.0480206
표본의 크기: 500   참값: 1.3345170   근사값: 1.2717492   참오차:  0.0627677
표본의 크기: 510   참값: 1.3345170   근사값: 1.3825720   참오차: -0.0480550
표본의 크기: 520   참값: 1.3345170   근사값: 1.3194473   참오차:  0.0150696
표본의 크기: 530   참값: 1.3345170   근사값: 1.3305318   참오차:  0.0039851
표본의 크기: 540   참값: 1.3345170   근사값: 1.3599868   참오차: -0.0254698
표본의 크기: 550   참값: 1.3345170   근사값: 1.3001393   참오차:  0.0343777
표본의 크기: 560   참값: 1.3345170   근사값: 1.3901603   참오차: -0.0556434
표본의 크기: 570   참값: 1.3345170   근사값: 1.2418373   참오차:  0.0926796
표본의 크기: 580   참값: 1.3345170   근사값: 1.3171742   참오차:  0.0173427
표본의 크기: 590   참값: 1.3345170   근사값: 1.3284311   참오차:  0.0060859
표본의 크기: 600   참값: 1.3345170   근사값: 1.3669677   참오차: -0.0324507
표본의 크기: 610   참값: 1.3345170   근사값: 1.3366435   참오차: -0.0021266
표본의 크기: 620   참값: 1.3345170   근사값: 1.3364274   참오차: -0.0019105
표본의 크기: 630   참값: 1.3345170   근사값: 1.3066732   참오차:  0.0278438
표본의 크기: 640   참값: 1.3345170   근사값: 1.2972687   참오차:  0.0372483
표본의 크기: 650   참값: 1.3345170   근사값: 1.3240200   참오차:  0.0104970
표본의 크기: 660   참값: 1.3345170   근사값: 1.3993158   참오차: -0.0647988
표본의 크기: 670   참값: 1.3345170   근사값: 1.3754800   참오차: -0.0409630
표본의 크기: 680   참값: 1.3345170   근사값: 1.3290872   참오차:  0.0054298
표본의 크기: 690   참값: 1.3345170   근사값: 1.2929940   참오차:  0.0415230
표본의 크기: 700   참값: 1.3345170   근사값: 1.3366659   참오차: -0.0021489
```

```
표본의 크기: 710   참값: 1.3345170   근사값: 1.3648255   참오차: -0.0303086
표본의 크기: 720   참값: 1.3345170   근사값: 1.3331640   참오차:  0.0013530
표본의 크기: 730   참값: 1.3345170   근사값: 1.3009532   참오차:  0.0335637
표본의 크기: 740   참값: 1.3345170   근사값: 1.2729015   참오차:  0.0616154
표본의 크기: 750   참값: 1.3345170   근사값: 1.3256650   참오차:  0.0088520
표본의 크기: 760   참값: 1.3345170   근사값: 1.3826754   참오차: -0.0481585
표본의 크기: 770   참값: 1.3345170   근사값: 1.3853341   참오차: -0.0508171
표본의 크기: 780   참값: 1.3345170   근사값: 1.3620012   참오차: -0.0274843
표본의 크기: 790   참값: 1.3345170   근사값: 1.3976384   참오차: -0.0631214
표본의 크기: 800   참값: 1.3345170   근사값: 1.3228725   참오차:  0.0116445
표본의 크기: 810   참값: 1.3345170   근사값: 1.3262567   참오차:  0.0082603
표본의 크기: 820   참값: 1.3345170   근사값: 1.2973161   참오차:  0.0372008
표본의 크기: 830   참값: 1.3345170   근사값: 1.3454818   참오차: -0.0109648
표본의 크기: 840   참값: 1.3345170   근사값: 1.3257675   참오차:  0.0087495
표본의 크기: 850   참값: 1.3345170   근사값: 1.2939173   참오차:  0.0405996
표본의 크기: 860   참값: 1.3345170   근사값: 1.3320288   참오차:  0.0024881
표본의 크기: 870   참값: 1.3345170   근사값: 1.3108447   참오차:  0.0236723
표본의 크기: 880   참값: 1.3345170   근사값: 1.3357652   참오차: -0.0012482
표본의 크기: 890   참값: 1.3345170   근사값: 1.3613187   참오차: -0.0268018
표본의 크기: 900   참값: 1.3345170   근사값: 1.3592210   참오차: -0.0247040
표본의 크기: 910   참값: 1.3345170   근사값: 1.3396552   참오차: -0.0051383
표본의 크기: 920   참값: 1.3345170   근사값: 1.3179931   참오차:  0.0165239
표본의 크기: 930   참값: 1.3345170   근사값: 1.3556264   참오차: -0.0211094
표본의 크기: 940   참값: 1.3345170   근사값: 1.3589336   참오차: -0.0244167
표본의 크기: 950   참값: 1.3345170   근사값: 1.3031291   참오차:  0.0313879
표본의 크기: 960   참값: 1.3345170   근사값: 1.3480085   참오차: -0.0134916
표본의 크기: 970   참값: 1.3345170   근사값: 1.3192216   참오차:  0.0152954
표본의 크기: 980   참값: 1.3345170   근사값: 1.3361925   참오차: -0.0016756
표본의 크기: 990   참값: 1.3345170   근사값: 1.3226626   참오차:  0.0118543
```

12.6 극좌표계에서 몬테칼로 적분

12.6.1 이론

$\alpha < \beta \leq \alpha + 2\pi$이라고 하자. ρ는 구간 $[\alpha, \beta]$에서 연속이고, 또 그 구간에서 ρ의 부호는 일정하게 유지된다고 가정하자. 아래의 그림

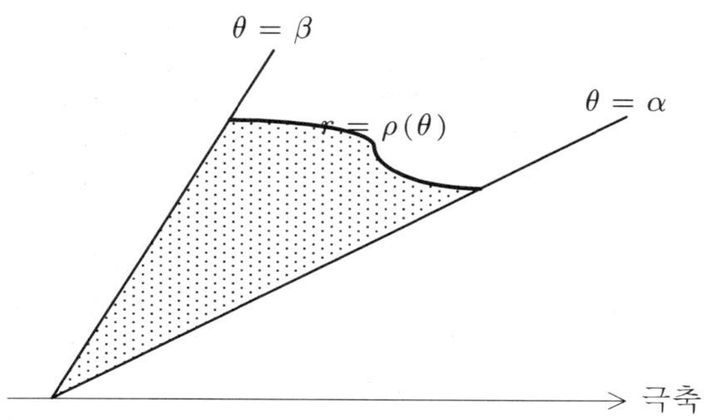

과 같이 극방정식(polar equation)

$$r = \rho(\theta) \quad (\alpha \le \theta \le \beta)$$

에 의하여 만들어지는 부분의 면적을 생각해 보자.

우선 구간 $[\alpha, \beta]$을 n개의 소구간

$$\alpha = \theta_0 < \theta_1 < \theta_2 < \cdots < \theta_{n-2} < \theta_{n-1} < \theta_n = \beta$$

으로 나눈다.

그 다음에

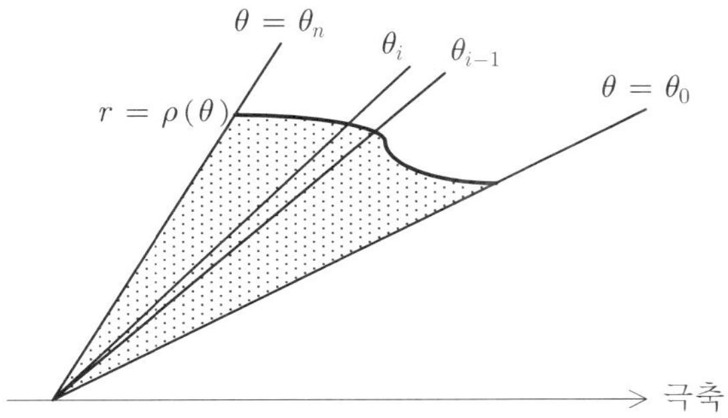

에서와 같이 θ_{i-1}과 θ_i 사이의 면적 A_i을 생각해 보자.

구간 $[\theta_{i-1}, \theta_i]$에서 $\rho(\theta)$의 최소값을 r_i 그리고 최대값을 R_i이라 놓고 $\Delta\theta_i = \theta_i - \theta_{i-1}$이라고 하면

$$\frac{1}{2} {r_i}^2 \Delta\theta_i \le A_i \le \frac{1}{2} {R_i}^2 \Delta\theta_i$$

이 된다.

함수 $\rho(\theta)$가 구간 $[\alpha, \beta]$에서 연속이므로 $\Delta\theta_i \to 0$이면 $r_i \to \rho(\theta_i)$이고 $R_i \to \rho(\theta_i)$이 되므로

$$\lim_{n\to\infty} \sum_{i=1}^{n} \frac{1}{2} {R_i}^2 \Delta\theta_i = \frac{1}{2} \int_\alpha^\beta \rho(\theta)^2 \, d\theta,$$

$$\lim_{n\to\infty} \sum_{i=1}^{n} \frac{1}{2} {r_i}^2 \Delta\theta_i = \frac{1}{2} \int_\alpha^\beta \rho(\theta)^2 \, d\theta$$

이 성립한다.

따라서 구하고자 하는 면적은

$$A = \frac{1}{2} \int_\alpha^\beta \rho(\theta)^2 \, d\theta$$

이다.

12.6.2 소스 코드

```
#include <math.h>
#include <stdlib.h>
#include <stdio.h>
#include <time.h>
```

```
const double pi=acos(-1.0);
const double from=0.0;
const double to=2.0*pi;

double Polar( double theta );

int turn, i;
double sample, value, sum, average, integrate[1000], exact;

void main( void )
{
    srand(time(NULL));

    for (turn=1; turn<100; turn++)
    {
        for (i=0; i<(turn*10); i++)
        {
            sample = (rand()/(RAND_MAX+1.0)) * (to-from);
            value = Polar(sample);
            sum = sum + value;
        }

        average = sum / double(turn*10);
        integrate[turn] = (to-from) * average;
        sum = 0.0;
    }

    exact = 1.5 * pi;

    for (i=0; i<turn; i=i++)
        printf( "\n 표본의 크기: %3d   참값: %9.7lf   근사값: %9.7lf   참오차: %10.7lf",
          i*10, exact, integrate[i], exact-integrate[i] );

    printf( "\n\n\n" );
}

double Polar(double theta)
{
    return 0.5*pow(1.0-cos(theta), 2.0);
}
```

12.6.3 실행 결과

```
 표본의 크기:   0   참값: 4.7123890   근사값: 0.0000000   참오차:  4.7123890
 표본의 크기:  10   참값: 4.7123890   근사값: 5.0890694   참오차: -0.3766804
 표본의 크기:  20   참값: 4.7123890   근사값: 5.2148883   참오차: -0.5024993
 표본의 크기:  30   참값: 4.7123890   근사값: 5.2097091   참오차: -0.4973201
 표본의 크기:  40   참값: 4.7123890   근사값: 6.1620895   참오차: -1.4497005
 표본의 크기:  50   참값: 4.7123890   근사값: 3.5995087   참오차:  1.1128803
 표본의 크기:  60   참값: 4.7123890   근사값: 4.6891397   참오차:  0.0232493
 표본의 크기:  70   참값: 4.7123890   근사값: 5.4605696   참오차: -0.7481806
 표본의 크기:  80   참값: 4.7123890   근사값: 4.2839142   참오차:  0.4284748
 표본의 크기:  90   참값: 4.7123890   근사값: 5.2217446   참오차: -0.5093556
 표본의 크기: 100   참값: 4.7123890   근사값: 4.4313544   참오차:  0.2810346
 표본의 크기: 110   참값: 4.7123890   근사값: 4.1269234   참오차:  0.5854656
```

```
표본의 크기: 120   참값: 4.7123890   근사값: 4.1621698   참오차:  0.5502192
표본의 크기: 130   참값: 4.7123890   근사값: 4.0739147   참오차:  0.6384743
표본의 크기: 140   참값: 4.7123890   근사값: 5.1862521   참오차: -0.4738631
표본의 크기: 150   참값: 4.7123890   근사값: 5.0167408   참오차: -0.3043518
표본의 크기: 160   참값: 4.7123890   근사값: 4.9969221   참오차: -0.2845331
표본의 크기: 170   참값: 4.7123890   근사값: 4.6944811   참오차:  0.0179079
표본의 크기: 180   참값: 4.7123890   근사값: 4.5223967   참오차:  0.1899922
표본의 크기: 190   참값: 4.7123890   근사값: 5.0499240   참오차: -0.3375350
표본의 크기: 200   참값: 4.7123890   근사값: 4.5213773   참오차:  0.1910116
표본의 크기: 210   참값: 4.7123890   근사값: 4.8844866   참오차: -0.1720976
표본의 크기: 220   참값: 4.7123890   근사값: 4.6674626   참오차:  0.0449264
표본의 크기: 230   참값: 4.7123890   근사값: 4.6595654   참오차:  0.0528236
표본의 크기: 240   참값: 4.7123890   근사값: 5.0158765   참오차: -0.3034875
표본의 크기: 250   참값: 4.7123890   근사값: 4.6162694   참오차:  0.0961196
표본의 크기: 260   참값: 4.7123890   근사값: 4.6549050   참오차:  0.0574840
표본의 크기: 270   참값: 4.7123890   근사값: 4.9891552   참오차: -0.2767662
표본의 크기: 280   참값: 4.7123890   근사값: 4.3262523   참오차:  0.3861367
표본의 크기: 290   참값: 4.7123890   근사값: 5.1778572   참오차: -0.4654682
표본의 크기: 300   참값: 4.7123890   근사값: 4.3609224   참오차:  0.3514666
표본의 크기: 310   참값: 4.7123890   근사값: 4.4791506   참오차:  0.2332383
표본의 크기: 320   참값: 4.7123890   근사값: 4.6038893   참오차:  0.1084997
표본의 크기: 330   참값: 4.7123890   근사값: 5.1939956   참오차: -0.4816066
표본의 크기: 340   참값: 4.7123890   근사값: 4.6398856   참오차:  0.0725034
표본의 크기: 350   참값: 4.7123890   근사값: 4.6310152   참오차:  0.0813738
표본의 크기: 360   참값: 4.7123890   근사값: 4.5932550   참오차:  0.1191340
표본의 크기: 370   참값: 4.7123890   근사값: 4.8887738   참오차: -0.1763848
표본의 크기: 380   참값: 4.7123890   근사값: 4.5022754   참오차:  0.2101136
표본의 크기: 390   참값: 4.7123890   근사값: 4.5025621   참오차:  0.2098268
표본의 크기: 400   참값: 4.7123890   근사값: 4.7897425   참오차: -0.0773535
표본의 크기: 410   참값: 4.7123890   근사값: 5.3011671   참오차: -0.5887781
표본의 크기: 420   참값: 4.7123890   근사값: 4.5210440   참오차:  0.1913449
표본의 크기: 430   참값: 4.7123890   근사값: 4.7108292   참오차:  0.0015598
표본의 크기: 440   참값: 4.7123890   근사값: 4.6215394   참오차:  0.0908496
표본의 크기: 450   참값: 4.7123890   근사값: 5.3163336   참오차: -0.6039446
표본의 크기: 460   참값: 4.7123890   근사값: 4.9246421   참오차: -0.2122531
표본의 크기: 470   참값: 4.7123890   근사값: 4.8804310   참오차: -0.1680420
표본의 크기: 480   참값: 4.7123890   근사값: 4.8577499   참오차: -0.1453609
표본의 크기: 490   참값: 4.7123890   근사값: 4.6306467   참오차:  0.0817423
표본의 크기: 500   참값: 4.7123890   근사값: 4.3987918   참오차:  0.3135971
표본의 크기: 510   참값: 4.7123890   근사값: 4.2035789   참오차:  0.5088101
표본의 크기: 520   참값: 4.7123890   근사값: 4.6462032   참오차:  0.0661858
표본의 크기: 530   참값: 4.7123890   근사값: 4.6979263   참오차:  0.0144627
표본의 크기: 540   참값: 4.7123890   근사값: 4.6039222   참오차:  0.1084668
표본의 크기: 550   참값: 4.7123890   근사값: 4.8588823   참오차: -0.1464933
표본의 크기: 560   참값: 4.7123890   근사값: 4.5160186   참오차:  0.1963704
표본의 크기: 570   참값: 4.7123890   근사값: 4.6120677   참오차:  0.1003213
표본의 크기: 580   참값: 4.7123890   근사값: 4.9465167   참오차: -0.2341277
표본의 크기: 590   참값: 4.7123890   근사값: 4.6997796   참오차:  0.0126094
표본의 크기: 600   참값: 4.7123890   근사값: 5.0901506   참오차: -0.3777616
표본의 크기: 610   참값: 4.7123890   근사값: 4.5925188   참오차:  0.1198702
표본의 크기: 620   참값: 4.7123890   근사값: 4.7240731   참오차: -0.0116841
표본의 크기: 630   참값: 4.7123890   근사값: 4.9836247   참오차: -0.2712357
표본의 크기: 640   참값: 4.7123890   근사값: 4.8530857   참오차: -0.1406967
표본의 크기: 650   참값: 4.7123890   근사값: 4.5928791   참오차:  0.1195099
표본의 크기: 660   참값: 4.7123890   근사값: 4.5775737   참오차:  0.1348152
표본의 크기: 670   참값: 4.7123890   근사값: 4.7122469   참오차:  0.0001421
표본의 크기: 680   참값: 4.7123890   근사값: 4.6612891   참오차:  0.0510999
표본의 크기: 690   참값: 4.7123890   근사값: 4.5078837   참오차:  0.2045053
```

```
표본의 크기: 700   참값: 4.7123890   근사값: 4.6930236   참오차:  0.0193654
표본의 크기: 710   참값: 4.7123890   근사값: 4.4793536   참오차:  0.2330354
표본의 크기: 720   참값: 4.7123890   근사값: 4.5862593   참오차:  0.1261297
표본의 크기: 730   참값: 4.7123890   근사값: 4.9449736   참오차: -0.2325846
표본의 크기: 740   참값: 4.7123890   근사값: 4.6178815   참오차:  0.0945075
표본의 크기: 750   참값: 4.7123890   근사값: 5.0435004   참오차: -0.3311114
표본의 크기: 760   참값: 4.7123890   근사값: 4.4595335   참오차:  0.2528555
표본의 크기: 770   참값: 4.7123890   근사값: 4.7768923   참오차: -0.0645033
표본의 크기: 780   참값: 4.7123890   근사값: 4.4525380   참오차:  0.2598510
표본의 크기: 790   참값: 4.7123890   근사값: 4.7277125   참오차: -0.0153235
표본의 크기: 800   참값: 4.7123890   근사값: 4.6822351   참오차:  0.0301539
표본의 크기: 810   참값: 4.7123890   근사값: 4.7220191   참오차: -0.0096301
표본의 크기: 820   참값: 4.7123890   근사값: 4.7580639   참오차: -0.0456749
표본의 크기: 830   참값: 4.7123890   근사값: 4.5863949   참오차:  0.1259941
표본의 크기: 840   참값: 4.7123890   근사값: 4.6155802   참오차:  0.0968087
표본의 크기: 850   참값: 4.7123890   근사값: 4.7214240   참오차: -0.0090350
표본의 크기: 860   참값: 4.7123890   근사값: 4.7581513   참오차: -0.0457623
표본의 크기: 870   참값: 4.7123890   근사값: 4.6508855   참오차:  0.0615035
표본의 크기: 880   참값: 4.7123890   근사값: 4.6420002   참오차:  0.0703888
표본의 크기: 890   참값: 4.7123890   근사값: 4.8229430   참오차: -0.1105540
표본의 크기: 900   참값: 4.7123890   근사값: 4.6099787   참오차:  0.1024103
표본의 크기: 910   참값: 4.7123890   근사값: 4.4854688   참오차:  0.2269201
표본의 크기: 920   참값: 4.7123890   근사값: 4.6182018   참오차:  0.0941872
표본의 크기: 930   참값: 4.7123890   근사값: 4.7572166   참오차: -0.0448277
표본의 크기: 940   참값: 4.7123890   근사값: 4.7032327   참오차:  0.0091563
표본의 크기: 950   참값: 4.7123890   근사값: 4.7726393   참오차: -0.0602503
표본의 크기: 960   참값: 4.7123890   근사값: 4.8586759   참오차: -0.1462869
표본의 크기: 970   참값: 4.7123890   근사값: 4.8509486   참오차: -0.1385597
표본의 크기: 980   참값: 4.7123890   근사값: 4.7468945   참오차: -0.0345056
표본의 크기: 990   참값: 4.7123890   근사값: 4.9169630   참오차: -0.2045740
```

12.7 사다리꼴공식을 이중적분(double integral)으로 확장

12.7.1 이론

이중적분 $\int_{y_{j-1}}^{y_j}\int_{x_{i-1}}^{x_i} f(x,y)dx\,dy$에 사다리꼴공식을 적용하여 보자.

우선 단적분 $\int_{x_{i-1}}^{x_i} f(x,y)dx$에 x에 관하여 사다리꼴공식을 적용하면

$$\int_{x_{i-1}}^{x_i} f(x,y)dx = \frac{h_1}{2}\big(f(x_{i-1},y) + f(x_i,y)\big) = g(x_{i-1},y)$$

이다. 단, $h_1 = x_i - x_{i-1}$이다.

그 다음으로 $\int_{y_{j-1}}^{y_j} g(x_{i-1},y)dy$에 y에 관하여 사다리꼴공식을 적용하여 적분값 I을 구한다. 계산하여 보면

$$I=\int_{y_{j-1}}^{y_j} g(x_{i-1},y)dy=\frac{h_2}{2}\Big(g(x_{i-1},y_{j-1})+g(x_{i-1},y_j)\Big)$$
$$=\frac{h_2}{2}\frac{h_1}{2}\Big(\big(f(x_{i-1},y_{j-1})+f(x_i,y_{j-1})\big)+\big(f(x_{i-1},y_j)+f(x_i,y_j)\big)\Big)$$
$$=\frac{h_1h_2}{4}\Big(f(x_{i-1},y_{j-1})+f(x_i,y_{j-1})+f(x_{i-1},y_j)+f(x_i,y_j)\Big)$$

이다. 단, $h_2=y_j-y_{j-1}$이다.

그럼 $f(x,y)=\exp\left[\frac{5}{x}+\frac{3}{y}\right]$일 때 이중적분 $\int_{5.2}^{9.5}\int_{11.3}^{15.7} f(x,y)dx\,dy$을 구하여 보고, Maple을 사용하여 구한 참값과 비교하여 보자.

우선은 함수의 그래프가 어떤 모양인지 시각적으로 이해하기 쉽도록 Maple에서 아래의 명령문

```
> plot3d( exp(5/x+3/y), x=11.3..15.7, y=5.2..9.5, axes=BOXED );
```

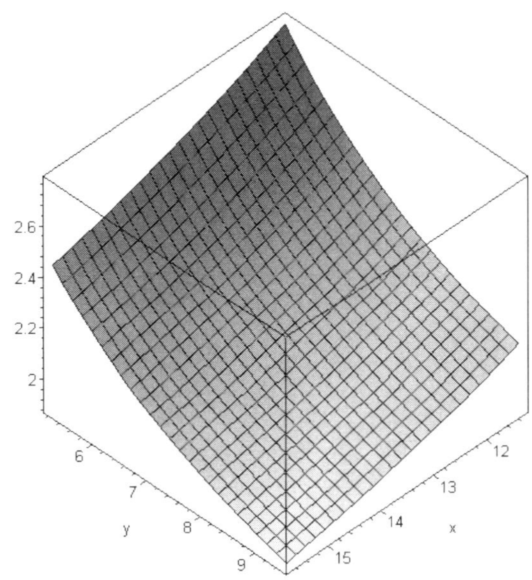


```
>
```

으로 그래프를 그린다.

계속해서 아래의 명령문들

```
> Int(Int(exp(5/x+3/y),x = 11.3..15.7), y=5.2..9.5);
```

$$\int_{5.2}^{9.5}\int_{11.3}^{15.7} e^{\left(\frac{5}{x}+\frac{3}{y}\right)}\,dx\,dy$$

```
> Int(int(exp(5/x+3/y),x = 11.3..15.7), y=5.2..9.5);
```

$$\int_{5.2}^{9.5} -11.30000000\, e^{\left(\frac{0.008849557522(50.\,y+339.)}{y}\right)} + (2.398950492 + 0.\,I)\, e^{\left(\frac{3.}{y}\right)} + 15.70000000\, e^{\left(\frac{0.006369426752(50.\,y+471.)}{y}\right)} dy$$

> int(int(exp(5/x+3/y),x = 11.3..15.7), y=5.2..9.5);

$$42.00257845$$

\>

로 적분값을 구해 보자.

x에 대한 구간 개수와 y에 대한 구간 개수를 각각 500개와 610개로 하여 프로그램을 실행하여 얻은 적분값 42.0025838724566110과 비교하여 보아라.

12.7.2 소스 코드

```
#include <stdio.h>
#include <math.h>

double lowerX, upperX, lowerY, upperY, segmentX, segmentY, area=0.0;
int numberSegmentX, numberSegmentY, i, j;

double Func( double x, double y );

void main( void )
{
    printf( "₩n <1> x에 대한 적분 아래 끝과 위 끝: " );
    scanf( "%lf, %lf", &lowerX, &upperX );
    printf( "₩n <2> y에 대한 적분 아래 끝과 위 끝: " );
    scanf( "%lf, %lf", &lowerY, &upperY );
    printf( "₩n <3> 각각의 구간 개수: " );
    scanf( "%d, %d", &numberSegmentX, &numberSegmentY );

    segmentX = (upperX-lowerX) / (double)numberSegmentX;
    segmentY = (upperY-lowerY) / (double)numberSegmentY;

    for (int i=1; i<=numberSegmentX; i++)
        for (int j=1; j<=numberSegmentY; j++)
            area += 0.25*segmentX*segmentY
              *(Func(lowerX+(double(i-1))*segmentX,lowerY+(double(j-1))*segmentY)
              + Func(lowerX+(double(i))*segmentX,lowerY+(double(j-1))*segmentY)
              + Func(lowerX+(double(i-1))*segmentX,lowerY+(double(j))*segmentY)
              + Func(lowerX+(double(i))*segmentX,lowerY+(double(j))*segmentY));

    printf( "₩n <4> 입력한 값들에 대한 결과: %20.16lf", area );
    printf( "₩n₩n₩n" );
}

double Func( double x, double y )
{
    return exp(5.0/x+3.0/y);
```

```
}
```

12.7.3 실행 결과

```
<1> x에 대한 적분 아래 끝과 위 끝: 11.3, 15.7
<2> y에 대한 적분 아래 끝과 위 끝: 5.2, 9.5
<3> 각각의 구간 개수: 500, 610
<4> 입력한 값들에 대한 결과:  42.0025838724566110
```

12.8 심프슨의 공식을 이중적분으로 확장

12.8.1 이론

이중적분 $\int_{y_{j-2}}^{y_j}\int_{x_{i-2}}^{x_i} f(x,y)dx\,dy$에 심프슨의 공식(Simpson's formula)을 적용하여 보자.

우선 단적분 $\int_{x_{i-2}}^{x_i} f(x,y)dx$에 x에 관하여 심프슨의 공식을 적용하면

$$\int_{x_{i-2}}^{x_i} f(x,y)dx = \frac{h_1}{3}\big(f(x_{i-2},y) + 4f(x_{i-1},y) + f(x_i,y)\big) = g(x_{i-2},y)$$

이다. 단, $h_1 = x_i - x_{i-1}$이다.

그 다음으로 $\int_{y_{j-2}}^{y_j} g(x_{i-2},y)dy$에 y에 관하여 심프슨의 공식을 적용하여 적분값 I을 구한다. 계산하여 보면

$$\begin{aligned}
I = \int_{y_{j-2}}^{y_j} g(x_{i-2},y)dy &= \frac{h_2}{3}\Big(g(x_{i-2},y_{j-2}) + 4g(x_{i-2},y_{j-1}) + g(x_{i-2},y_j)\Big) \\
&= \frac{h_2}{3}\frac{h_1}{3}\bigg(\Big(f(x_{i-2},y_{j-2}) + 4f(x_{i-1},y_{j-2}) + f(x_i,y_{j-2})\Big) \\
&\quad + 4\Big(f(x_{i-2},y_{j-1}) + 4f(x_{i-1},y_{j-1}) + f(x_i,y_{j-1})\Big) + \Big(f(x_{i-2},y_j) + 4f(x_{i-1},y_j) + f(x_i,y_j)\Big)\bigg) \\
&= \frac{h_1h_2}{9}\bigg(\Big(f(x_{i-2},y_{j-2}) + f(x_i,y_{j-2}) + f(x_{i-2},y_j) + f(x_i,y_j)\Big) \\
&\quad + 4\Big(f(x_{i-1},y_{j-2}) + f(x_{i-2},y_{j-1}) + f(x_i,y_{j-1}) + f(x_{i-1},y_j)\Big) + 16f(x_{i-1},y_{j-1})\bigg)
\end{aligned}$$

이다. 단, $h_2 = y_j - y_{j-1}$이다.

12.8.2 소스 코드

```
#include <stdio.h>
#include <math.h>
```

```
typedef double DP;

DP lowerX, upperX, lowerY, upperY, segmentX, segmentY, area=0.0;
int numberSegmentX, numberSegmentY, i, j;

DP Func( DP x, DP y );

void main( void )
{
    printf( "₩n <1> x에 대한 적분 아래 끝과 위 끝: " );
    scanf( "%lf, %lf", &lowerX, &upperX );
    printf( "₩n <2> y에 대한 적분 아래 끝과 위 끝: " );
    scanf( "%lf, %lf", &lowerY, &upperY );
    printf( "₩n <3> 각각의 구간 개수: " );
    scanf( "%d, %d", &numberSegmentX, &numberSegmentY );

    segmentX = (upperX-lowerX) / (DP)numberSegmentX;
    segmentY = (upperY-lowerY) / (DP)numberSegmentY;

    for (int i=2; i<=numberSegmentX; i=i+2)
        for (int j=2; j<=numberSegmentY; j=j+2)
            area += (segmentX*segmentY/9.0)*(Func(lowerX+(DP(i-2))*segmentX,lowerY+(DP(j-2))*segmentY)
              + Func(lowerX+(DP(i))*segmentX,lowerY+(DP(j-2))*segmentY)
              + Func(lowerX+(DP(i-2))*segmentX,lowerY+(DP(j))*segmentY)
              + Func(lowerX+(DP(i))*segmentX,lowerY+(DP(j))*segmentY)
              + 4.0*(Func(lowerX+(DP(i-1))*segmentX,lowerY+(DP(j-2))*segmentY)
              + Func(lowerX+(DP(i-2))*segmentX,lowerY+(DP(j-1))*segmentY)
              + Func(lowerX+(DP(i))*segmentX,lowerY+(DP(j-1))*segmentY)
              + Func(lowerX+(DP(i-1))*segmentX,lowerY+(DP(j))*segmentY))
              + 16.0*Func(lowerX+(DP(i-1))*segmentX,lowerY+(DP(j-1))*segmentY));

    printf( "₩n <4> 입력한 값들에 대한 결과: %20.16lf", area );
    printf( "₩n₩n₩n" );
}

DP Func( DP x, DP y )
{
    return exp(5.0/x+3.0/y);
}
```

12.8.3 실행 결과

```
<1> x에 대한 적분 아래 끝과 위 끝: 11.3, 15.7

<2> y에 대한 적분 아래 끝과 위 끝: 5.2, 9.5

<3> 각각의 구간 개수: 500, 610

<4> 입력한 값들에 대한 결과:  42.0025784460233070
```

12.9 사다리꼴공식을 삼중적분(triple integral)으로 확장

12.9.1 이론

삼중적분 $\int_{z_{k-1}}^{z_k}\int_{y_{j-1}}^{y_j}\int_{x_{i-1}}^{x_i} f(x,y,z)dx\,dy\,dz$에 사다리꼴공식을 적용하여 보자.

우선 이중적분 $\int_{y_{j-1}}^{y_j}\int_{x_{i-1}}^{x_i} f(x,y,z)dx\,dy$에 사다리꼴공식을 적용하면

$$\int_{y_{j-1}}^{y_j}\int_{x_{i-1}}^{x_i} f(x,y,z)dx\,dy = \frac{h_1h_2}{2}\Big(f(x_{i-1},y_{j-1},z)+f(x_i,y_{j-1},z)+f(x_{i-1},y_j,z)+f(x_i,y_j,z)\Big) = g(x_{i-1},y_{j-1},z)$$

이다.

그 다음으로 $\int_{z_{k-1}}^{z_k} g(x_{i-1},y_{j-1},z)dz$에 z에 관하여 사다리꼴공식을 적용하여 적분값 I을 구한다. 계산하여 보면

$$\begin{aligned}I = \int_{z_{k-1}}^{z_k} g(x_{i-1},y_{j-1},z)dz &= \frac{h_3}{2}\Big(g(x_{i-1},y_{j-1},z_{k-1})+g(x_{i-1},y_{j-1},z_k)\Big)\\ &= \frac{h_1h_2h_3}{8}\Big(f(x_{i-1},y_{j-1},z_{k-1})+f(x_i,y_{j-1},z_{k-1})+f(x_{i-1},y_j,z_{k-1})+f(x_i,y_j,z_{k-1})\\ &\quad +f(x_{i-1},y_{j-1},z_k)+f(x_i,y_{j-1},z_k)+f(x_{i-1},y_j,z_k)+f(x_i,y_j,z_k)\Big)\end{aligned}$$

이다.

12.10 연습 문제

문항1 적분 영역을 직사각형(rectangle)으로 나누는 수치해법을 직사각형방법이라 한다. 직사각형공식을 유도하고 프로그램으로 구현하여라.

문항2 위 문항의 프로그램을 이중적분으로 확장시켜라.

문항3 위 문항의 프로그램을 삼중적분으로 확장시켜라.

13 보간법(interpolation method)

13.1 개론

어떤 물리 실험을 통해

x	x_0	x_1	x_2	x_3	x_4	x_5
y	y_0	y_1	y_2	y_3	y_4	y_5

와 같은 자료들을 얻었다고 하자. 그런데 x와 y 사이에 일반적으로 관계식이 존재하지 않거나 존재하더라도 그 관계식을 지금은 모르는 상황에서 x의 값이 $\frac{x_2+2x_3}{3}$일 때 y의 값을 지금 알아야만 한다면?

우리는 이 문제를 해결하기 위해 우선 위의 자료들이 어떤 다항식을 만족한다고 가정하고 그 다항식을 구한다. 그 다음에 $x=\frac{x_2+2x_3}{3}$을 대입하여 구하고자 하는 y를 계산한다. 이런 것을 보간법(interpolation)이라고 한다. 실제로 실험에서 x와 y가 다항식으로 관계되어지는 일은 거의 없겠지만, 상황에 따라서 때로는 보간법이 상당히 유용하게 쓰여질 수 있을 것이다.

13.2 선형보간법(linear interpolation)

13.2.1 이론

선형보간법은 여러 가지 보간법 중에서 가장 간단한 형태의 보간법이다. 선형이라는 이름이 말하듯이, 이 해법(solution)은 2개의 점을 직선으로 연결하는 것이다. 즉 두 점 (x_0, y_0)과 (x_1, y_1)을 지나는 직선의 방정식은

$$y = y_0 + \frac{y_1 - y_0}{x_1 - x_0}(x - x_0)$$

과 같고, 이 식이 선형보간 공식(linear-interpolation formula)이다.

쉽게 예상할 수 있듯이, 두 점 사이의 간격이 좁으면 좁을수록 함수를 직선으로 근사시키는 것이 좋아지므로, 일반적으로 점들 사이의 간격이 좁으면 좁을수록 좋은 근사값을 얻을 수가 있다. 하지만 이러한 선형보간법은 다음에 나오는 라그랑즈 보간법에 비하면 오차가 너무 크다는 단점이 있다.

13.2.2 소스 코드

```
#include <math.h>
```

```
#include <stdio.h>

double Linear( double *x0, double *x1, double *y0, double *y1, double *x );

void main( void )
{
    double x0=3.4, x1=3.9, y0, y1, x, approximation;

    y0 = x0 * log(x0);
    y1 = x1 * log(x1);

    for (x=13.4; x<=14.9; x+=0.025)
    {
        approximation = Linear(&x0, &x1, &y0, &y1, &x);
        printf( "\n  x*log(%lf)=%lf, f(%lf)=%lf", x, x*log(x), x, approximation );
    }

    printf( "\n\n\n" );
}

double Linear( double *x0, double *x1, double *y0, double *y1, double *x )
{
    return (*y1-*y0)/(*x1-*x0)*(*x-*x0)+*y0;
}
```

13.2.3 실행 결과

```
 x*log(13.400000)=34.776413, f(13.400000)=27.100278
 x*log(13.425000)=34.866318, f(13.425000)=27.157627
 x*log(13.450000)=34.956269, f(13.450000)=27.214975
 x*log(13.475000)=35.046267, f(13.475000)=27.272324
 x*log(13.500000)=35.136311, f(13.500000)=27.329673
 x*log(13.525000)=35.226401, f(13.525000)=27.387021
 x*log(13.550000)=35.316538, f(13.550000)=27.444370
 x*log(13.575000)=35.406720, f(13.575000)=27.501718
 x*log(13.600000)=35.496949, f(13.600000)=27.559067
 x*log(13.625000)=35.587224, f(13.625000)=27.616416
 x*log(13.650000)=35.677544, f(13.650000)=27.673764
 x*log(13.675000)=35.767911, f(13.675000)=27.731113
 x*log(13.700000)=35.858323, f(13.700000)=27.788462
 x*log(13.725000)=35.948781, f(13.725000)=27.845810
 x*log(13.750000)=36.039284, f(13.750000)=27.903159
 x*log(13.775000)=36.129833, f(13.775000)=27.960507
 x*log(13.800000)=36.220427, f(13.800000)=28.017856
 x*log(13.825000)=36.311066, f(13.825000)=28.075205
 x*log(13.850000)=36.401750, f(13.850000)=28.132553
 x*log(13.875000)=36.492480, f(13.875000)=28.189902
 x*log(13.900000)=36.583255, f(13.900000)=28.247250
 x*log(13.925000)=36.674075, f(13.925000)=28.304599
 x*log(13.950000)=36.764939, f(13.950000)=28.361948
 x*log(13.975000)=36.855849, f(13.975000)=28.419296
 x*log(14.000000)=36.946803, f(14.000000)=28.476645
 x*log(14.025000)=37.037801, f(14.025000)=28.533993
 x*log(14.050000)=37.128845, f(14.050000)=28.591342
 x*log(14.075000)=37.219932, f(14.075000)=28.648691
```

```
x*log(14.100000)=37.311065, f(14.100000)=28.706039
x*log(14.125000)=37.402241, f(14.125000)=28.763388
x*log(14.150000)=37.493462, f(14.150000)=28.820736
x*log(14.175000)=37.584727, f(14.175000)=28.878085
x*log(14.200000)=37.676036, f(14.200000)=28.935434
x*log(14.225000)=37.767389, f(14.225000)=28.992782
x*log(14.250000)=37.858786, f(14.250000)=29.050131
x*log(14.275000)=37.950227, f(14.275000)=29.107479
x*log(14.300000)=38.041711, f(14.300000)=29.164828
x*log(14.325000)=38.133240, f(14.325000)=29.222177
x*log(14.350000)=38.224812, f(14.350000)=29.279525
x*log(14.375000)=38.316427, f(14.375000)=29.336874
x*log(14.400000)=38.408086, f(14.400000)=29.394222
x*log(14.425000)=38.499789, f(14.425000)=29.451571
x*log(14.450000)=38.591534, f(14.450000)=29.508920
x*log(14.475000)=38.683323, f(14.475000)=29.566268
x*log(14.500000)=38.775155, f(14.500000)=29.623617
x*log(14.525000)=38.867031, f(14.525000)=29.680965
x*log(14.550000)=38.958949, f(14.550000)=29.738314
x*log(14.575000)=39.050910, f(14.575000)=29.795663
x*log(14.600000)=39.142914, f(14.600000)=29.853011
x*log(14.625000)=39.234961, f(14.625000)=29.910360
x*log(14.650000)=39.327051, f(14.650000)=29.967708
x*log(14.675000)=39.419183, f(14.675000)=30.025057
x*log(14.700000)=39.511358, f(14.700000)=30.082406
x*log(14.725000)=39.603576, f(14.725000)=30.139754
x*log(14.750000)=39.695835, f(14.750000)=30.197103
x*log(14.775000)=39.788138, f(14.775000)=30.254452
x*log(14.800000)=39.880482, f(14.800000)=30.311800
x*log(14.825000)=39.972869, f(14.825000)=30.369149
x*log(14.850000)=40.065298, f(14.850000)=30.426497
x*log(14.875000)=40.157769, f(14.875000)=30.483846
```

13.3 라그랑즈 보간법

13.3.1 이론

앞의 선형보간법은 두 점을 직선으로 연결하였으나, 여기에서 배울 라그랑즈 보간법은 점들을 직선이 아닌 곡선으로 연결하는 방법이다.

실험을 통해 얻은 자료들은

x	x_0	x_1	x_2	x_3	x_4
y	y_0	y_1	y_2	y_3	y_4

와 같다.

위의 5개의 점들을 모두 통과하는 4차의 다항식은 유일하다. 그 다항식을

$$y = a_0 + a_1 x + a_2 x^2 + a_3 x^3 + a_4 x^4$$

이라고 하면, 5개의 점들은 위의 다항식을 만족한다. 그러므로 연립방정식

$$\begin{cases} y_0 = a_0 + a_1 x_0 + a_2 {x_0}^2 + a_3 {x_0}^3 + a_4 {x_0}^4 \\ y_1 = a_0 + a_1 x_1 + a_2 {x_1}^2 + a_3 {x_1}^3 + a_4 {x_1}^4 \\ y_2 = a_0 + a_1 x_2 + a_2 {x_2}^2 + a_3 {x_2}^3 + a_4 {x_2}^4 \\ y_3 = a_0 + a_1 x_3 + a_2 {x_3}^2 + a_3 {x_3}^3 + a_4 {x_3}^4 \\ y_4 = a_0 + a_1 x_4 + a_2 {x_4}^2 + a_3 {x_4}^3 + a_4 {x_4}^4 \end{cases}$$

을 얻을 수 있다.

이제 위의 연립방정식을 a_0, a_1, a_2, a_3, a_4에 관하여 풀면 되는 것이다. 행렬 등을 이용하여 위의 연립방정식을 풀 수 있으나 여기서 우리가 구현해 보고자 하는 라그랑즈 보간법은 다른 방식으로 접근한다. 물론 그렇다고 해서 위의 점들을 통과하는 또 다른 새로운 다항식이 탄생되는 것은 아니다. 라그랑즈 보간법에 의해 생성되는 다항식도 연립방정식을 풀면 나오는 계수들을 가지는 다항식과 똑같은 다항식이다. 중요한 것은 하나의 다항식을 여러 가지 형태로 표현할 수 있으므로 어느 형태를 선택하여서 컴퓨터로 어떻게 구현할 것인지 결정하는 것이다.

위의 5개의 점들을 통과하는 라그랑즈 보간다항식은

$$\begin{aligned} &\frac{(x-x_1)(x-x_2)(x-x_3)(x-x_4)}{(x_0-x_1)(x_0-x_2)(x_0-x_3)(x_0-x_4)}y_0 + \frac{(x-x_0)(x-x_2)(x-x_3)(x-x_4)}{(x_1-x_0)(x_1-x_2)(x_1-x_3)(x_1-x_4)}y_1 \\ &\quad + \frac{(x-x_0)(x-x_1)(x-x_3)(x-x_4)}{(x_2-x_0)(x_2-x_1)(x_2-x_3)(x_2-x_4)}y_2 + \frac{(x-x_0)(x-x_1)(x-x_2)(x-x_4)}{(x_3-x_0)(x_3-x_1)(x_3-x_2)(x_3-x_4)}y_3 \\ &\quad + \frac{(x-x_0)(x-x_1)(x-x_2)(x-x_3)}{(x_4-x_0)(x_4-x_1)(x_4-x_2)(x_4-x_3)}y_4 \end{aligned}$$

이다.

실제 프로그램에서는 7개의 점들을 대입하여 6차의 다항식을 얻었다. 여기서는 라게르 다항식(Laguerre's polynomial)을 이용하였다.

라게르 다항식은 흔히 $L_n(x)$으로 나타낸다. 라게르 다항식은 무게함수(weight function) $x^a e^{-x}$와 직교하고 미분방정식

$$xy'' + (a+1-x)y' + ny = 0$$

을 만족시킨다. 처음 7개의 라게르 다항식들을 나열하여 보면

$$1 - x,$$

$$\frac{2-4x+x^2}{2},$$

$$\frac{6-18x+9x^2-x^3}{6},$$

$$\frac{24-96x+72x^2-16x^3+x^4}{24},$$

$$\frac{120-600x+600x^2-200x^3+25x^4-x^5}{120},$$

$$\frac{720-4320x+5400x^2-2400x^3+450x^4-36x^5+x^6}{720},$$

$$\frac{5040-35280x+52920x^2-29400x^3+7350x^4-882x^5+49x^6-x^7}{5040}$$

과 같다.

위 다항식들 중에서 우리가 라그랑즈 보간법에 적용할 다항식은 6번째 다항식이다.

13.3.2 소스 코드

```
#include <stdio.h>
#include <stdlib.h>
#include <math.h>

#define maxnumberPoints 50

int numberPoints;
double xValue[maxnumberPoints], yValue[maxnumberPoints], coefficient[maxnumberPoints];

void PolynomialCoefficients(int n, double a[], int m, double b[]);

void main()
{
    int i, j, n, m;
    double a[maxnumberPoints], b[maxnumberPoints], denominator;

    for (i=0; i<maxnumberPoints; i++)
        xValue[i] = yValue[i] = coefficient[i] = 0.0;

    printf( "₩n <1> The number of data points: " );
    scanf( "%d", &numberPoints );

    printf( "₩n <2> x값을 입력한 후 comma 찍고 y값을 입력하시오. ₩n" );

    for (i=0; i<numberPoints; i++)
    {
        printf( "     x[%d], y[%d]: ", i+1, i+1 );
        scanf( "%lf, %lf", &(xValue[i]), &(yValue[i]) );
    }

    for (i=0; i<numberPoints; i++)
    {
        for (j=0; j<numberPoints; j++)
            a[j] = b[j] = 0.0;

        n = 0;
        m = 1;
        a[0] = 1.0;
        denominator = 1.0;

        for (j=0; j<numberPoints; j++)
        {
            if ( i==j )
                continue;

            b[0] = -xValue[j];
            b[1] = 1.0;
            PolynomialCoefficients(n, a, m, b);
            denominator *= (xValue[i]-xValue[j]);
            n += m;
        }

        for (j=0; j<numberPoints; j++)
            coefficient[j] += a[j] / denominator * yValue[i];
```

```
    }

    printf( "\n <3> 입력한 값들에 대한 결과 \n    f(x)=" );

    if ( coefficient[0]>0.0 )
        printf( "%lf", coefficient[0] );
    else if ( coefficient[0]==0.0 )
        ;
    else
        printf( "-%lf", -coefficient[0] );

    if ( coefficient[1]>0.0 )
        printf( "+%lfx", coefficient[1] );
    else if ( coefficient[1]==0.0 )
        ;
    else
        printf( "-%lfx", -coefficient[1] );

    for (i=2; i<numberPoints; i++)
        if ( coefficient[i]>0.0 )
            printf( "+%lfx^%d", coefficient[i], i );
        else if ( coefficient[i]==0.0 )
            ;
        else
            printf( "-%lfx^%d", -coefficient[i], i );

    printf("\n\n\n");
}

void PolynomialCoefficients(int n, double a[], int m, double b[])
{
    int i, j, jj, order;
    double c[maxnumberPoints];

    order = n + m;

    for (i=0; i<maxnumberPoints; i++)
        c[i] = 0.0;

    for (i=0; i<=order; i++)
    {
        jj=__min(i, n);      // The __min macro returns the smaller of two values.

        for (j=0; j<=jj; j++)
            c[i] += a[j] * b[i-j];
    }

    for (i=0; i<maxnumberPoints; i++)
        a[i] = c[i];
}
```

13.3.3 실행 결과

```
<1> The number of data points: 7
```

```
<2> x값을 입력한 후 comma 찍고 y값을 입력하시오.
    x[1], y[1]: -3.62, 420.668
    x[2], y[2]: -2.14, 96.3403
    x[3], y[3]: 0.3, -2.00058
    x[4], y[4]: 4.48, -2.30595
    x[5], y[5]: 10.0, -3.7214
    x[6], y[6]: 12.12, -94.04
    x[7], y[7]: 16.78, -63.09

<3> 입력한 값들에 대한 결과
  f(x)=-0.847841-5.941292x+7.958513x^2-3.385059x^3+0.603764x^4-0.046166x^5+0.001225x^6
```

13.4 연습 문제

문항1 선형보간법을 사용해서 ln 4.07을 추정하여라.

문항2 라그랑즈 보간법 프로그램에 입력한 자료들과 결과 다항식을 MFC를 사용하여 좌표평면 상에 그래프로 나타내어라.

14 최소제곱법(least square method)

14.1 개론

주어진 자료들에 대해 최적의 곡선을 얻는 데에 있어서 몇 가지 기준이 있을 수 있다. 보기를 들어 앞 장에서 배운 보간법이 한 가지의 훌륭한 기준이 될 수 있다. 다른 기준으로 모든 자료에 대해 오차의 합을 최소로 만드는 곡선을 택할 수 있다. 또는 오차의 절대값의 합을 최소화하는 기준을 정할 수도 있다. 또 다른 기준으로는 직선으로부터 떨어져 있는 각 자료들의 최대 변위가 최소가 되도록 하는 것이 있다. 여기서 그 이유를 설명하지는 않겠지만 보간법을 제외한 뒤의 세 가지의 기준은 최적의 기준으로 적합하지는 않다. 보간법과 함께 최적의 곡선을 구하는 데 있어서 사용되는 한 가지 기준은 실험을 통해 측정된 y와 최적의 곡선으로서 구하고자 하는 $f(x)$ 사이의 잔차의 제곱합(residual sum of squares)을 최소화하는 것이다. 이 판별 기준은 몇 가지의 장점이 있는데 그 중 한 가지 장점은 측정하여 얻은 자료 집합으로부터 유일한 곡선을 얻을 수가 있다는 것이다.

최소제곱법(least square method)은 앞 chapter에서 배운 보간법과 상당히 비슷한 개념이라 할 수 있다. 둘 다 곡선맞추기(curve fitting) 분야에 속한다. 그러나 보간법에서 결과적으로 얻어지는 다항식은 모든 자료들을 만족시키는 반면에 최소제곱법에서 결과적으로 얻어지는 다항식은 그렇지 않다. 심지어 주어진 자료 점들 중 어느 하나도 통과하지 않는 것이 일반적이다. 또한 n개의 자료들이 주어졌을 때 보간법에서는 $n-1$차의 다항식이 얻어지는 반면에, 최소제곱법에서는 결과적으로 얻어지는 다항식의 차수가 주어진 자료들의 개수와 상관이 없다.

14.2 선형회귀분석(linear regression analysis)

14.2.1 이론

최소제곱법 중 가장 간단한 분석 방법이 선형회귀분석이다.

아래와 같은 측정치

x	x_1	x_2	x_3	$\cdots$	x_{n-2}	x_{n-1}	x_n
y	y_1	y_2	y_3	$\cdots$	y_{n-2}	y_{n-1}	y_n

에 직선을 적합시켜 보자. 이 직선의 방정식을

$$f(x) = a_0 + a_1 x$$

이라고 하자.

잔차의 제곱합은

$$R = \left(y_1 - (a_0 + a_1 x_1)\right)^2 + \left(y_2 - (a_0 + a_1 x_2)\right)^2 + \cdots + \left(y_{n-1} - (a_0 + a_1 x_{n-1})\right)^2 + \left(y_n - (a_0 + a_1 x_n)\right)^2$$
$$= \sum_{i=1}^{n} \left(y_i - (a_0 + a_1 x_i)\right)^2$$

이다.

R의 값을 최소로 하는 a_0와 a_1를 구하기 위해 R을 a_0와 a_1로 편미분한 뒤에

$$\begin{cases} \dfrac{\partial R}{\partial a_0} = \displaystyle\sum_{i=1}^{n} \left[-2\left(y_i - (a_0 + a_1 x_i)\right)\right] = 0 \\ \dfrac{\partial R}{\partial a_1} = \displaystyle\sum_{i=1}^{n} \left[-2x_i\left(y_i - (a_0 + a_1 x_i)\right)\right] = 0 \end{cases}$$

과 같이 편미분들을 0으로 놓는다.

그러면 위 두 방정식은

$$\begin{cases} a_0 n + a_1 \displaystyle\sum_{i=1}^{n} x_i = \sum_{i=1}^{n} y_i \\ a_0 \displaystyle\sum_{i=1}^{n} x_i + a_1 \sum_{i=1}^{n} x_i^2 = \sum_{i=1}^{n} x_i y_i \end{cases}$$

과 같이 a_0와 a_1에 대한 연립방정식이 된다.

위의 연립방정식을 풀면

$$a_0 = \frac{\sum_{i=1}^{n} y_i - a_1 \sum_{i=1}^{n} x_i}{n}, \quad a_1 = \frac{n\sum_{i=1}^{n} x_i y_i - (\sum_{i=1}^{n} x_i)(\sum_{i=1}^{n} y_i)}{n\sum_{i=1}^{n} x_i^2 - (\sum_{i=1}^{n} x_i)^2}$$

을 얻게 된다.

따라서 구하고자 하는 방정식은

$$f(x) = \frac{\sum_{i=1}^{n} y_i - a_1 \sum_{i=1}^{n} x_i}{n} + \frac{n\sum_{i=1}^{n} x_i y_i - (\sum_{i=1}^{n} x_i)(\sum_{i=1}^{n} y_i)}{n\sum_{i=1}^{n} x_i^2 - (\sum_{i=1}^{n} x_i)^2} x$$

이다.

14.2.2 소스 코드

```
#include <stdio.h>
#include <math.h>

double sumX=0.0, sumXY=0.0;
double sumY=0.0, sumXSquare=0.0;
double xValue[50], yValue[50], xAverage, yAverage, a1, a0;
int i, numberPoints;

void main()
{

    printf( "₩n <1> The number of data points: " );
    scanf( "%d", &numberPoints );

    printf( "₩n <2> x값을 입력한 후 comma 찍고 y값을 입력하시오.₩n" );
```

```
    for (i=0; i<numberPoints; i++)
    {
        printf( "     x[%d], y[%d]: ", i+1, i+1 );
        scanf( "%lf, %lf", &(xValue[i]), &(yValue[i]) );
    }

    for (i=0; i<numberPoints; i++)
    {
        sumX = sumX + xValue[i];
        sumY = sumY + yValue[i];
        sumXY = sumXY + xValue[i]*yValue[i];
        sumXSquare = sumXSquare + pow(xValue[i], 2.0);
    }

    xAverage = sumX / numberPoints;
    yAverage = sumY / numberPoints);
    a1 = (numberPoints*sumXY-sumX*sumY) / (numberPoints*sumXSquare-sumX*sumX);
    a0 = yAverage - a1*xAverage;
    printf( "₩n <3> 입력한 값들에 대한 결과₩n" );

    if ( (a0==0.0)&&(a1==0.0) )
        printf( "   y=0 " );
    else if ( (a0==0.0)&&(a1!=0.0) )
        printf( "   y=%lfx", a1 );
    else if ( (a0!=0.0)&&(a1==0.0) )
        printf( "   y=%lf", a0 );
    else
        printf( "   y=%lf+%lfx", a0, a1 );

    printf( "₩n₩n₩n");
}
```

14.2.3 실행 결과

```
<1> The number of data points: 6

<2> x값을 입력한 후 comma 찍고 y값을 입력하시오.
    x[1], y[1]: -3.0, -8.43
    x[2], y[2]: -1.6, -4.45
    x[3], y[3]: 0.0, 0.05
    x[4], y[4]: 1.5, 5.03
    x[5], y[5]: 3.0, 9.98
    x[6], y[6]: 4.5, 14.64

<3> 입력한 값들에 대한 결과
  y=0.530792+3.098921x
```

14.3 다중 선형회귀분석

14.3.1 이론

아래와 같은 측정치

x	x_1	x_2	x_3	$\cdots$	x_{n-2}	x_{n-1}	x_n
y	y_1	y_2	y_3	$\cdots$	y_{n-2}	y_{n-1}	y_n
z	z_1	z_2	z_3	$\cdots$	z_{n-2}	z_{n-1}	z_n

에 평면을 적합시켜 보자. 이 평면의 방정식을

$$f(x) = a_0 + a_1 x + a_2 y$$

이라고 하자.

잔차의 제곱합은

$$R = \left(z_1 - (a_0 + a_1 x_1 + a_2 y_1)\right)^2 + \left(z_2 - (a_0 + a_1 x_2 + a_2 y_2)\right)^2 + \cdots + \left(z_{n-1} - (a_0 + a_1 x_{n-1} + a_2 y_{n-1})\right)^2 + \left(z_n - (a_0 + a_1 x_n + a_2 y_n)\right)^2 = \sum_{i=1}^{n} \left(z_i - (a_0 + a_1 x_i + a_2 y_i)\right)^2$$

이다.

R의 값을 최소로 하는 a_0와 a_1와 a_2를 구하기 위해 R을 a_0와 a_1와 a_2로 편미분한 뒤에

$$\begin{cases} \dfrac{\partial R}{\partial a_0} = \displaystyle\sum_{i=1}^{n} \left[-2\left(z_i - (a_0 + a_1 x_i + a_2 y_i)\right)\right] = 0 \\ \dfrac{\partial R}{\partial a_1} = \displaystyle\sum_{i=1}^{n} \left[-2x_i\left(y_i - (a_0 + a_1 x_i + a_2 y_i)\right)\right] = 0 \\ \dfrac{\partial R}{\partial a_2} = \displaystyle\sum_{i=1}^{n} \left[-2y_i\left(z_i - (a_0 + a_1 x_i + a_2 y_i)\right)\right] = 0 \end{cases}$$

과 같이 편미분들을 0으로 놓는다.

그러면 위 세 방정식은

$$\begin{cases} a_0 n + a_1 \displaystyle\sum_{i=1}^{n} x_i + a_2 \sum_{i=1}^{n} y_i = \sum_{i=1}^{n} z_i \\ a_0 \displaystyle\sum_{i=1}^{n} x_i + a_1 \sum_{i=1}^{n} {x_i}^2 + a_2 \sum_{i=1}^{n} x_i y_i = \sum_{i=1}^{n} x_i z_i \\ a_0 \displaystyle\sum_{i=1}^{n} y_i + a_1 \sum_{i=1}^{n} x_i y_i + a_2 \sum_{i=1}^{n} {y_i}^2 = \sum_{i=1}^{n} y_i z_i \end{cases}$$

과 같이 a_0와 a_1와 a_2에 대한 연립방정식이 되고 이 연립방정식을 풀면 된다.

14.4 다항식회귀분석

14.4.1 이론

대부분의 경우에 있어 실제적으로는 직선이나 평면으로 적합시키는 것이 적당하지 않다. 그럴 때에는 곡선맞추기(curve fitting)를 한다. 즉 일차식이 아닌 일반적인 다항식으로 자료를 적합시킨다. 이를 다항식회귀분석(polynomial regression analysis)이라고 한다.

아래와 같은 측정치

x	x_1	x_2	x_3	$\cdots$	x_{n-2}	x_{n-1}	x_n
y	y_1	y_2	y_3	$\cdots$	y_{n-2}	y_{n-1}	y_n

에 곡선을 적합시켜 보자. 이 곡선의 방정식을

$$f(x) = a_0 + a_1 x + a_2 x^2 + \cdots + a_{n-2} x^{n-2} + a_{n-1} x^{n-1} + a_n x^n$$

이라고 하자.

잔차의 제곱합은

$$\begin{aligned} R = & \left(y_1 - (a_0 + a_1 x_1 + a_2 {x_1}^2 + \cdots + a_{n-2} {x_1}^{n-2} + a_{n-1} {x_1}^{n-1} + a_n {x_1}^n)\right)^2 \\ & + \left(y_2 - (a_0 + a_1 x_2 + a_2 {x_2}^2 + \cdots + a_{n-2} {x_2}^{n-2} + a_{n-1} {x_2}^{n-1} + a_n {x_2}^n)\right)^2 \\ & + \left(y_3 - (a_0 + a_1 x_3 + a_2 {x_3}^2 + \cdots + a_{n-2} {x_3}^{n-2} + a_{n-1} {x_3}^{n-1} + a_n {x_3}^n)\right)^2 + \cdots \\ & + \left(y_{n-2} - (a_0 + a_1 x_{n-2} + a_2 {x_{n-2}}^2 + \cdots + a_{n-2} {x_{n-2}}^{n-2} + a_{n-1} {x_{n-2}}^{n-1} + a_n {x_{n-2}}^n)\right)^2 \\ & + \left(y_{n-1} - (a_0 + a_1 x_{n-1} + a_2 {x_{n-1}}^2 + \cdots + a_{n-2} {x_{n-1}}^{n-2} + a_{n-1} {x_{n-1}}^{n-1} + a_n {x_{n-1}}^n)\right)^2 \\ & + \left(y_n - (a_0 + a_1 x_n + a_2 {x_n}^2 + \cdots + a_{n-2} {x_n}^{n-2} + a_{n-1} {x_n}^{n-1} + a_n {x_n}^n)\right)^2 \\ & = \sum_{i=0}^{n} \left(y_i - (a_0 + a_1 x_i + a_2 {x_i}^2 + \cdots + a_{n-2} {x_i}^{n-2} + a_{n-1} {x_i}^{n-1} + a_n {x_i}^n)\right)^2 \end{aligned}$$

이다.

R의 값을 최소로 하는 a_0와 a_1와 a_2와 $\cdots$ a_{n-2}와 a_{n-1}와 a_n를 구하기 위해 R을 a_0와 a_1와 a_2와 $\cdots$ a_{n-2}와 a_{n-1}와 a_n로 편미분한 뒤에

$$\begin{cases} \dfrac{\partial R}{\partial a_0} = \displaystyle\sum_{i=1}^{n} \left[-2\left(y_i - (a_0 + a_1 x_i + a_2 {x_i}^2 + \cdots + a_{n-2} {x_i}^{n-2} + a_{n-1} {x_i}^{n-1} + a_n {x_i}^n)\right)\right] = 0 \\ \dfrac{\partial R}{\partial a_1} = \displaystyle\sum_{i=1}^{n} \left[-2x_i\left(y_i - (a_0 + a_1 x_i + a_2 {x_i}^2 + \cdots + a_{n-2} {x_i}^{n-2} + a_{n-1} {x_i}^{n-1} + a_n {x_i}^n)\right)\right] = 0 \\ \cdots \\ \dfrac{\partial R}{\partial a_{n-1}} = \displaystyle\sum_{i=1}^{n} \left[-2{x_i}^{n-1}\left(y_i - (a_0 + a_1 x_i + a_2 {x_i}^2 + \cdots + a_{n-2} {x_i}^{n-2} + a_{n-1} {x_i}^{n-1} + a_n {x_i}^n)\right)\right] = 0 \\ \dfrac{\partial R}{\partial a_n} = \displaystyle\sum_{i=1}^{n} \left[-2{x_i}^{n}\left(y_i - (a_0 + a_1 x_i + a_2 {x_i}^2 + \cdots + a_{n-2} {x_i}^{n-2} + a_{n-1} {x_i}^{n-1} + a_n {x_i}^n)\right)\right] = 0 \end{cases}$$

과 같이 편미분들을 0으로 놓는다.

그러면 위 $n+1$개의 방정식은

$$\begin{cases} a_0 n + a_1 \sum_{i=1}^{n} x_i + a_2 \sum_{i=1}^{n} {x_i}^2 + \cdots + a_{n-2} \sum_{i=1}^{n} {x_i}^{n-2} + a_{n-1} \sum_{i=1}^{n} {x_i}^{n-1} + a_n \sum_{i=1}^{n} {x_i}^{n} = \sum_{i=1}^{n} y_i \\ a_0 \sum_{i=1}^{n} x_i + a_1 \sum_{i=1}^{n} {x_i}^2 + a_2 \sum_{i=1}^{n} {x_i}^3 + \cdots + a_{n-2} \sum_{i=1}^{n} {x_i}^{n-1} + a_{n-1} \sum_{i=1}^{n} {x_i}^{n} + a_n \sum_{i=1}^{n} {x_i}^{n+1} = \sum_{i=1}^{n} x_i y_i \\ \cdots \\ a_0 \sum_{i=1}^{n} {x_i}^{n-1} + a_1 \sum_{i=1}^{n} {x_i}^{n} + a_2 \sum_{i=1}^{n} {x_i}^{n+1} + \cdots + a_{n-2} \sum_{i=1}^{n} {x_i}^{2n-3} + a_{n-1} \sum_{i=1}^{n} {x_i}^{2n-2} + a_n \sum_{i=1}^{n} {x_i}^{2n-1} = \sum_{i=1}^{n} {x_i}^{n-1} y_i \\ a_0 \sum_{i=1}^{n} {x_i}^{n} + a_1 \sum_{i=1}^{n} {x_i}^{n+1} + a_2 \sum_{i=1}^{n} {x_i}^{n+2} + \cdots + a_{n-2} \sum_{i=1}^{n} {x_i}^{2n-2} + a_{n-1} \sum_{i=1}^{n} {x_i}^{2n-1} + a_n \sum_{i=1}^{n} {x_i}^{2n} = \sum_{i=1}^{n} {x_i}^{n} y_i \end{cases}$$

과 같이 a_0와 a_1와 a_2와 … a_{n-2}와 a_{n-1}와 a_n에 대한 연립방정식이 되고 이 연립방정식을 풀면 된다.

14.5 연습 문제

문항1 선형회귀분석 프로그램에 입력한 자료들과 프로그램을 실행하여 얻은 결과를 MFC를 사용하여 그래프로 나타내어라.

문항2 다중 선형회귀분석 프로그램을 작성하여라.

문항3 다항식회귀분석 프로그램을 작성하여라.

15 상미분방정식

15.1 개론

미분방정식(differential equation)은 하나 또는 그 이상의 독립변수(independent variable)에 대한 하나 또는 그 이상의 종속변수(dependent variable)의 도함수(derivative) 또는 미분(differentials)을 포함하는 방정식이다.

만약 방정식이 하나 또는 그 이상의 종속변수 중 단 하나의 독립변수에 대한 도함수만을 포함하고 있을 때 그러한 방정식을 상미분방정식(ordinary differential equation)이라고 한다.

상미분에 관한 일반적인 기호들을 살펴보자.

y가 x의 함수라고 하자. x에 대한 y의 도함수는

$$y',\quad y'(x),\quad \frac{dy}{dx},\quad Dy$$

으로 나타내며, x에 관한 이계도함수는

$$y'',\quad y''(x),\quad \frac{d^2y}{dx^2},\quad D^2y$$

으로 표기하고, 4계 또는 고계의 도함수에 대해서는

$$y^{(4)}=\frac{d^4y}{dx^4},\quad \cdots,\quad y^{(n)}=\frac{d^ny}{dx^n}$$

등을 사용한다. 다음 네 방정식들

$$\frac{dy}{dx}=\frac{x^2}{y^2\cos y},\quad \frac{dy}{dx}+\frac{du}{dx}=u+x^2y,\quad (y-1)dx+x\cos y\,dy=0,\quad x^2y''+xy'+(x^2-n^2)y=0$$

은 상미분방정식의 보기(example)이다.

미분방정식의 계수(order)는 방정식에서 나타나는 가장 최고계의 도함수의 계수이다. 보기를 들어

$$x^2y''+xy'+(x^2-n^2)y=0$$

은 최고계 도함수가 y''이므로 계수는 2이다. 또한 미분방정식

$$\left(\frac{dy}{dx}\right)^5=x+y$$

은 최고계 도함수가 일계도함수이므로 계수는 1이다. 도함수에 5승을 한 것은 방정식의 계수와 무관하다. $\left(\frac{dy}{dx}\right)^5$과 $\frac{d^5y}{dx^5}$은 전혀 다른 것임에 유의해야 한다.

15.2 접선법

15.2.1 이론

접선법은 코시의 방법 또는 오일러-코시의 방법이라고 불린다.

미분방정식

$$\frac{dy}{dt} = f(t, y) \qquad [11]$$

과 초기조건(initial condition)

$$y(t_0) = y_0 \qquad [12]$$

으로 구성되어 있는 일계 초기값 문제(first order initial value problem)를 생각하여 보자.

우선 연속의 정의를 짚고 넘어가자.

임의의 양수 ε에 대하여

"$|x-a| < \delta$이면 $|f(x) - f(a)| < \varepsilon$이 성립한다."

을 만족하는 양수 δ가 존재할 때, 함수 $f: \mathbb{R} \to \mathbb{R}$는 a에서 연속이라고 한다.

사실 연속은 상당히 까다로운 개념일 것이다. 다음과 같이 연속을 생각해 보는 것이 연속을 머리 속으로 그려 보는 데에 도움을 줄 것이다.

함수 f가 있다. $f(a)$를 포함하는 모든 열린 구간 V에 대하여 a를 포함하는 열린 구간 U이 존재해서 $f(U) \subseteq V$이 된다고 하자. 이것을 f가 a에서 연속이라고 한다.

이제 다음의 정리를 알아두어라.

정리: 함수 f와 $\frac{\partial f}{\partial y}$가 점 (t_0, y_0)을 포함하는 어떤 사각 영역 $\alpha < t < \beta$, $\gamma < y < \delta$에서 연속이라고 하자. 그러면 $\alpha < t < \beta$에 포함된 어떤 구간 $]t_0 - h, t_0 + h[$에서 초기값 문제

$$\begin{cases} y' = f(t, y) \\ y(t_0) = y_0 \end{cases}$$

의 유일한 해(unique solution)가 있다. ◆

함수 f와 $\frac{\partial f}{\partial y}$는 점 (t_0, y_0)을 포함하는 평면의 어떤 사각 영역에서 연속이라고 가정한다. 그러면 위의 정리에 의하여, t_0를 포함하는 어떤 구간에 주어진 문제의 유일한 해 $y = \phi(t)$가 존재한다. 만약 미분방정식 [11]이 비선형이면, 해의 존재 구간은 결정하기가 어렵고 함수 f와 간단한 관계를 갖지 않는다. 그러나 모든 우리의 논의에서 우리는 관심(interest)의 구간에서 초기값 문제 [11]과 [12]의 유일한 해가 있다고 가정한다.

아래의 그림

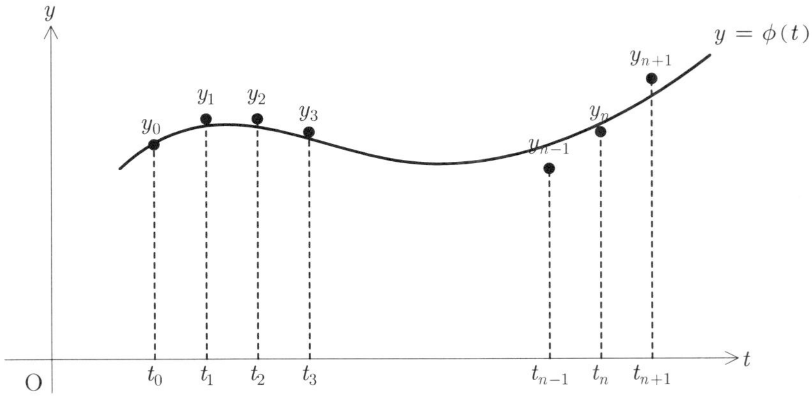

을 보아라. 주어진 초기값 문제의 해를 $\phi(t)$로 표시하면 $t = t_n$에서 해의 값은 $\phi(t_n)$이다.

초기조건으로부터

$$\phi(t_0) = y_0$$

이다.

그러나 일반적으로 $n \geq 1$일 때

$$\phi(t_n) \neq y_n$$

이다.

유사하게

$$\phi'(t_0) = f(t_0, y_0)$$

이다.

그러나 일반적으로 $n \geq 1$일 때

$$\Big(\phi'(t_n) = f\big(t_n, \phi(t_n)\big)\Big) \neq \big(f_n = f(t_n, y_n)\big)$$

이다.

더 나아가서 t축 위에 일정한 step size h를 가정하면

$$t_n = t_0 + nh$$

이 성립한다.

t_0와 y_0는 알려진 값이므로, 우리는 $t = t_0$에서 해(solution)에 접하는 직선의 기울기인 $\phi'(t_0) = f(t_0, y_0)$ 역시 알 수 있다. 따라서 우리는 t_0에서 해(solution)에 접하는 직선을 그릴 수 있고, t_0에서 t_1까지 접선을 따라 이동함으로써 $\phi(t_1)$의 근사값 y_1을 얻는다; 아래 그림

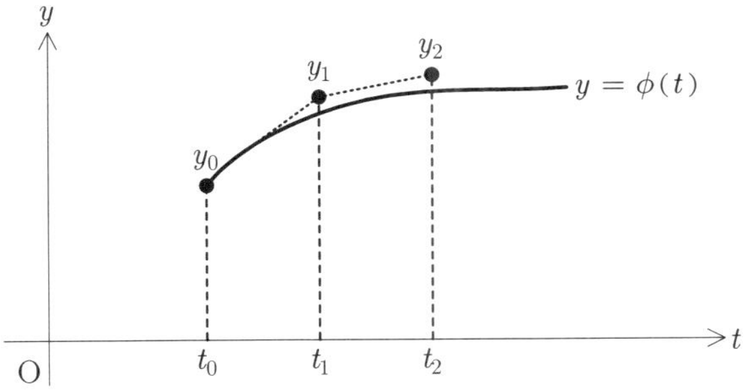

을 보아라. 그러므로

$$y_1 = y_0 + \phi'(t_0)(t_1 - t_0) = y_0 + f(t_0, y_0)(t_1 - t_0)$$

이 성립한다.

y_1이 결정되면, $f_1 = f(t_1, y_1)$을 계산할 수 있고 이 값을 t_1부터 t_2까지 이동함으로써 근사적인 기울기로 이용할 수 있다. 그러므로

$$y_2 = y_1 + f_1(t_2 - t_1) = y_1 + f(t_1, y_1)(t_1 - t_0)$$

이 성립한다.

위와 같은 방식으로 계속한다.

오일러 근사에 대한 일반적인 공식은

$$y_{n+1} = y_n + f(t_n, y_n)(t_{n+1} - t_n) = y_n + hf(t_n, y_n)$$

이다.

이제 프로그램으로 구현하여 보자.

문제는

$$y' = 1 - t + 4y, \quad [13]$$

$$y(0) = 1 \quad [14]$$

과 같다.

방정식 [13]은 일계 선형방정식(linear equation)이고, 초기조건 [14]을 만족시키는 해가

$$y = \phi(t) = \frac{t}{4} - \frac{3}{16} + \frac{19}{16}e^{4t}$$

과 같음을 쉽게 확인할 수 있다.

정확한 해를 알므로, 우리는 여러 수치해법들의 정확도를 알 수 있고 또한 서로 비교할 수도 있다.

15.2.2 소스 코드

```
#include <stdio.h>
#include <stdlib.h>
#include <math.h>

double Equation( double t, double y );
double IntegralFunction( double t );

void main()
{
    int i, j;
    double initialT, finalT, outputInterval, stepSize;
    double np, nc, t, y, tp[1000], yp[1000], exact;

    printf( "\n <1> 적분 범위: " );
    scanf( "%lf, %lf", &initialT, &finalT );
    printf( "\n <2> 결과로 출력할 구간의 간격 크기: " );
    scanf( "%lf", &outputInterval );
```

```
    np = (finalT-initialT) / outputInterval;

    if ( np>1000.0 )
    {
        printf( "₩n <3> 적분 범위나 출력 구간의 간격 크기를 줄이시오.₩n₩n₩n" );
        exit(1);
    }

    printf( "₩n <3> 계산할 구간의 간격 크기: " );
    scanf( "%lf", &stepSize );

    nc = outputInterval / stepSize;

    t = initialT;
    y = 1.0;        // 초기 y값
    tp[0] = t;
    yp[0] = y;

    for (i=0; i<(int)np; i++ )
    {
        for (j=0; j<(int)nc; j++ )
        {
            y = y + stepSize*Equation(t, y);
            t = t + stepSize;
        }

        tp[i+1] = t;
        yp[i+1] = y;
    }

    printf( "₩n <4> 입력한 값들에 대한 결과 ₩n" );
    printf( "    t        참값        근사값   백분율 상대 오차₩n  " );

    for (i=0; i<44; i++)
        printf( "=" );

    printf( "₩n" );

    for (i=0; i<=(int)np; i++)
    {
        exact = IntegralFunction( initialT+outputInterval*(double)i );
        printf( " %6.3lf %12lf %12lf %12lf₩n", tp[i], exact, yp[i], 100.0*(exact-yp[i])/exact );
    }

    printf( "₩n₩n" );
}

double Equation( double t, double y )
{
    return 1.0-t+4.0*y;
}

double IntegralFunction( double t )
{
    return (t/4.0)-(3.0/16.0)+(19.0/16.0)*exp(4.0*t);
}
```

15.2.3 실행 결과

<1> 적분 범위: 0.0, 1.47

<2> 결과로 출력할 구간의 간격 크기: 0.07

<3> 계산할 구간의 간격 크기: 0.0007

<4> 입력한 값들에 대한 결과

t	참값	근사값	백분율 상대 오차
0.000	1.000000	1.000000	0.000000
0.070	1.401217	1.400602	0.043865
0.140	1.926424	1.924797	0.084416
0.210	2.615686	2.612459	0.123367
0.280	3.522014	3.516323	0.161603
0.350	4.715550	4.706138	0.199588
0.420	6.289098	6.274157	0.237563
0.490	8.365451	8.342392	0.275639
0.560	11.107081	11.072220	0.313863
0.630	14.728959	14.677077	0.352240
0.700	19.515518	19.439260	0.390755
0.770	25.843103	25.732135	0.429389
0.840	34.209664	34.049524	0.468115
0.910	45.274056	45.044557	0.506911
0.980	59.908028	59.581077	0.545756
1.050	79.265018	78.801609	0.584632
1.120	104.871174	104.217275	0.623526
1.190	138.745787	137.826699	0.662426
1.260	183.560643	182.273288	0.701324
1.330	242.850860	241.053244	0.740214
1.400	321.293859	318.790686	0.779091

15.3 Runge-Kutta의 방법

15.3.1 이론

접선법은 오차가 너무 커서 실제 문제에 적용하기에는 적합하지 않다. Runge-Kutta의 방법은 정확도가 매우 높은 수치해법이다.

Runge-Kutta의 방법은 모두

$$y_{i+1} = y_i + h \times \phi(t_i, y_i, h)$$

과 같은 일반적인 형태로 나타낼 수 있다.

위 식에서 $\phi(t_i, y_i, h)$는 구간 상에서의 기울기를 나타내는 증분함수인데,

$$\phi = a_1k_1 + a_2k_2 + a_3k_3 + \cdots + a_{n-2}k_{n-2} + a_{n-1}k_{n-1} + a_nk_n$$

과 같은 일반적인 형태를 갖는다. 여기에서 $a_1 \sim a_n$는 상수이다.

실제로 자주 사용되는 4차 Runge-Kutta의 방법에서

$$k_1 = f(t_i, y_i), \quad k_2 = f\left(t_i + \frac{h}{2}, y_i + \frac{k_1 h}{2}\right), \quad k_3 = f\left(t_i + \frac{h}{2}, y_i + \frac{k_2 h}{2}\right), \quad k_4 = f(t_i + h, y_i + k_3 h)$$

이다.

결론적으로 4차 Runge-Kutta의 공식은

$$y_{i+1} = y_i + \frac{h(k_1 + 2k_2 + 2k_3 + k_4)}{6}$$

이다.

프로그램의 실행 결과를 살펴보아라. Runge-Kutta의 방법이 자주 사용되는 이유를 알 수 있을 것이다.

참고로 Carle David Tolmé Runge[9]는 독일의 수학자 · 물리학자이고, Martin Wilhelm Kutta[10]는 독일의 수학자 · 공기역학자(aerodynamicist)이다. 상미분방정식의 수치해(numerical solution)에 대한 Runge의 논문(paper)에서 비롯된 Runge-Kutta의 방법은 Kutta에 의하여 연립방정식으로 확장되었다.

15.3.2 소스 코드

```
#include <stdio.h>
#include <math.h>

double Equation( double, double );

void main()
{
    double t0=0.0, tmax=1.65, y0=1.0, h=0.03, yi=y0;
    double ti, exact, k1, k2, k3, k4;

    exact = t0/4.0 - (3.0/16.0) + (19.0/16.0)*exp(4.0*t0);
    printf( "\n  t: %.3lf    참값: %10lf    근사값: %10lf", t0, exact, y0 );

    for ( ti=t0; ti<tmax; ti=ti+h )
    {
        k1 = Equation( ti, yi );
        k2 = Equation( ti+h/2.0, yi+k1*h/2.0 );
        k3 = Equation( ti+h/2.0, yi+k2*h/2.0 );
        k4 = Equation( ti+h, yi+k3*h );
        exact = (ti+h)/4.0 - (3.0/16.0) + (19.0/16.0)*exp(4.0*(ti+h));
        yi = yi + h*(k1+2.0*k2+2.0*k3+k4)/6.0;
        printf( "\n  t: %.3lf    참값: %10lf    근사값: %10lf", ti+h, exact, yi );
    }

    printf( "\n\n\n" );
}
```

[9] Born: 30 Aug 1856 in Bremen, Germany

Died: 3 Jan 1927 in Göttingen, Germany

[10] Born: 3 Nov 1867 in Pitschen, Upper Silesia (now Byczyna, Poland)

Died: 25 Dec 1944 in Fürstenfeldbruck, Germany

```
double Equation( double t, double y )
{
    return 1.0-t+4.0*y;
}
```

15.3.3 실행 결과

```
 t: 0.000   참값:   1.000000   근사값:   1.000000
 t: 0.030   참값:   1.158903   근사값:   1.158902
 t: 0.060   참값:   1.337108   근사값:   1.337108
 t: 0.090   참값:   1.537079   근사값:   1.537078
 t: 0.120   참값:   1.761588   근사값:   1.761587
 t: 0.150   참값:   2.013766   근사값:   2.013764
 t: 0.180   참값:   2.297139   근사값:   2.297137
 t: 0.210   참값:   2.615686   근사값:   2.615682
 t: 0.240   참값:   2.973890   근사값:   2.973885
 t: 0.270   참값:   3.376807   근사값:   3.376801
 t: 0.300   참값:   3.830139   근사값:   3.830131
 t: 0.330   참값:   4.340313   근사값:   4.340304
 t: 0.360   참값:   4.914576   근사값:   4.914565
 t: 0.390   참값:   5.561100   근사값:   5.561086
 t: 0.420   참값:   6.289098   근사값:   6.289081
 t: 0.450   참값:   7.108956   근사값:   7.108936
 t: 0.480   참값:   8.032388   근사값:   8.032364
 t: 0.510   참값:   9.072598   근사값:   9.072569
 t: 0.540   참값:  10.244476   근사값:  10.244441
 t: 0.570   참값:  11.564808   근사값:  11.564767
 t: 0.600   참값:  13.052522   근사값:  13.052473
 t: 0.630   참값:  14.728959   근사값:  14.728900
 t: 0.660   참값:  16.618179   근사값:  16.618111
 t: 0.690   참값:  18.747314   근사값:  18.747233
 t: 0.720   참값:  21.146949   근사값:  21.146854
 t: 0.750   참값:  23.851575   근사값:  23.851463
 t: 0.780   참값:  26.900076   근사값:  26.899945
 t: 0.810   참값:  30.336295   근사값:  30.336141
 t: 0.840   참값:  34.209664   근사값:  34.209485
 t: 0.870   참값:  38.575920   근사값:  38.575710
 t: 0.900   참값:  43.497903   근사값:  43.497659
 t: 0.930   참값:  49.046468   근사값:  49.046183
 t: 0.960   참값:  55.301501   근사값:  55.301169
 t: 0.990   참값:  62.353075   근사값:  62.352689
 t: 1.020   참값:  70.302745   근사값:  70.302297
 t: 1.050   참값:  79.265018   근사값:  79.264498
 t: 1.080   참값:  89.368996   근사값:  89.368393
 t: 1.110   참값: 100.760243   근사값: 100.759544
 t: 1.140   참값: 113.602882   근사값: 113.602073
 t: 1.170   참값: 128.081961   근사값: 128.081025
 t: 1.200   참값: 144.406121   근사값: 144.405038
 t: 1.230   참값: 162.810603   근사값: 162.809351
 t: 1.260   참값: 183.560643   근사값: 183.559197
 t: 1.290   참값: 206.955291   근사값: 206.953622
 t: 1.320   참값: 233.331727   근사값: 233.329802
 t: 1.350   참값: 263.070119   근사값: 263.067899
 t: 1.380   참값: 296.599107   근사값: 296.596548
 t: 1.410   참값: 334.401978   근사값: 334.399030
```

```
t: 1.440    참값: 377.023641    근사값: 377.020246
t: 1.470    참값: 425.078475    근사값: 425.074568
t: 1.500    참값: 479.259192    근사값: 479.254697
t: 1.530    참값: 540.346825    근사값: 540.341655
t: 1.560    참값: 609.221982    근사값: 609.216039
t: 1.590    참값: 686.877548    근사값: 686.870719
t: 1.620    참값: 774.432999    근사값: 774.425153
t: 1.650    참값: 873.150537    근사값: 873.141528
```

15.4 연립일계미분방정식을 풀기 위한 Runge-Kutta의 방법

15.4.1 이론

연립일계미분방정식

$$\begin{cases} \dfrac{dx}{dt} = f(t, x, y), & x(t_0) = x_0 \\ \dfrac{dy}{dt} = g(t, x, y), & y(t_0) = y_0 \end{cases}$$

을 푸는 데에 4차 Runge-Kutta의 방법을 적용하면

$$x_{i+1} = x_i + \frac{h(k_1 + 2k_2 + 2k_3 + k_4)}{6}, \quad y_{i+1} = y_i + \frac{h(l_1 + 2l_2 + 2l_3 + l_4)}{6}$$

을 얻는다. 여기에서 $h = t_{i+1} - t_i$이고 $k_1 \sim k_4$와 $l_1 \sim l_4$는

$$k_1 = f(t_i, x_i, y_i), \quad l_1 = g(t_i, x_i, y_i),$$

$$k_2 = f\left(t_i + \frac{h}{2}, x_i + \frac{k_1 h}{2}, y_i + \frac{l_1 h}{2}\right), \quad l_2 = g\left(t_i + \frac{h}{2}, x_i + \frac{k_1 h}{2}, y_i + \frac{l_1 h}{2}\right),$$

$$k_3 = f\left(t_i + \frac{h}{2}, x_i + \frac{k_2 h}{2}, y_i + \frac{l_2 h}{2}\right), \quad l_3 = g\left(t_i + \frac{h}{2}, x_i + \frac{k_2 h}{2}, y_i + \frac{l_2 h}{2}\right),$$

$$k_4 = f(t_i + h, x_i + k_3 h, y_i + l_3 h), \quad l_4 = g(t_i + h, x_i + k_3 h, y_i + l_3 h)$$

이다.

15.5 이계미분방정식을 풀기 위한 Runge-Kutta의 방법

15.5.1 이론

Runge-Kutta의 방법을 사용하여 미분방정식

$$\frac{d^2 y}{dt^2} = f(t, y, y')$$

과 초기조건

$$y(t_0) = y_0, \quad y'(t_0) = y_0{}'$$

으로 구성되어 있는 이계 초기값 문제(second order initial value problem)를 풀어 보자.

$y' = z$인 치환에 의하여 주어진 문제는

$$\begin{cases} y' = z, & z' = f(t, y, z) \\ y(t_0) = y_0, & z(t_0) = z_0 \end{cases}$$

으로 변형된다.

4차 Runge-Kutta의 방법을 적용하면

$$y_{i+1} = y_i + \frac{h(k_1 + 2k_2 + 2k_3 + k_4)}{6}, \quad z_{i+1} = z_i + \frac{h(l_1 + 2l_2 + 2l_3 + l_4)}{6}$$

을 얻을 수 있다. 여기에서 $h = t_{i+1} - t_i$이고 $k_1 \sim k_4$와 $l_1 \sim l_4$는

$$k_1 = z_i, \quad l_1 = f(t_i, y_i, z_i),$$

$$k_2 = z_i + \frac{l_1}{2}, \quad l_2 = f\left(t_i + \frac{h}{2}, y_i + \frac{k_1 h}{2}, z_i + \frac{l_1 h}{2}\right),$$

$$k_3 = z_i + \frac{l_2}{2}, \quad l_3 = f\left(t_i + \frac{h}{2}, y_i + \frac{k_2 h}{2}, z_i + \frac{l_2 h}{2}\right),$$

$$k_4 = z_i + l_3, \quad l_4 = f(t_i + h, y_i + k_3 h, z_i + l_3 h)$$

이다.

15.6 연습 문제

문항1 접선법의 오차가 큰 이유는 무엇인가?

문항2 3차 Runge-Kutta의 공식은

$$y_{i+1} = y_i + \frac{h(k_1 + 4k_2 + k_3)}{6}$$

이다. $k_1 \sim k_3$가 어떻게 표현되는지 조사하고 이 공식을 프로그램으로 구현하여라.

16 편미분방정식

16.1 개론

기초적인 사항은 상미분방정식과 별 다를 것이 없다. 상미분방정식에 대한 지식이 있다면, 특별히 설명하지 않아도 편미분방정식의 개념 역시 어렵지 않게 이해할 수 있다.

보통 수치해석학에서 다루는 편미분방정식은

$$A\frac{\partial^2 u}{\partial x^2}+B\frac{\partial^2 u}{\partial x \partial y}+C\frac{\partial^2 u}{\partial y^2}+D=0$$

의 꼴로 표현되는 선형이계방정식이다. 여기에서 A와 B와 C는 x와 y의 함수들이고, D는 x와 y와 u와 $\frac{\partial u}{\partial x}$와 $\frac{\partial u}{\partial y}$의 함수이다.

$B^2-4AC<0$ 이면 타원 편미분방정식이라 하고, $B^2-4AC=0$ 이면 포물선 편미분방정식이라고 하며, $B^2-4AC>0$이면 쌍곡선 편미분방정식이라고 한다.

16.2 타원 편미분방정식

타원 편미분방정식을 포함하는 응용의 보기들은 영역 R에서의 경계값 문제를 수반한다. 만약에 R의 경계곡선 C 상에서 u의 값이 주어지면, 첫째 경계값 문제(first boundary value problem) 또는 디리클레 문제(Dirichlet problem)라고 한다. 만약 경계곡선 C 상에서 u의 법선도함수(normal derivative) $\frac{\partial u}{\partial n}$가 주어지면, 둘째 경계값 문제(second boundary value problem) 또는 노이만 문제(Neumann problem)라고 한다. 만약 C의 어떤 부분에서 u의 값이 주어지고 나머지 부분에서 u의 법선도함수가 주어지면, 셋째 경계값 문제(third boundary value problem) 또는 혼합된 문제(mixed problem)라고 한다. 디리클레 문제는 Johann Peter Gustav Lejeune Dirichlet(1805~1859)에 경의를 표하여 만들어진 명칭이고, 노이만 문제는 Carl Gottfried Neumann(1832~1925)에 경의를 표하여 만들어진 명칭이다.

푸아송 방정식은 타원 편미분방정식의 전형적인 보기이다. 그렇다면 푸아송 방정식의 특별한 경우인 라플라스 방정식도 당연히 타원 편미분방정식이다.

라플라스 방정식은 Pierre-Simon Laplace(1749~1827)를 기념하여 만들어진 명칭이긴 하나, 사실 그 방정식은 유체동역학(hydrodynamics)에 관한 오일러의 논문에서 1752년에 처음 나타났던 방정식이다.

16.2.1 차분방정식(difference equation)

푸아송 방정식

$$\frac{\partial^2 u}{\partial x^2}+\frac{\partial^2 u}{\partial y^2}=f(x,y) \quad [15]$$

의 차분방정식(difference equation)을 구하여 보자. 우리가 해야 할 일은 위 식의 편도함수들을 차분몫(difference quotient)들로 바꾸는 것이다.

테일러 공식에 의하여

$$u(x+h,y)=u(x,y)+h\frac{\partial u(x,y)}{\partial x}+\frac{h^2}{2}\frac{\partial^2 u(x,y)}{\partial x^2}+\frac{h^3}{6}\frac{\partial^3 u(x,y)}{\partial x^3}+\frac{h^4}{24}\frac{\partial^4 u(x,y)}{\partial x^4}+O(h^5), \quad [16]$$

$$u(x-h,y)=u(x,y)-h\frac{\partial u(x,y)}{\partial x}+\frac{h^2}{2}\frac{\partial^2 u(x,y)}{\partial x^2}-\frac{h^3}{6}\frac{\partial^3 u(x,y)}{\partial x^3}+\frac{h^4}{24}\frac{\partial^4 u(x,y)}{\partial x^4}+O(h^5) \quad [17]$$

으로 쓸 수 있다. 여기에서 변수는 h이다.

[16]에서 [17]을 빼면

$$u(x+h,y)-u(x-h,y)=2h\frac{\partial u(x,y)}{\partial x}+\frac{h^3}{3}\frac{\partial^3 u(x,y)}{\partial x^3}+\frac{h^5}{60}\frac{\partial^5 u(x,y)}{\partial x^5}+\frac{h^7}{2520}\frac{\partial^7 u(x,y)}{\partial x^7}+O(h^8)$$

이다.

우변의 둘째항 이하를 무시하면

$$u(x+h,y)-u(x-h,y)=2h\frac{\partial u(x,y)}{\partial x}$$

이 된다.

양변을 $2h$으로 나누면

$$\frac{\partial u(x,y)}{\partial x}=\frac{u(x+h,y)-u(x-h,y)}{2h}$$

이다.

마찬가지 방식으로

$$\frac{\partial u(x,y)}{\partial y}=\frac{u(x,y+k)-u(x,y-k)}{2k}$$

을 얻을 수 있다.

[16]에서 [17]을 더하면

$$u(x+h,y)+u(x-h,y)=2u(x,y)+h^2\frac{\partial^2 u(x,y)}{\partial x^2}+\frac{h^4}{12}\frac{\partial^4 u(x,y)}{\partial x^4}+\frac{h^6}{360}\frac{\partial^6 u(x,y)}{\partial x^6}+O(h^7)$$

이다.

셋째항 이하를 무시하면

$$u(x+h,y)+u(x-h,y)=2u(x,y)+h^2\frac{\partial^2 u(x,y)}{\partial x^2}$$

이 된다.

약간의 대수조작을 하면

$$\frac{\partial^2 u(x,y)}{\partial x^2}=\frac{u(x+h,y)+u(x-h,y)-2u(x,y)}{h^2}$$

을 얻을 수 있다.

마찬가지 방식으로

$$\frac{\partial^2 u(x,y)}{\partial y^2} = \frac{u(x,y+k) + u(x,y-k) - 2u(x,y)}{k^2}$$

을 얻을 수 있다.

위의 두 식을 [15]에 대입하면

$$\frac{u(x+h,y) + u(x-h,y) - 2u(x,y)}{h^2} + \frac{u(x,y+k) + u(x,y-k) - 2u(x,y)}{k^2} = f(x,y)$$

이다.

공식을 좀 간단히 만들기 위하여 $k = h$을 선택하면

$$\big(u(x+h,y) + u(x-h,y) - 2u(x,y)\big) + \big(u(x,y+h) + u(x,y-h) - 2u(x,y)\big) = h^2 f(x,y)$$

이 된다.

정리하면

$$u(x+h,y) + u(x,y+h) + u(x-h,y) + u(x,y-h) - 4u(x,y) = h^2 f(x,y)$$

이 얻어진다. 이 식은 푸아송 방정식 [15]에 대응하는 차분방정식이다.

쉽게 알 수 있듯이, 라플라스 방정식에 대응하는 차분방정식은

$$u(x+h,y) + u(x,y+h) + u(x-h,y) + u(x,y-h) - 4u(x,y) = 0$$

이다.

h를 그물코의 크기(mesh size)라고 한다.

16.3 포물선 편미분방정식

열역학(thermodynamics)에 등장하는 열전도방정식(heat conduction equation)이나 퍼짐방정식(diffusion equation)은 포물선 편미분방정식이다.

퍼짐방정식은

$$\frac{\partial \psi}{\partial t} = \kappa \nabla^2 \psi$$

의 형태이다. 여기에서 κ는 퍼짐곁수(diffusion coefficient)이다.

16.3.1 일차원 열전도방정식의 유도

열전도는 온도가 높은 곳에서 낮은 곳으로 열이 전달되는 현상으로서, 퍼짐(diffusion)에 의하여 효과적으로 일어난다.

아래의 그림

과 같이 길고 얇은 막대가 있다. 이 막대는 양 끝을 제외하고는 모든 곳에서 절연되어 있다. 처음에 막대 한 끝의 온도는 다른 끝의 온도와 다르다. 그리고 열원(heat source)은 없다.

곡면넓이(surface area)가 A인 미분요소 $(x, x+dx)$를 생각하자.

그러면

$$dQ_{안} = -kA\frac{\partial T(x,t)}{\partial x}dt, \quad dQ_{밖} = -kA\frac{\partial T(x+dx,t)}{\partial x}dt,$$

$$\therefore \quad dQ = dQ_{안} - dQ_{밖} = kAdt\left(\frac{\partial T(x+dx,t)}{\partial x} - \frac{\partial T(x,t)}{\partial x}\right) = kAdtdx\frac{\partial^2 T(x,t)}{\partial x^2}$$

이 성립한다. 여기에서 k는 열전도도(thermal conductivity)이다.

한편 열들이(heat capacity) S를 사용하여

$$dQ = mSdT(x,t) = A\rho SdxdT(x,t) = A\rho Sdx\frac{\partial T(x,t)}{\partial t}dt$$

와 같이 나타낼 수 있다.

그러므로

$$kAdtdx\frac{\partial^2 T(x,t)}{\partial x^2} = A\rho Sdx\frac{\partial T(x,t)}{\partial t}dt,$$

$$k\frac{\partial^2 T(x,t)}{\partial x^2} = \rho S\frac{\partial T(x,t)}{\partial t},$$

$$\therefore \quad \frac{\partial T(x,t)}{\partial t} = \frac{k}{\rho S}\frac{\partial^2 T(x,t)}{\partial x^2}$$

적으로 얻어지는 방정식을 일차원 열전도 방정식이라고 한다.

열전도 방정식에서 나타나는 상수 $\frac{k}{\rho S}$를 열퍼짐도(thermal diffusivity)라고 한다.

16.3.2 양함수적 방법

16.3.2.1 이론

일차원 열전도 방정식

$$\frac{\partial T(x,t)}{\partial t} = \frac{k}{\rho S}\frac{\partial^2 T(x,t)}{\partial x^2}$$

을 고려하자.

수식을 간략하게 만들기 위해 $\frac{k}{\rho S} = 1$이라고 하자. 그러면

$$\frac{\partial T(x,t)}{\partial t} = \frac{\partial^2 T(x,t)}{\partial x^2}$$

으로 된다.

아래의 그림

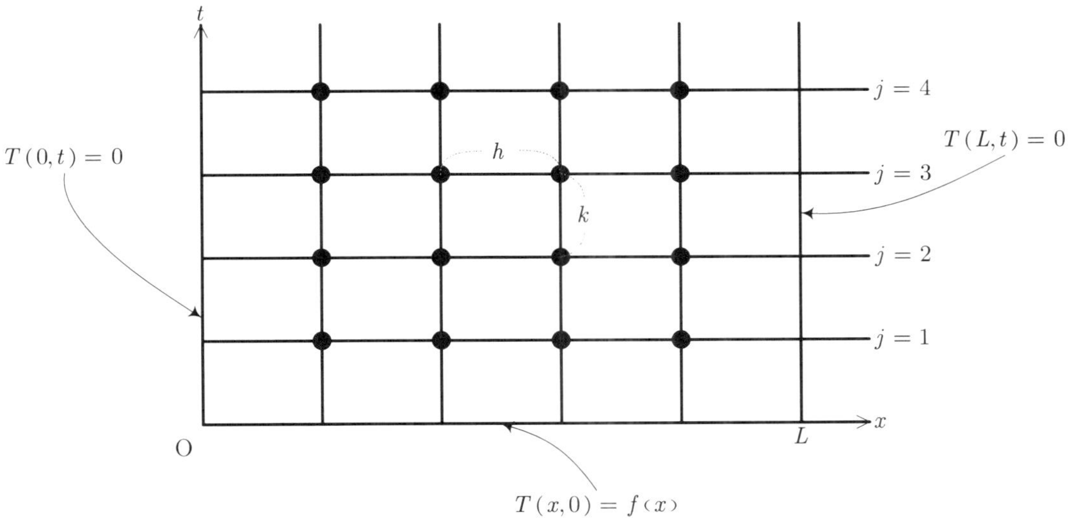

은 grid와 그물코점(mesh point)들을 나타낸다. 그물코의 크기는 $h \times k$이다.

차분방정식은

$$\frac{T_{i,j+1} - T_{ij}}{k} = \frac{T_{i+1,j} - 2T_{ij} + T_{i-1,j}}{h^2}$$

이다.

좌변을 보면 전진차분몫(forward difference quotient)을 사용한 것을 알 수 있다. 처음 시작할 때 음의 시간에 대해서 우리에게 주어진 정보가 없기 때문이다.

위의 차분방정식에 약간의 대수조작을 하면

$$T_{i,j+1} - T_{ij} = \frac{k}{h^2}(T_{i+1,j} - 2T_{ij} + T_{i-1,j}),$$

$$T_{i,j+1} = T_{ij} + \frac{k}{h^2}(T_{i+1,j} - 2T_{ij} + T_{i-1,j}) = \left(1 - \frac{2k}{h^2}\right)T_{ij} + \frac{k}{h^2}(T_{i+1,j} + T_{i-1,j}),$$

$$\therefore \quad T_{i,j+1} = \left(1 - \frac{2k}{h^2}\right)T_{ij} + \frac{k}{h^2}(T_{i+1,j} + T_{i-1,j})$$

을 얻는다.

위의 식에 기반한 양함수적 방법을 컴퓨터로 구현하는 것은 쉽다. 그런데 한 가지 고려할 사항이 있다.

위의 식에서 T_{ij}의 계수가 $\frac{k}{h^2} \le \frac{1}{2}$을 만족하면, 양함수적 방법은 수렴하고 안정적이라는 것을 증명할 수 있다. 여기에서 수렴은 h와 t가 0에 접근함에 따라 유한차분 기법의 결과가 참해(true solution)에 접근함을 의미한다. 안정성(stability)은 계산(computation)의 임의의 단계에서의 오차가 계산이 진행됨에 따라 많아지지 않고 줄어드는 것을 의미한다. 직관적으로 이 사실은 우리가 시간 방향에서 너무 빨리 이동해서는 안된다는 것을 의미한다.

16.3.2.2 소스 코드

```
#include <math.h>
#include <stdio.h>

const double PI = acos(-1.0);

int HeatConduction(void (*ic)(int n, double L), int nx, int nt, double alpha, double L, double ht);
void Ic(int n, double L);

double u[123];
```

```
void main()
{
    int n=10, nt=34;
    double al=0.5, L=PI, ht=0.03;

    printf("₩n < 양함수적 방법에 의한 열전도방정식의 풀이 >₩n");
    printf("₩t초기조건: u[x][0]=sin(x), 0<x<PI₩n");
    HeatConduction(Ic, n, nt, sqrt(al), L, ht);
    printf("₩n₩n₩n");
}

int HeatConduction(void (*ic)(int n, double L), int n, int nt, double alpha, double L, double ht)
{
    double hx, k, t, T=nt*ht;
    int count;
    double v[123];

    if ( n<3 || n>123 || L<=0.0 )        // 오류 조건
        return 999;

    hx = L / n;
    k = alpha * alpha * ht / (hx*hx);

    if ( k>0.5 )          // 불안정
        return 1;

    u[0] = 0.0;      // 경계조건
    u[n] = 0.0;      // 경계조건
    ic(n, L);        // 초기조건
    printf(" %s  ", "시간");

    for (count=0; count<=n; count++)
        printf(" u(%2d)", count);

    for (t=0; t<=T; t+=ht)
    {
        printf("₩n%5.2lf  ", t);

        for (count=0; count<=n; count++)
            printf("%6.3lf", u[count]);

        for (count=0; count<=n; count++)
            v[count] = u[count];

        for (count=1; count<n; count++)
            u[count] = (1.0-2.0*k)*v[count] + k*(v[count+1]+v[count-1]);
    }

    return 0;
}

void Ic(int n, double L)
{
    int count;
    double x;

    for (count=1; count<n; count++)
```

```
    {
        x = L * count / n;
        u[count] = sin(x);
    }
}
```

16.3.2.3 실행 결과

```
< 양함수적 방법에 의한 열전도방정식의 풀이 >
      초기조건: u[x][0]=sin(x), 0<x<PI
시간  u( 0) u( 1) u( 2) u( 3) u( 4) u( 5) u( 6) u( 7) u( 8) u( 9) u(10)
0.00  0.000 0.309 0.588 0.809 0.951 1.000 0.951 0.809 0.588 0.309 0.000
0.03  0.000 0.304 0.579 0.797 0.937 0.985 0.937 0.797 0.579 0.304 0.000
0.06  0.000 0.300 0.570 0.785 0.923 0.970 0.923 0.785 0.570 0.300 0.000
0.09  0.000 0.295 0.562 0.773 0.909 0.956 0.909 0.773 0.562 0.295 0.000
0.12  0.000 0.291 0.554 0.762 0.896 0.942 0.896 0.762 0.554 0.291 0.000
0.15  0.000 0.287 0.545 0.751 0.882 0.928 0.882 0.751 0.545 0.287 0.000
0.18  0.000 0.282 0.537 0.739 0.869 0.914 0.869 0.739 0.537 0.282 0.000
0.21  0.000 0.278 0.529 0.728 0.856 0.900 0.856 0.728 0.529 0.278 0.000
0.24  0.000 0.274 0.521 0.718 0.844 0.887 0.844 0.718 0.521 0.274 0.000
0.27  0.000 0.270 0.514 0.707 0.831 0.874 0.831 0.707 0.514 0.270 0.000
0.30  0.000 0.266 0.506 0.696 0.819 0.861 0.819 0.696 0.506 0.266 0.000
0.33  0.000 0.262 0.498 0.686 0.806 0.848 0.806 0.686 0.498 0.262 0.000
0.36  0.000 0.258 0.491 0.676 0.794 0.835 0.794 0.676 0.491 0.258 0.000
0.39  0.000 0.254 0.484 0.666 0.783 0.823 0.783 0.666 0.484 0.254 0.000
0.42  0.000 0.251 0.477 0.656 0.771 0.811 0.771 0.656 0.477 0.251 0.000
0.45  0.000 0.247 0.469 0.646 0.760 0.799 0.760 0.646 0.469 0.247 0.000
0.48  0.000 0.243 0.462 0.637 0.748 0.787 0.748 0.637 0.462 0.243 0.000
0.51  0.000 0.240 0.456 0.627 0.737 0.775 0.737 0.627 0.456 0.240 0.000
0.54  0.000 0.236 0.449 0.618 0.726 0.764 0.726 0.618 0.449 0.236 0.000
0.57  0.000 0.232 0.442 0.609 0.715 0.752 0.715 0.609 0.442 0.232 0.000
0.60  0.000 0.229 0.436 0.599 0.705 0.741 0.705 0.599 0.436 0.229 0.000
0.63  0.000 0.226 0.429 0.591 0.694 0.730 0.694 0.591 0.429 0.226 0.000
0.66  0.000 0.222 0.423 0.582 0.684 0.719 0.684 0.582 0.423 0.222 0.000
0.69  0.000 0.219 0.416 0.573 0.674 0.708 0.674 0.573 0.416 0.219 0.000
0.72  0.000 0.216 0.410 0.565 0.664 0.698 0.664 0.565 0.410 0.216 0.000
0.75  0.000 0.212 0.404 0.556 0.654 0.687 0.654 0.556 0.404 0.212 0.000
0.78  0.000 0.209 0.398 0.548 0.644 0.677 0.644 0.548 0.398 0.209 0.000
0.81  0.000 0.206 0.392 0.540 0.635 0.667 0.635 0.540 0.392 0.206 0.000
0.84  0.000 0.203 0.386 0.532 0.625 0.657 0.625 0.532 0.386 0.203 0.000
0.87  0.000 0.200 0.381 0.524 0.616 0.647 0.616 0.524 0.381 0.200 0.000
0.90  0.000 0.197 0.375 0.516 0.607 0.638 0.607 0.516 0.375 0.197 0.000
0.93  0.000 0.194 0.369 0.508 0.598 0.628 0.598 0.508 0.369 0.194 0.000
0.96  0.000 0.191 0.364 0.501 0.589 0.619 0.589 0.501 0.364 0.191 0.000
0.99  0.000 0.188 0.358 0.493 0.580 0.610 0.580 0.493 0.358 0.188 0.000
```

16.3.3 Crank-Nicolson 방법

16.3.3.1 이론

이전 section에서 공부한 양함수적 방법에서는 $\frac{k}{h^2} \le \frac{1}{2}$이라는 조건을 요구하였다. 그런데 이 조건은 우리를 상당히 난처하게 만든다. 충분한 정확도를 달성하기 위하여 우리는 h를 작게 만들어야 하는데, 이것은 k를 매우 작은 값으로 만들어야 함을 의미하기 때문이다. 보기를 들어 $h = 0.07$이라면 $k \le 0.00245$이어야 한다.

Crank-Nicolson 방법은 그러한 조건을 요구하지 않는다.

양함수적 방법에 기술되어 있는

$$\frac{T_{i,j+1}-T_{ij}}{k}=\frac{T_{i+1,j}-2T_{ij}+T_{i-1,j}}{h^2}$$

의 우변을

$$\frac{T_{i,j+1}-T_{ij}}{k}=\frac{T_{i+1,j}-2T_{ij}+T_{i-1,j}}{2h^2}+\frac{T_{i+1,j+1}-2T_{i,j+1}+T_{i-1,j+1}}{2h^2}$$

과 같이 쓴다.

양변에 $2k$를 곱하면

$$2\left(T_{i,j+1}-T_{ij}\right)=\frac{k\left(T_{i+1,j}-2T_{ij}+T_{i-1,j}\right)}{h^2}+\frac{k\left(T_{i+1,j+1}-2T_{i,j+1}+T_{i-1,j+1}\right)}{h^2}$$

이다.

약간의 대수조작을 하면

$$2T_{i,j+1}-\frac{k\left(T_{i+1,j+1}-2T_{i,j+1}+T_{i-1,j+1}\right)}{h^2}=2T_{ij}+\frac{k\left(T_{i+1,j}-2T_{ij}+T_{i-1,j}\right)}{h^2},$$

$$\therefore\quad \left(2+\frac{2k}{h^2}\right)T_{i,j+1}-\frac{k}{h^2}\left(T_{i+1,j+1}+T_{i-1,j+1}\right)=\left(2-\frac{2k}{h^2}\right)T_{ij}+\frac{k}{h^2}\left(T_{i+1,j}+T_{i-1,j}\right)$$

을 얻는다.

공식에 포함된 그물코점(mesh point)들의 개수가 어떻게 되었는가?

양함수적 방법의 공식에는 그물코점들이 4개가 들어 있었으나, Crank-Nicolson 방법의 공식에는

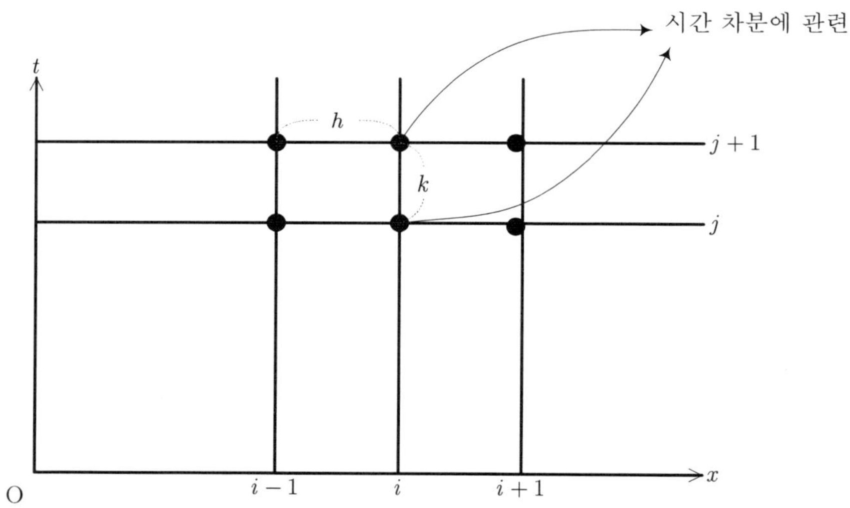

처럼 그물코점들이 6개가 들어 있다.

Crank-Nicolson 방법은 수정된 오일러 방법(modified Euler method)에 기반을 두고 있다.

Crank-Nicolson 방법은 k의 값에 관계없이 무조건적으로(unconditionally) 안정하다는 장점을 가진다.

한편 $\frac{k}{h^2}$에 대한 조건이 필요없기는 하지만, 물론 $\frac{k}{h^2}$의 값에 따라 결과가 영향을 받을 것이다.

16.4 쌍곡선 편미분방정식

16.4.1 일차원 파동방정식의 유도

아래의 그림

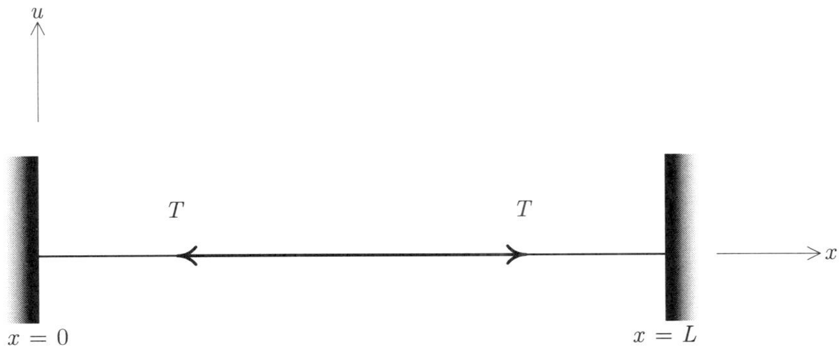

은 $x = 0$과 $x = L$인 지점에 팽팽하게(tightly) 고정되어 있는 줄을 나타낸다. 이 줄은 구부려도 부러지지 않고 약간의 신축성이 있다. 그리고 이 줄은 구부리거나 잡아당겼다 놓아도 원래의 형태로 되돌아간다.

줄을 잡아뜯는 상황을 생각하자. 이 줄이 방해받지 않는다면, 수직평면에서 자유롭게 진동할 것이다. 이 운동을 지배하는 미분방정식을 얻는 것이 우리의 목적이다.

아래의 그림

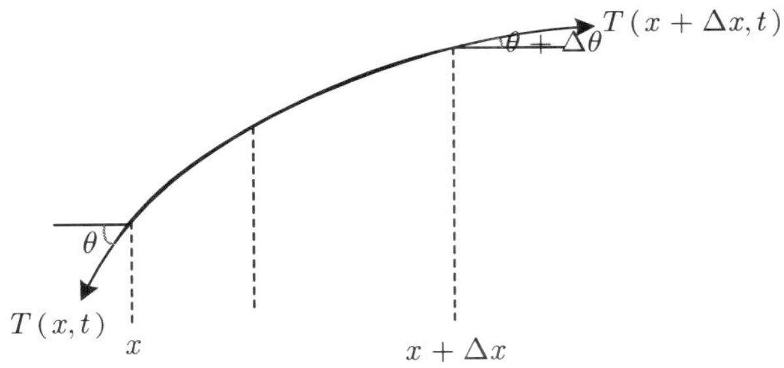

처럼 x와 $x+\Delta x$ 사이에 놓여 있는 줄의 작은 요소에 작용하고 있는 힘을 고려하여 보자. 줄의 운동은 작아서, 그 결과로 줄에서의 각 점은 수직선에서 오로지 움직인다고 가정한다. 시간 t일 때 점 x의 수직변위를 $u(x,t)$이라고 하자. 장력은 항상 접선방향으로 작용한다. 장력은 $T(x,t)$으로 나타내자. 줄의 선밀도인 단위길이당 질량을 ρ이라고 하자.

뉴턴의 법칙을 이용하여 운동방정식을 세운다.

수평방향으로는 가속도가 없으므로

$$T(x+\Delta x,t)\cos(\theta+\Delta\theta) = T(x,t)\cos\theta \qquad [18]$$

이다.

실제로는 연직 아래로 작용하는 줄의 무게를 무시하면, 수직방향에서 성립하는 운동방정식은

$$T(x+\Delta x,t)\sin(\theta+\Delta\theta) - T(x,t)\sin\theta = \rho\Delta x\frac{\partial^2 u(\bar{x},t)}{\partial t^2}$$

이다. 여기에서 $\overline{x}$는 고려하고 있는 줄의 요소의 질량중심의 좌표이다. 물론 $\overline{x}$는 x와 $x+\Delta x$ 사이에 놓인다.

위 식의 양변을 [18]으로 나누면

$$\frac{T(x+\Delta x,t)\sin(\theta+\Delta\theta)}{T(x+\Delta x,t)\cos(\theta+\Delta\theta)}-\frac{T(x,t)\sin\theta}{T(x,t)\cos\theta}=\frac{\rho\Delta x}{T(x,t)\cos\theta}\frac{\partial^2 u(\overline{x},t)}{\partial t^2},$$

$$\tan(\theta+\Delta\theta)-\tan\theta=\frac{\rho\Delta x}{T(x,t)\cos\theta}\frac{\partial^2 u(\overline{x},t)}{\partial t^2} \qquad [19]$$

이다.

$\tan\theta$와 $\tan(\theta+\Delta\theta)$는 각각 x와 $x+\Delta x$에서 줄의 기울기이다. 따라서

$$\tan\theta=\left.\frac{\partial u(x,t)}{\partial x}\right|_{x},\quad \tan(\theta+\Delta\theta)=\left.\frac{\partial u(x,t)}{\partial x}\right|_{x+\Delta x}$$

으로 쓸 수 있다. $u(x,t)$가 x만의 함수가 아니므로 편도함수를 써야 한다.

위의 두 식들을 [19]에 대입하면

$$\left.\frac{\partial u(x,t)}{\partial x}\right|_{x+\Delta x}-\left.\frac{\partial u(x,t)}{\partial x}\right|_{x}=\frac{\rho\Delta x}{T(x,t)\cos\theta}\frac{\partial^2 u(\overline{x},t)}{\partial t^2}$$

이다.

양변을 Δx으로 나누고 $\Delta x\to 0$인 극한을 취하면

$$\lim_{\Delta x\to 0}\frac{\left.\frac{\partial u(x,t)}{\partial x}\right|_{x+\Delta x}-\left.\frac{\partial u(x,t)}{\partial x}\right|_{x}}{\Delta x}=\lim_{\Delta x\to 0}\left[\frac{\rho}{T(x,t)\cos\theta}\frac{\partial^2 u(\overline{x},t)}{\partial t^2}\right],$$

$$\therefore\quad \frac{\partial^2 u(x,t)}{\partial t^2}=c^2\frac{\partial^2 u(x,t)}{\partial x^2}$$

을 얻게 된다.

마지막 식에서 상수 c^2를 도입하였다. 이것은 이 상수값이 항상 양수이기 때문에 그런 것이다.

16.4.2 양함수적 방법

16.4.2.1 이론

문제의 상황을

$$\begin{cases}\dfrac{\partial^2 u(x,t)}{\partial t^2}=c^2\dfrac{\partial^2 u(x,t)}{\partial x^2}\\ u(x,0)=f(x)\\ \dfrac{\partial u(x,0)}{\partial t}=g(x)\\ u(0,t)=u(L,t)=0\end{cases}$$

과 같이 설정하자.

도함수들을 차분몫(difference quotient)들로 바꾸면

$$\frac{u_{i,j+1}-2u_{ij}+u_{i,j-1}}{k^2}=\frac{c^2\left(u_{i+1,j}-2u_{ij}+u_{i-1,j}\right)}{h^2}$$

이다. 여기에서 h는 그물코의 x 방향으로의 크기이고, k는 t 방향으로의 크기이다.

양변에 k^2을 곱하면

$$u_{i,j+1} - 2u_{ij} + u_{i,j-1} = \frac{c^2k^2(u_{i+1,j} - 2u_{ij} + u_{i-1,j})}{h^2}$$

이다.

약간의 대수조작을 하면

$$u_{i,j+1} = 2u_{ij} - u_{i,j-1} + \frac{c^2k^2(u_{i+1,j} - 2u_{ij} + u_{i-1,j})}{h^2},$$

$$u_{i,j+1} = 2u_{ij} - u_{i,j-1} + \frac{c^2k^2}{h^2}u_{i+1,j} - \frac{2c^2k^2}{h^2}u_{ij} + \frac{c^2k^2}{h^2}u_{i-1,j},$$

$$\therefore \quad u_{i,j+1} = \frac{c^2k^2}{h^2}(u_{i+1,j} + u_{i-1,j}) + 2\left(1 - \frac{c^2k^2}{h^2}\right)u_{ij} - u_{i,j-1}$$

을 얻는다.

안정조건은

$$0 < \frac{c^2k^2}{h^2} \le 1$$

이다.

만약 $\frac{c^2k^2}{h^2} = 1$이면

$$u_{i,j+1} = u_{i+1,j} + u_{i-1,j} - u_{i,j-1} \qquad [20]$$

이다.

주어진 초기속도(initial velocity)

$$\frac{\partial u(x,0)}{\partial t} = g(x)$$

로부터

$$\frac{\partial u_{i0}}{\partial t} = \frac{u_{i1} - u_{i,-1}}{2k} = g_i,$$

$$u_{i,-1} = u_{i1} - 2kg_i \qquad [21]$$

이다.

$t = 0$, 즉 $j = 0$일 때 [20]은

$$u_{i1} = u_{i-1,0} + u_{i+1,0} - u_{i,-1}$$

이다.

위의 식에 [21]을 대입하면

$$u_{i1} = u_{i-1,0} + u_{i+1,0} - u_{i1} + 2kg_i,$$

$$2u_{i1} = u_{i-1,0} + u_{i+1,0} + 2kg_i,$$

$$\therefore \quad u_{i1} = \frac{u_{i-1,0} + u_{i+1,0}}{2} + kg_i$$

을 얻는다. 이 식이 의미하는 바는 초기자료(initial data)로 u_{i1}을 나타낸다는 것이다.

16.4.2.2 소스 코드

```
#include <math.h>
#include <stdio.h>

const double PI = acos(-1.0);

int Wave(void (*id)(int n, double L), void (*iv)(int n, double L),
  int n, int nt, double alpha, double L);
void Id(int n, double L);
void Iv(int n, double L);

double u[50][50];
double g[50];

void main()
{
    int nx=6, nt=39;
    double alpha=2.0, L=3.0;

    printf("₩n < 양함수적 방법에 의한 파동방정식의 풀이 >₩n");
    Wave(Id, Iv, nx, nt, alpha, L);
    printf("₩n₩n₩n");
}

int Wave(void (*id)(int n, double L), void (*iv)(int n, double L),
  int n, int nt, double al, double L)
{
    double hx, ht, t;
    int i, j;

    if ( n<3 || n>50 || nt<2 || nt>50 || L<=0.0 )        // 오류 조건
        return 999;

    hx = L / n;
    ht = fabs(hx/al);

    id(n, L);        // 초기변위
    iv(n, L);        // 초기속도
    u[0][0] = u[n][0] = 0.0;        // 경계조건

    for (i=1; i<n; i++)
        u[i][1] = 0.5*(u[i+1][0]+u[i-1][0]) + g[i]*ht;

    printf(" %s  ", '시간");

    for (i=0; i<=n; i++)
        printf("  u(%d)  ", i);

    for (j=0, t=0.0; j<2; j++, t+=ht)        // u[i][0]과 u[i][1] 출력
    {
        printf("₩n%5.2lf  ", t);

        for (i=0; i<=n; i++)
            printf("%8.3lf", u[i][j]);
    }
```

```
    for (j=2, t=2.0*ht; j<=nt; j++, t+=ht)
    {
        u[0][j] = u[n][j] = 0.0;          // 경계조건을 확실하게
        printf("\n%5.2lf  ", t);

        for (i=1; i<n; i++)
            u[i][j] = u[i+1][j-1] + u[i-1][j-1] - u[i][j-2];

        for (i=0; i<=n; i++)
            printf("%8.3lf", u[i][j]);
    }

    return 0;
}

void Id(int n, double L)          // 줄의 초기변위
{
    int i;
    double x;

    for (i=1; i<n; i++)
    {
        x = i * L / n;
        u[i][0] = sin(PI*x/L);
    }
}

void Iv(int n, double L)          // 줄의 초기속도
{
    int i;
    double x;

    for (i=1; i<n; i++)
    {
        x = i * L / n;
        g[i] = 0.0;
    }
}
```

16.4.2.3 실행 결과

< 양항수적 방법에 의한 파동방정식의 풀이 >

시간	u(0)	u(1)	u(2)	u(3)	u(4)	u(5)	u(6)
0.00	0.000	0.500	0.866	1.000	0.866	0.500	0.000
0.25	0.000	0.433	0.750	0.866	0.750	0.433	0.000
0.50	0.000	0.250	0.433	0.500	0.433	0.250	0.000
0.75	0.000	0.000	0.000	0.000	0.000	-0.000	0.000
1.00	0.000	-0.250	-0.433	-0.500	-0.433	-0.250	0.000
1.25	0.000	-0.433	-0.750	-0.866	-0.750	-0.433	0.000
1.50	0.000	-0.500	-0.866	-1.000	-0.866	-0.500	0.000
1.75	0.000	-0.433	-0.750	-0.866	-0.750	-0.433	0.000
2.00	0.000	-0.250	-0.433	-0.500	-0.433	-0.250	0.000
2.25	0.000	0.000	0.000	0.000	0.000	0.000	0.000
2.50	0.000	0.250	0.433	0.500	0.433	0.250	0.000
2.75	0.000	0.433	0.750	0.866	0.750	0.433	0.000
3.00	0.000	0.500	0.866	1.000	0.866	0.500	0.000
3.25	0.000	0.433	0.750	0.866	0.750	0.433	0.000

```
3.50    0.000  0.250  0.433  0.500  0.433  0.250  0.000
3.75    0.000  0.000  0.000  0.000  0.000 -0.000  0.000
4.00    0.000 -0.250 -0.433 -0.500 -0.433 -0.250  0.000
4.25    0.000 -0.433 -0.750 -0.866 -0.750 -0.433  0.000
4.50    0.000 -0.500 -0.866 -1.000 -0.866 -0.500  0.000
4.75    0.000 -0.433 -0.750 -0.866 -0.750 -0.433  0.000
5.00    0.000 -0.250 -0.433 -0.500 -0.433 -0.250  0.000
5.25    0.000  0.000  0.000 -0.000  0.000 -0.000  0.000
5.50    0.000  0.250  0.433  0.500  0.433  0.250  0.000
5.75    0.000  0.433  0.750  0.866  0.750  0.433  0.000
6.00    0.000  0.500  0.866  1.000  0.866  0.500  0.000
6.25    0.000  0.433  0.750  0.866  0.750  0.433  0.000
6.50    0.000  0.250  0.433  0.500  0.433  0.250  0.000
6.75    0.000  0.000  0.000  0.000  0.000 -0.000  0.000
7.00    0.000 -0.250 -0.433 -0.500 -0.433 -0.250  0.000
7.25    0.000 -0.433 -0.750 -0.866 -0.750 -0.433  0.000
7.50    0.000 -0.500 -0.866 -1.000 -0.866 -0.500  0.000
7.75    0.000 -0.433 -0.750 -0.866 -0.750 -0.433  0.000
8.00    0.000 -0.250 -0.433 -0.500 -0.433 -0.250  0.000
8.25    0.000  0.000  0.000 -0.000  0.000 -0.000  0.000
8.50    0.000  0.250  0.433  0.500  0.433  0.250  0.000
8.75    0.000  0.433  0.750  0.866  0.750  0.433  0.000
9.00    0.000  0.500  0.866  1.000  0.866  0.500  0.000
9.25    0.000  0.433  0.750  0.866  0.750  0.433  0.000
9.50    0.000  0.250  0.433  0.500  0.433  0.250  0.000
9.75    0.000  0.000  0.000 -0.000  0.000 -0.000  0.000
```

16.5 연습 문제

문항1 Crank-Nicolson 방법을 프로그램으로 구현하여라.

문항2 다음의 조건들

$$u(x,0) = x^2, \quad \frac{\partial u(x,0)}{\partial t} = 2x, \quad \frac{\partial u(0,t)}{\partial x} = 2t, \quad u(1,t) = (1+t)^2$$

을 만족하는 편미분방정식

$$\frac{\partial^2 u}{\partial t^2} = \frac{\partial^2 u}{\partial x^2} \quad (0 \le x \le 1, \quad 0 \le t)$$

을 수치적으로 풀어라.

18 고속 푸리에 변환

18.1 이산 푸리에 변환과 고속 푸리에 변환

18.1.1 개론

고속 푸리에 변환은 전자공학에 혁명을 불러 일으킨 알고리즘이다. 이것의 중요성에 대해서는 두 말 할 필요가 없다. 하지만 고속 푸리에 변환을 제대로 이해하려면 약간의 수고를 해야 할 것이다.

고속 푸리에 변환에는 기수 2 고속 푸리에 변환 알고리즘, 기수 4 고속 푸리에 변환 알고리즘, 분할 기수 고속 푸리에 변환 알고리즘, 혼합된 기수 고속 푸리에 변환 알고리즘, 소인수 고속 푸리에 변환 알고리즘 등 여러 가지가 있다. 기본판에서 우리는 기수 2 고속 푸리에 변환 알고리즘만을 공부할 것이다.[11]

고속 푸리에 변환은 이산 푸리에 변환을 빠르게 계산하여 주는 알고리즘이다. 여기에서 이산 푸리에 변환에 대해서는 자세하게 알아보지 않고 정의만을 보여줄 것이다.

혹시 고속 푸리에 변환에 대하여 자세하게 공부하고 싶은 사람은 필자가 집필한 "물리학자 푸리에와 고속 푸리에 변환"을 읽어보길 권장한다. 이 책은 기수 2 고속 푸리에 변환 알고리즘과 기수 4 고속 푸리에 변환 알고리즘뿐만 아니라 분할 기수 고속 푸리에 변환 알고리즘, 혼합된 기수 고속 푸리에 변환 알고리즘, 소인수 고속 푸리에 변환 알고리즘까지 다룬다.

18.1.2 정의

일정한 시간 간격에 따라

t	0	1	2	$\cdots$	$N-3$	$N-2$	$N-1$
$f(t)$	$f(0)$	$f(1)$	$f(2)$	$\cdots$	$f(N-3)$	$f(N-2)$	$f(N-1)$

와 같이 자료가 주어졌다. 이산 푸리에 변환쌍은

$$\hat{f}(\omega_p) \equiv \sum_{k=0}^{N-1} f(k)\exp\left(-i\frac{2\pi p}{N}k\right) \quad (0 \le p \le N-1), \qquad [22]$$

$$f(k) = \frac{1}{N}\sum_{p=0}^{N-1} \hat{f}(\omega_p)\exp\left(i\frac{2\pi p}{N}k\right) \quad (0 \le k \le N-1) \qquad [23]$$

11 완전판에서는 기수 4 고속 푸리에 변환 알고리즘까지 공부한다.

으로 정의된다.

[22]을 행렬로 나타내면

$$\begin{pmatrix} \hat{f}(\omega_0) \\ \hat{f}(\omega_1) \\ \hat{f}(\omega_2) \\ \hat{f}(\omega_3) \\ \vdots \\ \hat{f}(\omega_{N-4}) \\ \hat{f}(\omega_{N-3}) \\ \hat{f}(\omega_{N-2}) \\ \hat{f}(\omega_{N-1}) \end{pmatrix} = \begin{pmatrix} 1 & 1 & 1 & \cdots & 1 & 1 \\ 1 & e^{-\frac{2\pi i}{N}} & e^{-2\cdot\frac{2\pi i}{N}} & \cdots & e^{-(N-2)\cdot\frac{2\pi i}{N}} & e^{-(N-1)\cdot\frac{2\pi i}{N}} \\ 1 & e^{-2\cdot\frac{2\pi i}{N}} & e^{-4\cdot\frac{2\pi i}{N}} & \cdots & e^{-2(N-2)\cdot\frac{2\pi i}{N}} & e^{-2(N-1)\cdot\frac{2\pi i}{N}} \\ 1 & e^{-3\cdot\frac{2\pi i}{N}} & e^{-6\cdot\frac{2\pi i}{N}} & \cdots & e^{-3(N-2)\cdot\frac{2\pi i}{N}} & e^{-3(N-1)\cdot\frac{2\pi i}{N}} \\ \vdots & \vdots & \vdots & \ddots & \vdots & \vdots \\ 1 & e^{-(N-3)\cdot\frac{2\pi i}{N}} & e^{-2(N-3)\cdot\frac{2\pi i}{N}} & \cdots & e^{-(N-2)(N-3)\cdot\frac{2\pi i}{N}} & e^{-(N-1)(N-3)\cdot\frac{2\pi i}{N}} \\ 1 & e^{-(N-2)\cdot\frac{2\pi i}{N}} & e^{-2(N-2)\cdot\frac{2\pi i}{N}} & \cdots & e^{-(N-2)^2\cdot\frac{2\pi i}{N}} & e^{-(N-1)(N-2)\cdot\frac{2\pi i}{N}} \\ 1 & e^{-(N-1)\cdot\frac{2\pi i}{N}} & e^{-2(N-1)\cdot\frac{2\pi i}{N}} & \cdots & e^{-(N-2)(N-1)\cdot\frac{2\pi i}{N}} & e^{-(N-1)^2\cdot\frac{2\pi i}{N}} \end{pmatrix} \begin{pmatrix} f(0) \\ f(1) \\ f(2) \\ f(3) \\ \vdots \\ f(N-4) \\ f(N-3) \\ f(N-2) \\ f(N-1) \end{pmatrix}$$

이다.

[23]을 행렬로 나타내면

$$\begin{pmatrix} f(0) \\ f(1) \\ f(2) \\ f(3) \\ \vdots \\ f(N-4) \\ f(N-3) \\ f(N-2) \\ f(N-1) \end{pmatrix} = \frac{1}{N} \begin{pmatrix} 1 & 1 & 1 & \cdots & 1 & 1 \\ 1 & e^{\frac{2\pi i}{N}} & e^{2\cdot\frac{2\pi i}{N}} & \cdots & e^{(N-2)\cdot\frac{2\pi i}{N}} & e^{(N-1)\cdot\frac{2\pi i}{N}} \\ 1 & e^{2\cdot\frac{2\pi i}{N}} & e^{4\cdot\frac{2\pi i}{N}} & \cdots & e^{2(N-2)\cdot\frac{2\pi i}{N}} & e^{2(N-1)\cdot\frac{2\pi i}{N}} \\ 1 & e^{3\cdot\frac{2\pi i}{N}} & e^{6\cdot\frac{2\pi i}{N}} & \cdots & e^{3(N-2)\cdot\frac{2\pi i}{N}} & e^{3(N-1)\cdot\frac{2\pi i}{N}} \\ \vdots & \vdots & \vdots & \ddots & \vdots & \vdots \\ 1 & e^{(N-3)\cdot\frac{2\pi i}{N}} & e^{2(N-3)\cdot\frac{2\pi i}{N}} & \cdots & e^{(N-2)(N-3)\cdot\frac{2\pi i}{N}} & e^{(N-1)(N-3)\cdot\frac{2\pi i}{N}} \\ 1 & e^{(N-2)\cdot\frac{2\pi i}{N}} & e^{2(N-2)\cdot\frac{2\pi i}{N}} & \cdots & e^{(N-2)^2\cdot\frac{2\pi i}{N}} & e^{(N-1)(N-2)\cdot\frac{2\pi i}{N}} \\ 1 & e^{(N-1)\cdot\frac{2\pi i}{N}} & e^{2(N-1)\cdot\frac{2\pi i}{N}} & \cdots & e^{(N-2)(N-1)\cdot\frac{2\pi i}{N}} & e^{(N-1)^2\cdot\frac{2\pi i}{N}} \end{pmatrix} \begin{pmatrix} \hat{f}(\omega_0) \\ \hat{f}(\omega_1) \\ \hat{f}(\omega_2) \\ \hat{f}(\omega_3) \\ \vdots \\ \hat{f}(\omega_{N-4}) \\ \hat{f}(\omega_{N-3}) \\ \hat{f}(\omega_{N-2}) \\ \hat{f}(\omega_{N-1}) \end{pmatrix}$$

이다.

위의 두 행렬방정식에서

$$\mathbf{A} = \begin{pmatrix} 1 & 1 & 1 & \cdots & 1 & 1 \\ 1 & e^{-\frac{2\pi i}{N}} & e^{-2\cdot\frac{2\pi i}{N}} & \cdots & e^{-(N-2)\cdot\frac{2\pi i}{N}} & e^{-(N-1)\cdot\frac{2\pi i}{N}} \\ 1 & e^{-2\cdot\frac{2\pi i}{N}} & e^{-4\cdot\frac{2\pi i}{N}} & \cdots & e^{-2(N-2)\cdot\frac{2\pi i}{N}} & e^{-2(N-1)\cdot\frac{2\pi i}{N}} \\ 1 & e^{-3\cdot\frac{2\pi i}{N}} & e^{-6\cdot\frac{2\pi i}{N}} & \cdots & e^{-3(N-2)\cdot\frac{2\pi i}{N}} & e^{-3(N-1)\cdot\frac{2\pi i}{N}} \\ \vdots & \vdots & \vdots & \ddots & \vdots & \vdots \\ 1 & e^{-(N-3)\cdot\frac{2\pi i}{N}} & e^{-2(N-3)\cdot\frac{2\pi i}{N}} & \cdots & e^{-(N-2)(N-3)\cdot\frac{2\pi i}{N}} & e^{-(N-1)(N-3)\cdot\frac{2\pi i}{N}} \\ 1 & e^{-(N-2)\cdot\frac{2\pi i}{N}} & e^{-2(N-2)\cdot\frac{2\pi i}{N}} & \cdots & e^{-(N-2)^2\cdot\frac{2\pi i}{N}} & e^{-(N-1)(N-2)\cdot\frac{2\pi i}{N}} \\ 1 & e^{-(N-1)\cdot\frac{2\pi i}{N}} & e^{-2(N-1)\cdot\frac{2\pi i}{N}} & \cdots & e^{-(N-2)(N-1)\cdot\frac{2\pi i}{N}} & e^{-(N-1)^2\cdot\frac{2\pi i}{N}} \end{pmatrix},$$

$$\mathbf{B} = \frac{1}{N} \begin{pmatrix} 1 & 1 & 1 & \cdots & 1 & 1 \\ 1 & e^{\frac{2\pi i}{N}} & e^{2\cdot\frac{2\pi i}{N}} & \cdots & e^{(N-2)\cdot\frac{2\pi i}{N}} & e^{(N-1)\cdot\frac{2\pi i}{N}} \\ 1 & e^{2\cdot\frac{2\pi i}{N}} & e^{4\cdot\frac{2\pi i}{N}} & \cdots & e^{2(N-2)\cdot\frac{2\pi i}{N}} & e^{2(N-1)\cdot\frac{2\pi i}{N}} \\ 1 & e^{3\cdot\frac{2\pi i}{N}} & e^{6\cdot\frac{2\pi i}{N}} & \cdots & e^{3(N-2)\cdot\frac{2\pi i}{N}} & e^{3(N-1)\cdot\frac{2\pi i}{N}} \\ \vdots & \vdots & \vdots & \ddots & \vdots & \vdots \\ 1 & e^{(N-3)\cdot\frac{2\pi i}{N}} & e^{2(N-3)\cdot\frac{2\pi i}{N}} & \cdots & e^{(N-2)(N-3)\cdot\frac{2\pi i}{N}} & e^{(N-1)(N-3)\cdot\frac{2\pi i}{N}} \\ 1 & e^{(N-2)\cdot\frac{2\pi i}{N}} & e^{2(N-2)\cdot\frac{2\pi i}{N}} & \cdots & e^{(N-2)^2\cdot\frac{2\pi i}{N}} & e^{(N-1)(N-2)\cdot\frac{2\pi i}{N}} \\ 1 & e^{(N-1)\cdot\frac{2\pi i}{N}} & e^{2(N-1)\cdot\frac{2\pi i}{N}} & \cdots & e^{(N-2)(N-1)\cdot\frac{2\pi i}{N}} & e^{(N-1)^2\cdot\frac{2\pi i}{N}} \end{pmatrix}$$

이라고 하면

$$\mathbf{AB} = \mathbf{BA} = \mathbf{I}_N$$

이 된다.

당연한 결과다. 왜냐고? 한쪽은 다른 한쪽의 역변환(inverse transform)이기 때문이다.

18.1.3 구현

이 section의 기본 목적은 제목대로 이산 푸리에 변환을 프로그램으로 구현하는 것이다.

18.1.3.1 소스 코드

```
#include <math.h>
#include <stdio.h>

struct complex { double x,y; };

#define length 38
#define PI 3.1415926535

void main()
{
    int i, k;
    double h[length], hh[length];
    struct complex H[length];

    for (i=0; i<length; i++)
        h[i] = i;

    for (k=0; k<length; k++)
        for (H[k].x=H[k].y=0,i=0; i<length; i++)
        {
            H[k].x += h[i]*cos(2*PI*i*k/length);
            H[k].y -= h[i]*sin(2*PI*i*k/length);
        }

    for (i=0; i<length; i++)
    {
        for (hh[i]=0,k=0; k<length; k++)
            hh[i] += H[k].x*cos(2*PI*i*k/length) - H[k].y*sin(2*PI*i*k/length);

        hh[i] /= length;
    }

    for (i=0; i<length; i++)
        printf("₩n%12.7lf -> (%12.7lf,%12.7lf) -> %12.7lf", h[i], H[i].x, H[i].y, hh[i]);

    printf("₩n₩n₩n");
}
```

18.1.3.2 실행 결과

```
 0.0000000 -> ( 703.0000000,   0.0000000) ->  0.0000001
 1.0000000 -> ( -19.0000000, 229.2959003) ->  1.0000001
 2.0000000 -> ( -19.0000000, 113.8607577) ->  2.0000000
 3.0000000 -> ( -19.0000000,  75.0293032) ->  3.0000000
 4.0000000 -> ( -19.0000000,  55.3451092) ->  4.0000000
 5.0000000 -> ( -19.0000000,  43.3156370) ->  5.0000000
 6.0000000 -> ( -19.0000000,  35.1089249) ->  6.0000000
 7.0000000 -> ( -19.0000000,  29.0816649) ->  7.0000000
 8.0000000 -> ( -19.0000000,  24.4112005) ->  8.0000000
 9.0000000 -> ( -19.0000000,  20.6395019) ->  9.0000000
10.0000000 -> ( -19.0000000,  17.4907321) -> 10.0000000
```

```
11.0000000 -> ( -19.0000000,  14.7882936) ->  11.0000000
12.0000000 -> ( -19.0000000,  12.4133195) ->  12.0000000
13.0000000 -> ( -19.0000000,  10.2822858) ->  13.0000000
14.0000000 -> ( -19.0000000,   8.3341727) ->  14.0000000
15.0000000 -> ( -19.0000000,   6.5227082) ->  15.0000000
16.0000000 -> ( -19.0000000,   4.8114534) ->  16.0000000
17.0000000 -> ( -19.0000000,   3.1705392) ->  17.0000000
18.0000000 -> ( -19.0000000,   1.5743848) ->  18.0000000
19.0000000 -> ( -19.0000000,  -0.0000001) ->  19.0000000
20.0000000 -> ( -19.0000000,  -1.5743850) ->  20.0000000
21.0000000 -> ( -19.0000000,  -3.1705393) ->  21.0000000
22.0000000 -> ( -19.0000000,  -4.8114535) ->  22.0000000
23.0000000 -> ( -19.0000000,  -6.5227083) ->  23.0000000
24.0000000 -> ( -19.0000000,  -8.3341728) ->  24.0000000
25.0000000 -> ( -19.0000000, -10.2822859) ->  25.0000000
26.0000000 -> ( -18.9999999, -12.4133196) ->  26.0000000
27.0000000 -> ( -18.9999999, -14.7882937) ->  27.0000000
28.0000000 -> ( -18.9999999, -17.4907322) ->  28.0000000
29.0000000 -> ( -18.9999999, -20.6395020) ->  29.0000000
30.0000000 -> ( -18.9999999, -24.4112006) ->  30.0000000
31.0000000 -> ( -18.9999998, -29.0816651) ->  31.0000000
32.0000000 -> ( -18.9999998, -35.1089250) ->  32.0000000
33.0000000 -> ( -18.9999997, -43.3156371) ->  33.0000000
34.0000000 -> ( -18.9999997, -55.3451093) ->  34.0000000
35.0000000 -> ( -18.9999995, -75.0293033) ->  35.0000000
36.0000000 -> ( -18.9999993,-113.8607577) ->  36.0000000
37.0000000 -> ( -18.9999985,-229.2958999) ->  37.0000000
```

18.1.4 푸리에 행렬(Fourier matrix)

order가 N인 정방행렬

$$\begin{pmatrix} 1 & 1 & 1 & 1 & \cdots & 1 & 1 & 1 \\ 1 & e^{-\frac{2\pi i}{N}} & e^{-2\cdot\frac{2\pi i}{N}} & e^{-3\cdot\frac{2\pi i}{N}} & \cdots & e^{-(N-3)\cdot\frac{2\pi i}{N}} & e^{-(N-2)\cdot\frac{2\pi i}{N}} & e^{-(N-1)\cdot\frac{2\pi i}{N}} \\ 1 & e^{-2\cdot\frac{2\pi i}{N}} & e^{-4\cdot\frac{2\pi i}{N}} & e^{-6\cdot\frac{2\pi i}{N}} & \cdots & e^{-2(N-3)\cdot\frac{2\pi i}{N}} & e^{-2(N-2)\cdot\frac{2\pi i}{N}} & e^{-2(N-1)\cdot\frac{2\pi i}{N}} \\ 1 & e^{-3\cdot\frac{2\pi i}{N}} & e^{-6\cdot\frac{2\pi i}{N}} & e^{-9\cdot\frac{2\pi i}{N}} & \cdots & e^{-3(N-3)\cdot\frac{2\pi i}{N}} & e^{-3(N-2)\cdot\frac{2\pi i}{N}} & e^{-3(N-1)\cdot\frac{2\pi i}{N}} \\ \vdots & \vdots & \vdots & \vdots & \ddots & \vdots & \vdots & \vdots \\ 1 & e^{-(N-3)\cdot\frac{2\pi i}{N}} & e^{-2(N-3)\cdot\frac{2\pi i}{N}} & e^{-3(N-3)\cdot\frac{2\pi i}{N}} & \cdots & e^{-(N-3)^2\cdot\frac{2\pi i}{N}} & e^{-(N-2)(N-3)\cdot\frac{2\pi i}{N}} & e^{-(N-1)(N-3)\cdot\frac{2\pi i}{N}} \\ 1 & e^{-(N-2)\cdot\frac{2\pi i}{N}} & e^{-2(N-2)\cdot\frac{2\pi i}{N}} & e^{-3(N-2)\cdot\frac{2\pi i}{N}} & \cdots & e^{-(N-3)(N-2)\cdot\frac{2\pi i}{N}} & e^{-(N-2)^2\cdot\frac{2\pi i}{N}} & e^{-(N-1)(N-2)\cdot\frac{2\pi i}{N}} \\ 1 & e^{-(N-1)\cdot\frac{2\pi i}{N}} & e^{-2(N-1)\cdot\frac{2\pi i}{N}} & e^{-3(N-1)\cdot\frac{2\pi i}{N}} & \cdots & e^{-(N-3)(N-1)\cdot\frac{2\pi i}{N}} & e^{-(N-2)(N-1)\cdot\frac{2\pi i}{N}} & e^{-(N-1)^2\cdot\frac{2\pi i}{N}} \end{pmatrix}$$

을 푸리에 행렬(Fourier matrix)이라고 한다.

푸리에 행렬은 j행 k열의 원소(element)가 $\mathbf{F}_{jk} = e^{-i\frac{2\pi(j-1)(k-1)}{N}}$으로 정의되는 행렬이다.

만약 $W_N = e^{-\frac{2\pi i}{N}}$이라고 하면, 우리는 푸리에 행렬을

$$\begin{pmatrix}
1 & 1 & 1 & 1 & \cdots & 1 & 1 & 1 \\
1 & W_N & {W_N}^2 & {W_N}^3 & \cdots & {W_N}^{N-3} & {W_N}^{N-2} & {W_N}^{N-1} \\
1 & {W_N}^2 & {W_N}^4 & {W_N}^6 & \cdots & {W_N}^{2(N-3)} & {W_N}^{2(N-2)} & {W_N}^{2(N-1)} \\
1 & {W_N}^3 & {W_N}^6 & {W_N}^9 & \cdots & {W_N}^{3(N-3)} & {W_N}^{3(N-2)} & {W_N}^{3(N-1)} \\
1 & {W_N}^4 & {W_N}^8 & {W_N}^{12} & \cdots & {W_N}^{4(N-3)} & {W_N}^{4(N-2)} & {W_N}^{4(N-1)} \\
\vdots & \vdots & \vdots & \vdots & \ddots & \vdots & \vdots & \vdots \\
1 & {W_N}^{N-4} & {W_N}^{2(N-4)} & {W_N}^{3(N-4)} & \cdots & {W_N}^{(N-3)(N-4)} & {W_N}^{(N-2)(N-4)} & {W_N}^{(N-1)(N-4)} \\
1 & {W_N}^{N-3} & {W_N}^{2(N-3)} & {W_N}^{3(N-3)} & \cdots & {W_N}^{(N-3)^2} & {W_N}^{(N-2)(N-3)} & {W_N}^{(N-1)(N-3)} \\
1 & {W_N}^{N-2} & {W_N}^{2(N-2)} & {W_N}^{3(N-2)} & \cdots & {W_N}^{(N-3)(N-2)} & {W_N}^{(N-2)^2} & {W_N}^{(N-1)(N-2)} \\
1 & {W_N}^{N-1} & {W_N}^{2(N-1)} & {W_N}^{3(N-1)} & \cdots & {W_N}^{(N-3)(N-1)} & {W_N}^{(N-2)(N-1)} & {W_N}^{(N-1)^2}
\end{pmatrix}$$

으로 쓸 수 있다.

한편 우리는 [22]을

$$F(p) = \sum_{k=0}^{N-1} f(k)\exp\left(-i\frac{2\pi p}{N}k\right) = \sum_{k=0}^{N-1} f(k)W^{pk} \quad (0 \le p \le N-1),$$

$$\begin{pmatrix} F(0) \\ F(1) \\ F(2) \\ F(3) \\ F(4) \\ \vdots \\ F(N-5) \\ F(N-4) \\ F(N-3) \\ F(N-2) \\ F(N-1) \end{pmatrix} = \begin{pmatrix}
1 & 1 & 1 & \cdots & 1 & 1 \\
1 & W_N & {W_N}^2 & \cdots & {W_N}^{N-2} & {W_N}^{N-1} \\
1 & {W_N}^2 & {W_N}^4 & \cdots & {W_N}^{2(N-2)} & {W_N}^{2(N-1)} \\
1 & {W_N}^3 & {W_N}^6 & \cdots & {W_N}^{3(N-2)} & {W_N}^{3(N-1)} \\
1 & {W_N}^4 & {W_N}^8 & \cdots & {W_N}^{4(N-2)} & {W_N}^{4(N-1)} \\
\vdots & \vdots & \vdots & \ddots & \vdots & \vdots \\
1 & {W_N}^{N-4} & {W_N}^{2(N-4)} & \cdots & {W_N}^{(N-2)(N-4)} & {W_N}^{(N-1)(N-4)} \\
1 & {W_N}^{N-3} & {W_N}^{2(N-3)} & \cdots & {W_N}^{(N-2)(N-3)} & {W_N}^{(N-1)(N-3)} \\
1 & {W_N}^{N-2} & {W_N}^{2(N-2)} & \cdots & {W_N}^{(N-2)^2} & {W_N}^{(N-1)(N-2)} \\
1 & {W_N}^{N-1} & {W_N}^{2(N-1)} & \cdots & {W_N}^{(N-2)(N-1)} & {W_N}^{(N-1)^2}
\end{pmatrix} \begin{pmatrix} f(0) \\ f(1) \\ f(2) \\ f(3) \\ f(4) \\ \vdots \\ f(N-5) \\ f(N-4) \\ f(N-3) \\ f(N-2) \\ f(N-1) \end{pmatrix}$$

으로 쓸 수 있다.

그런데

$${W_N}^{p+N} = e^{-i\frac{2\pi}{N}(p+N)} = e^{-i\frac{2\pi}{N}N}e^{-i\frac{2\pi}{N}p} = e^{-2\pi i}e^{-i\frac{2\pi}{N}p} = e^{-i\frac{2\pi}{N}p} = {W_N}^p$$

이 성립한다. 즉 ${W_N}^p$는 p에 대하여 N의 주기를 가진다. 따라서 우리는 W_N부터 ${W_N}^{(N-1)^2}$까지 모두를 계산할 필요가 없다.

보기를 들어

$$
\begin{pmatrix}
1 & 1 & 1 & 1 & 1 & \cdots & 1 & 1 & 1 \\
1 & W_N & W_N^{2} & W_N^{3} & W_N^{4} & \cdots & W_N^{13} & W_N^{14} & W_N^{15} \\
1 & W_N^{2} & W_N^{4} & W_N^{6} & W_N^{8} & \cdots & W_N^{26} & W_N^{28} & W_N^{30} \\
1 & W_N^{3} & W_N^{6} & W_N^{9} & W_N^{12} & \cdots & W_N^{39} & W_N^{42} & W_N^{45} \\
1 & W_N^{4} & W_N^{8} & W_N^{12} & W_N^{16} & \cdots & W_N^{52} & W_N^{56} & W_N^{60} \\
1 & W_N^{5} & W_N^{10} & W_N^{15} & W_N^{20} & \cdots & W_N^{65} & W_N^{70} & W_N^{75} \\
1 & W_N^{6} & W_N^{12} & W_N^{18} & W_N^{24} & \cdots & W_N^{78} & W_N^{84} & W_N^{90} \\
1 & W_N^{7} & W_N^{14} & W_N^{21} & W_N^{28} & \cdots & W_N^{91} & W_N^{98} & W_N^{105} \\
1 & W_N^{8} & W_N^{16} & W_N^{24} & W_N^{32} & \cdots & W_N^{104} & W_N^{112} & W_N^{120} \\
1 & W_N^{9} & W_N^{18} & W_N^{27} & W_N^{36} & \cdots & W_N^{117} & W_N^{126} & W_N^{135} \\
1 & W_N^{10} & W_N^{20} & W_N^{30} & W_N^{40} & \cdots & W_N^{130} & W_N^{140} & W_N^{150} \\
1 & W_N^{11} & W_N^{22} & W_N^{33} & W_N^{44} & \cdots & W_N^{143} & W_N^{154} & W_N^{165} \\
1 & W_N^{12} & W_N^{24} & W_N^{36} & W_N^{48} & \cdots & W_N^{156} & W_N^{168} & W_N^{180} \\
1 & W_N^{13} & W_N^{26} & W_N^{39} & W_N^{52} & \cdots & W_N^{169} & W_N^{182} & W_N^{195} \\
1 & W_N^{14} & W_N^{28} & W_N^{42} & W_N^{56} & \cdots & W_N^{182} & W_N^{196} & W_N^{210} \\
1 & W_N^{15} & W_N^{30} & W_N^{45} & W_N^{60} & \cdots & W_N^{195} & W_N^{210} & W_N^{225}
\end{pmatrix}
$$

$$
= \begin{pmatrix}
1 & 1 & 1 & 1 & 1 & \cdots & 1 & 1 & 1 \\
1 & W_N & W_N^{2} & W_N^{3} & W_N^{4} & \cdots & W_N^{13} & W_N^{14} & W_N^{15} \\
1 & W_N^{2} & W_N^{4} & W_N^{6} & W_N^{8} & \cdots & W_N^{10} & W_N^{12} & W_N^{14} \\
1 & W_N^{3} & W_N^{6} & W_N^{9} & W_N^{12} & \cdots & W_N^{7} & W_N^{10} & W_N^{13} \\
1 & W_N^{4} & W_N^{8} & W_N^{12} & 1 & \cdots & W_N^{4} & W_N^{8} & W_N^{12} \\
1 & W_N^{5} & W_N^{10} & W_N^{15} & W_N^{4} & \cdots & W_N & W_N^{6} & W_N^{11} \\
1 & W_N^{6} & W_N^{12} & W_N^{2} & W_N^{8} & \cdots & W_N^{14} & W_N^{4} & W_N^{10} \\
1 & W_N^{7} & W_N^{14} & W_N^{5} & W_N^{12} & \cdots & W_N^{11} & W_N^{2} & W_N^{9} \\
1 & W_N^{8} & 1 & W_N^{8} & 1 & \cdots & W_N^{8} & 1 & W_N^{8} \\
1 & W_N^{9} & W_N^{2} & W_N^{11} & W_N^{4} & \cdots & W_N^{5} & W_N^{14} & W_N^{7} \\
1 & W_N^{10} & W_N^{4} & W_N^{14} & W_N^{8} & \cdots & W_N^{2} & W_N^{12} & W_N^{6} \\
1 & W_N^{11} & W_N^{6} & W_N & W_N^{12} & \cdots & W_N^{15} & W_N^{10} & W_N^{5} \\
1 & W_N^{12} & W_N^{8} & W_N^{4} & 1 & \cdots & W_N^{12} & W_N^{8} & W_N^{4} \\
1 & W_N^{13} & W_N^{10} & W_N^{7} & W_N^{4} & \cdots & W_N^{9} & W_N^{6} & W_N^{3} \\
1 & W_N^{14} & W_N^{12} & W_N^{10} & W_N^{8} & \cdots & W_N^{6} & W_N^{4} & W_N^{2} \\
1 & W_N^{15} & W_N^{14} & W_N^{13} & W_N^{12} & \cdots & W_N^{3} & W_N^{2} & W_N
\end{pmatrix}
$$

이다.

만약 order가 8인 경우라면

$$
{}^{8}F = \begin{pmatrix}
1 & 1 & 1 & 1 & 1 & 1 & 1 & 1 \\
1 & W & W^{2} & W^{3} & W^{4} & W_N^{5} & W_N^{6} & W_N^{7} \\
1 & W^{2} & W^{4} & W^{6} & W^{8} & W_N^{10} & W_N^{12} & W_N^{14} \\
1 & W^{3} & W^{6} & W^{9} & W^{12} & W_N^{15} & W_N^{18} & W_N^{21} \\
1 & W^{4} & W^{8} & W^{12} & W^{16} & W_N^{20} & W_N^{24} & W_N^{28} \\
1 & W^{5} & W^{10} & W^{15} & W^{20} & W_N^{25} & W_N^{30} & W_N^{35} \\
1 & W^{6} & W^{12} & W^{18} & W^{24} & W_N^{30} & W_N^{36} & W_N^{42} \\
1 & W^{7} & W^{14} & W^{21} & W^{28} & W_N^{35} & W_N^{42} & W_N^{49}
\end{pmatrix}
= \begin{pmatrix}
1 & 1 & 1 & 1 & 1 & 1 & 1 & 1 \\
1 & W & W^{2} & W^{3} & W^{4} & W^{5} & W^{6} & W_N^{7} \\
1 & W^{2} & W^{4} & W^{6} & 1 & W^{2} & W^{4} & W_N^{6} \\
1 & W^{3} & W^{6} & W & W^{4} & W^{7} & W^{2} & W_N^{5} \\
1 & W^{4} & 1 & W^{4} & 1 & W^{4} & 1 & W_N^{4} \\
1 & W^{5} & W^{2} & W^{7} & W^{4} & W & W^{6} & W_N^{3} \\
1 & W^{6} & W^{4} & W^{2} & 1 & W^{6} & W^{4} & W_N^{2} \\
1 & W^{7} & W^{6} & W^{5} & W^{4} & W^{3} & W^{2} & W
\end{pmatrix}
$$

이다.

우리는 W_N부터 W_N^{N-1}까지 계산하면 될 뿐이다.

18.1.5 Danielson-Lanczos lemma

1942년에 G. C. Danielson과 C. Lanczos는 고속 푸리에 변환의 기초가 되는 공식을 발견하였다. 길이 N가 짝수인 신호의 이산 푸리에 변환은 길이가 $\frac{N}{2}$인 이산 푸리에 변환 2개의 합으로 쓸 수 있다는 것이 Danielson-Lanczos lemma이다.

길이(length)가 짝수인 신호를 생각하자. 정의에 의하여 이 신호의 이산 푸리에 변환은

$$\begin{aligned} F(p) = f(0){W_N}^0 + f(1){W_N}^p + f(2){W_N}^{2p} + f(3){W_N}^{3p} + f(4){W_N}^{4p} + f(5){W_N}^{5p} + \cdots + f(N-4){W_N}^{p(N-4)} \\ + f(N-3){W_N}^{p(N-3)} + f(N-2){W_N}^{p(N-2)} + f(N-1){W_N}^{p(N-1)} \end{aligned}$$

이다.

홀수번째 항끼리 묶고 짝수번째 항끼리 묶으면

$$\begin{aligned} F(p) = \left(f(0){W_N}^0 + f(2){W_N}^{2p} + f(4){W_N}^{4p} + \cdots + f(N-4){W_N}^{p(N-4)} + f(N-2){W_N}^{p(N-2)}\right) \\ + \left(f(1){W_N}^p + f(3){W_N}^{3p} + f(5){W_N}^{5p} + \cdots + f(N-3){W_N}^{p(N-3)} + f(N-1){W_N}^{p(N-1)}\right) \end{aligned}$$

이다. 길이가 짝수이므로, 첫 번째 brackets에 들어있는 항들의 개수와 두 번째 brackets에 들어있는 항들의 개수는 같다.

짝수번째 항끼리 묶은 부분을 조작하여

$$\begin{aligned} F(p) = \left(f(0){W_N}^0 + f(2){W_N}^{2p} + f(4){W_N}^{4p} + \cdots + f(N-4){W_N}^{p(N-4)} + f(N-2){W_N}^{p(N-2)}\right) \\ + \left(f(1){W_N}^p + f(3){W_N}^{3p} + f(5){W_N}^{5p} + \cdots + f(N-3){W_N}^{p(N-3)} + f(N-1){W_N}^{p(N-1)}\right) \end{aligned}$$

과 같이 쓴다.

우리는 summation 부호를 사용하여 위의 식을

$$F(p) = \sum_{r=0}^{\frac{N}{2}-1} f(2r)\left({W_N}^2\right)^{rp} + {W_N}^p \sum_{r=0}^{\frac{N}{2}-1} f(2r+1)\left({W_N}^2\right)^{rp}$$

과 같이 쓸 수 있다.

그런데

$${W_N}^2 = e^{-i\frac{4\pi}{N}} = \exp\left[-i\frac{2\pi}{\frac{N}{2}}\right] = W_{\frac{N}{2}}$$

이 성립하므로

$${}^{N}F(p) = \sum_{r=0}^{\frac{N}{2}-1} f(2r){W_{\frac{N}{2}}}^{rp} + {W_N}^p \sum_{r=0}^{\frac{N}{2}-1} f(2r+1){W_{\frac{N}{2}}}^{rp} = {}^{\frac{N}{2}}F(p)^{\mathrm{e}} + {W_N}^p\, {}^{\frac{N}{2}}F(p)^{\mathrm{o}}$$

으로 쓸 수 있다.

즉 처음에 길이가 N인 신호

$$\{f(0) \quad f(1) \quad f(2) \quad f(3) \quad \cdots \quad f(N-3) \quad f(N-2) \quad f(N-1)\}$$

의 이산 푸리에 변환은 길이가 $\frac{N}{2}$인 신호

$$\{f(0) \quad f(2) \quad f(4) \quad f(6) \quad \cdots \quad f(N-6) \quad f(N-4) \quad f(N-2)\}$$

의 이산 푸리에 변환과 길이가 $\frac{N}{2}$인 신호

$$\{f(1) \quad f(3) \quad f(5) \quad f(7) \quad \cdots \quad f(N-5) \quad f(N-3) \quad f(N-1)\}$$

의 이산 푸리에 변환에 ${W_N}^p$을 곱한 것으로 쪼개어진다. 물론 길이가 $\frac{N}{2}$인 두 신호는 각각 원래 신호에서 홀수번째 신호들만으로 이루어진 신호와 원래 신호에서 짝수번째 신호들만으로 이루어진 신호이다.

위에서 $W_N{}^p$를 twiddle factor이라고 한다.

보기를 들어 길이가 4인 신호의 경우에

$$ {}^{4}F(p) = {}^{2}F(p)^{\mathrm{e}} + W_4{}^p\, {}^{2}F(p)^{\mathrm{o}} = \left({}^{1}F(p)^{\mathrm{ee}} + W_2{}^p\, {}^{1}F(p)^{\mathrm{eo}} \right) + W_4{}^p \left({}^{1}F(p)^{\mathrm{oe}} + W_2{}^p\, {}^{1}F(p)^{\mathrm{oo}} \right) $$

이 된다.

18.1.6 역비트순(bit-reversed order)

만약 신호의 길이 N가 2의 거듭제곱이면, 마찬가지 방식으로 길이가 $\frac{N}{2}$인 두 신호는 각각 길이가 $\frac{N}{4}$인 두 신호로 쪼개어진다. 즉 N의 길이를 갖는 처음 신호가 $\frac{N}{4}$의 길이를 갖는 네 신호로 쪼개어지는 것이다.

마찬가지 방식으로 길이가 $\frac{N}{4}$인 신호 각각은 길이가 $\frac{N}{8}$인 두 신호로 쪼개어진다. 즉 N의 길이를 갖는 처음 신호가 $\frac{N}{8}$의 길이를 갖는 여덟 신호로 쪼개어지는 것이다.

이런 방식으로 계속 진행해 나가면, 결국 처음의 신호는 길이가 2인 신호들로 쪼개어지게 된다. 길이가 2인 신호의 이산 푸리에 변환은 매우 쉽게 계산할 수 있다.

길이가 8인 신호를 생각하여 보자. 아래의 그림

길이가 8인 한 개의 신호	0	1	2	3	4	5	6	7
길이가 4인 두 개의 신호들	0	2	4	6	1	3	5	7
길이가 2인 네 개의 신호들	0	4	2	6	1	5	3	7
길이가 1인 여덟 개의 신호들	0	4	2	6	1	5	3	7

은 신호의 순서를 나타낸 것이다. 처음에 길이가 8이었던 신호는 Danielson-Lanczos lemma에 의하여 길이가 4인 두 개의 신호로 쪼개어지는데, 그 두 신호의 순서는 위의 표처럼 된다. 신호의 순서가 변경되었다는 것을 눈여겨보아라. 계속하여 Danielson-Lanczos lemma를 적용하면 길이가 1인 여덟 개의 신호로 쪼개어지고, 그 신호들의 순서는 위의 표와 같다. 신호가 쪼개어질 때마다 신호의 순서는 변경된다.

그런데 위의 표에서 십진수로 나타낸 신호의 순서들 중에서 처음 원래의 신호와 최종적으로 쪼개어진 신호의 순서를 이진수로 나타내어 보면

길이가 8인 신호	000	001	010	011	100	101	110	111
	↓	↓	↓	↓	↓	↓	↓	↓
길이가 1인 신호들	000	100	010	110	001	101	011	111

와 같다. 하나의 신호를 구성하는 모든 비트들은 대응하는 다른 신호의 모든 비트들을 거꾸로 배열한 것임을 알 수 있다.

이러한 현상은 신호의 길이가 2의 거듭제곱이면 항상 나타나는 현상이다.

18.2 기수 2 고속 푸리에 변환 알고리즘들

18.2.1 개론

지금까지 배운 사항들을 기초로 하여, 이제 가장 기본적인 기수 2 고속 푸리에 변환 알고리즘을 공부하여 보자. 가장 기초가 되는 알고리즘이므로 확실하게 공부해 두길 바란다. 차근차근 생각하면서 읽어내려가면 그리 어렵지 않을 것이다.

기수 2 고속 푸리에 변환 알고리즘은 크게 decimation in time 알고리즘과 decimation in frequency 알고리즘으로 나뉘어진다.

18.2.2 기수 2 decimation in time 고속 푸리에 변환

18.2.2.1 decimation

우선 decimation이 무엇을 뜻하는 건지 설명을 하는 것이 좋을 것 같다.

길이가 N인 수열

$$\{x_0 \quad x_1 \quad x_2 \quad \cdots \quad x_{N-3} \quad x_{N-2} \quad x_{N-1}\}$$

을 질서정연하게 두 개의 수열로 쪼개는 방법으로 우리는 partition과 decimation을 생각할 수 있다.

둘 중에서 decimation은 위의 수열을

$$\{x_0 \quad x_2 \quad x_4 \quad \cdots \quad x_{N-6} \quad x_{N-4} \quad x_{N-2}\} + \{x_1 \quad x_3 \quad x_5 \quad \cdots \quad x_{N-5} \quad x_{N-3} \quad x_{N-1}\}$$

과 같이 쪼개는 것이다. 즉 index가 짝수인 것들만 모은 것과 index가 홀수인 것들만 모은 것으로 쪼개는 것이다.

18.2.2.2 이론

그럼 본격적으로 기수 2 decimation in time 고속 푸리에 변환 알고리즘(radix 2 decimation in time fast Fourier transform algorithm)을 유도하여 보자.

길이가 2의 거듭제곱인 신호에 Danielson-Lanczos lemma를 계속 적용하면 길이가 1인 신호들로 쪼개어진다. 길이가 1인 신호의 이산 푸리에 변환은 자기자신이다.

길이가 16인 신호를 생각하여 보자. Danielson-Lanczos lemma를 계속 적용하여 길이가 1인 16개의 신호들로 쪼갠다.

이제 길이가 2인 변환들을 얻기 위하여 인접한 쌍들을 결합한다.

그 다음에는 길이가 4인 변환들을 얻기 위하여 인접한 쌍들을 결합한다.

그 다음에는 길이가 8인 변환들을 얻기 위하여 인접한 쌍들을 결합한다.

마지막으로 길이가 16인 변환을 얻기 위하여 인접한 쌍을 결합한다.

이제 그 과정을 자세히 고찰하여 보자.

보기를 들어 8개의 원소를 갖는 배열 h[ ]에 고속 푸리에 변환을 수행하여 보자.

제1단계: 위에서 설명한 역비트순으로 배열의 원소들을 배치한다.

제2단계: 배열 W[ ]에 $W_8{}^p = e^{-i\frac{2\pi}{8}p} = e^{-i\frac{\pi}{4}p}$의 값들을 저장한다. 계산하여 보면

$$\mathrm{W}[0] = 1,\quad \mathrm{W}[1] = e^{-i\frac{\pi}{4}} = \frac{\sqrt{2}}{2} - \frac{\sqrt{2}}{2}i,\quad ,\mathrm{W}[2] = e^{-i\frac{\pi}{2}} = -i,\quad ,\mathrm{W}[3] = e^{-i\frac{3\pi}{4}} = -\frac{\sqrt{2}}{2} - \frac{\sqrt{2}}{2}i,$$

$$\mathrm{W}[4] = -1,\quad \mathrm{W}[5] = e^{-i\frac{5\pi}{4}} = -\frac{\sqrt{2}}{2} + \frac{\sqrt{2}}{2}i,\quad ,\mathrm{W}[6] = e^{-i\frac{3\pi}{2}} = i,\quad ,\mathrm{W}[7] = e^{-i\frac{7\pi}{4}} = \frac{\sqrt{2}}{2} + \frac{\sqrt{2}}{2}i$$

이다.

길이가 4인 신호 {4 2 −1 3}에 대하여 고속 푸리에 변환 과정을 한 눈에 알아보기 쉽도록 나타내어 보면

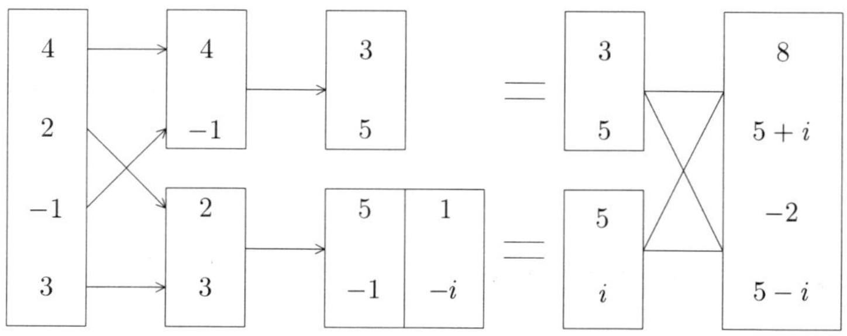

과 같다.

위의 고속 푸리에 변환의 역변환 과정을 한 눈에 알아보기 쉽도록 나타내어 보면

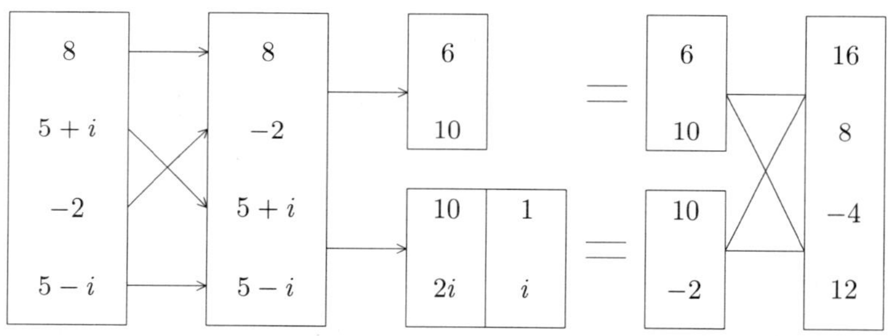

과 같다. 마지막 결과를 4으로 나누어 주면 {4 2 −1 3}를 얻는다.

어떤가? 어려운가?

이번에는 길이가 8인 신호에 대하여 고속 푸리에 변환 과정을 한 눈에 알아보기 쉽도록 나타내어 보면

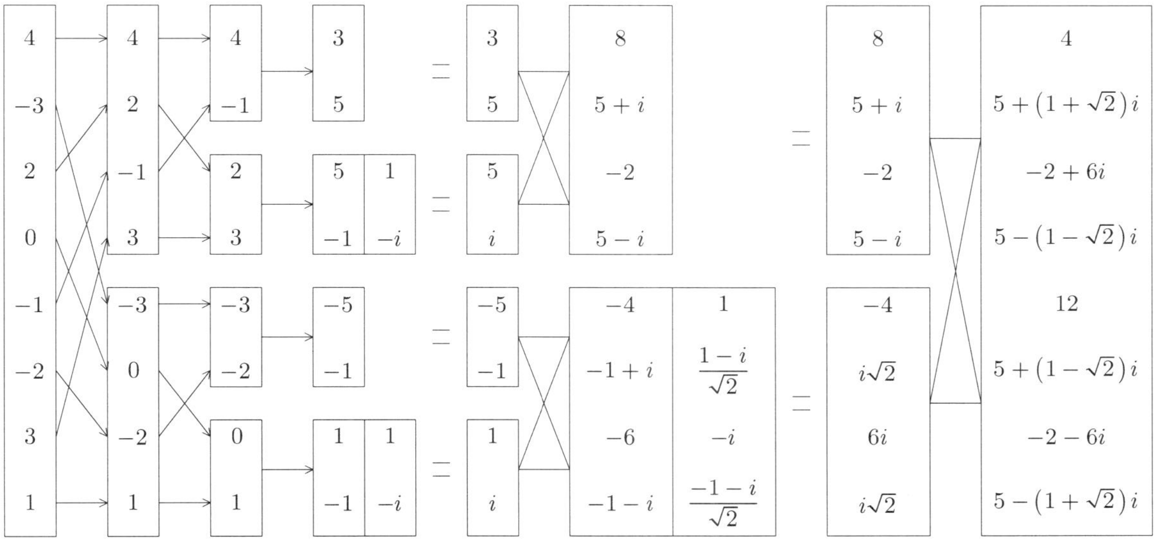

과 같다.

위의 고속 푸리에 변환의 역변환 과정을 독자가 스스로 해 보아라.

행렬을 이용하면 고속 푸리에 변환을 이해하는 데에 많은 도움을 받을 것이다.

길이가 4인 신호의 이산 푸리에 변환은

$$\begin{pmatrix}F(0)\\F(1)\\F(2)\\F(3)\end{pmatrix}=\begin{pmatrix}1&1&1&1\\1&W_4&{W_4}^2&{W_4}^3\\1&{W_4}^2&{W_4}^4&{W_4}^6\\1&{W_4}^3&{W_4}^6&{W_4}^9\end{pmatrix}\begin{pmatrix}f(0)\\f(1)\\f(2)\\f(3)\end{pmatrix}=\begin{pmatrix}1&1&1&1\\1&W_4&{W_4}^2&{W_4}^3\\1&{W_4}^2&{W_4}^0&{W_4}^2\\1&{W_4}^3&{W_4}^2&{W_4}^1\end{pmatrix}\begin{pmatrix}f(0)\\f(1)\\f(2)\\f(3)\end{pmatrix}$$

과 같다.

그런데 우리는 위의 식을

$$\begin{pmatrix}F(0)\\F(1)\\F(2)\\F(3)\end{pmatrix}=\begin{pmatrix}1&{W_4}^0&0&0\\1&{W_4}^2&0&0\\0&0&1&W_4\\0&0&1&{W_4}^3\end{pmatrix}\begin{pmatrix}1&0&{W_4}^0&0\\0&1&0&{W_4}^0\\1&0&{W_4}^2&0\\0&1&0&{W_4}^2\end{pmatrix}\begin{pmatrix}f(0)\\f(1)\\f(2)\\f(3)\end{pmatrix}$$

과 같이 쓸 수 있다. 이것이 바로 고속 푸리에 변환의 원리이다.

위에서 주의할 사항이 있다. $(F(0)\quad F(1)\quad F(2)\quad F(3))^T$에서 알 수 있듯이 이산 푸리에 변환에서 출력 결과는 순서대로 나열되어 있지만, $(F(0)\quad F(2)\quad F(1)\quad F(3))^T$에서 알 수 있듯이 고속 푸리에 변환에서 출력 결과는 순서대로 나열되어 있지 않다는 것이다. 이것이 바로 역비트순(bit-reversed order)이다.

뿐만 아니라 우리는 고속 푸리에 변환을 수행한 결과가 정상적인 순서로 출력이 되게 할 수도 있다. 이 경우에 입력 자료를 역비트순으로 나열하여 입력해 준다.

그럼 역비트순은 필수적인 사항인가?

그렇지 않다. 역비트순이 발생하는 이유는 in-place 계산구조를 유지하려고 할 때 발생하는 사항이다.

좀 이해하기 어려울 것 같긴 한데, in-place는 butterfly unit를 계산하기 위해 단지 두 개의 레지스터만 필요하다는 것을 말한다. 이렇게만 말하면 무슨 말인지 이해하기 힘들 것이다. 좀 더 자세히 설명하겠다.

길이가 2인 신호 $\{x_0+iy_0\quad x_1+iy_1\}$의 이산 푸리에 변환

$$\sum_{k=0}^{1} f(k)e^{-i\frac{2\pi p}{2}k}=\sum_{k=0}^{1} f(k)e^{-i\pi pk}$$

을 생각하여 보자.

우리는 위의 계산을

```
t = x[0] + x[1];
x[1] = x[0] - x[1];
x[0] = t;
t = y[0] + y[1];
y[1] = y[0] - y[1];
y[0] = t;
```

와 같이 C 언어로 구현할 수 있다. 입력 자료의 실수부분은 배열 x[ ]에 할당하였고, 허수부분은 배열 y[ ]에 할당하였다.

위와 같이 프로그램으로 구현하는 것이 in-place 계산이다. 즉 원래 입력 자료를 담고 있던 배열 그 곳에 계산 결과가 들어간다. 우리가 in-place 계산을 하려고 하나의 임시 변수를 도입했다는 사실을 기억하여 두어라.

만약 우리가 in-place 계산구조를 고려하지 않는다면, 입력 자료와 출력 결과 양 쪽을 정상적인 순서로 처리할 수 있다.

고속 푸리에 변환에 대한 이해를 조금 더 높일 수 있는 방법이 있다. 그 방법이란 신호의 흐름을 그림으로 그려보는 것이다.

위의 행렬방정식에서

$$\begin{pmatrix} 1 & 0 & W_4{}^0 & 0 \\ 0 & 1 & 0 & W_4{}^0 \\ 1 & 0 & W_4{}^2 & 0 \\ 0 & 1 & 0 & W_4{}^2 \end{pmatrix} \begin{pmatrix} x(0) \\ x(1) \\ x(2) \\ x(3) \end{pmatrix} = \begin{pmatrix} 1 & 0 & W_4{}^0 & 0 \\ 0 & 1 & 0 & W_4{}^0 \\ 1 & 0 & W_4{}^2 & 0 \\ 0 & 1 & 0 & W_4{}^2 \end{pmatrix} \begin{pmatrix} x_0(0) \\ x_0(1) \\ x_0(2) \\ x_0(3) \end{pmatrix} = \begin{pmatrix} x_1(0) \\ x_1(1) \\ x_1(2) \\ x_1(3) \end{pmatrix}, \quad [24]$$

$$\begin{pmatrix} 1 & W_4{}^0 & 0 & 0 \\ 1 & W_4{}^2 & 0 & 0 \\ 0 & 0 & 1 & W_4 \\ 0 & 0 & 1 & W_4{}^3 \end{pmatrix} \begin{pmatrix} x_1(0) \\ x_1(1) \\ x_1(2) \\ x_1(3) \end{pmatrix} = \begin{pmatrix} x_2(0) \\ x_2(1) \\ x_2(2) \\ x_2(3) \end{pmatrix} = \begin{pmatrix} X(0) \\ X(1) \\ X(2) \\ X(3) \end{pmatrix} \quad [25]$$

이라고 하자.

그러면 신호의 흐름은

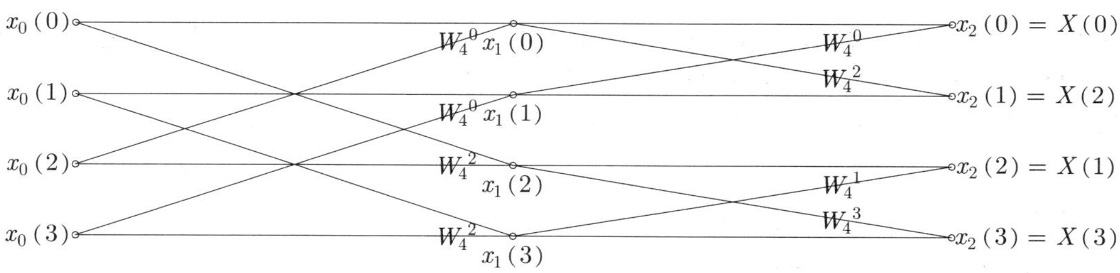

과 같다.

프로그램을 보면 malloc 함수가 있다. 이 함수는 힙(heap)으로부터 메모리 블록을 할당한다.

할당된 블록을 해제하고 싶으면 free 함수를 사용하면 된다.

18.2.2.3 소스 코드

```
/*  by J-H.AHN  1997      */
```

```
#include <stdlib.h>
#include <math.h>
#include <stdio.h>

typedef struct { double x,y; } complex;

#define N 8
#define PI 3.1415926535

void MyFFT(int n, complex h[])
{
    int r, k;
    complex t,w,*pt,*pw;

    if ( n>=2 )
    {
        pt = (complex *)malloc(sizeof(t)*n/2);
        pw = (complex *)malloc(sizeof(t)*n/2);

        for (r=0; r<n/2; r++)
        {
            *(pt+r) = h[2*r];
            *(pw+r) = h[2*r+1];
        }

        MyFFT(n/2, pt);
        MyFFT(n/2, pw);

        for (k=0; k<n/2; k++)
        {
            w.x = cos(2*PI*k/n);
            w.y = -sin(2*PI*k/n);
            t.x = w.x*((*(pw+k)).x) - w.y*((*(pw+k)).y);
            t.y = w.x*((*(pw+k)).y) + w.y*((*(pw+k)).x);
            h[k].x = ((*(pt+k)).x) + t.x;
            h[k].y = ((*(pt+k)).y) + t.y;
            h[k+n/2].x = ((*(pt+k)).x) - t.x;
            h[k+n/2].y = ((*(pt+k)).y) - t.y;
        }

        free(pt);
        free(pw);
    }
}

void main()
{
    int i;
    complex z[N];

    z[0].x = 4.0;
    z[0].y = 5.0;
    z[1].x = -3.0;
    z[1].y = -7.0;
    z[2].x = 2.0;
    z[2].y = 0.0;
    z[3].x = 0.0;
    z[3].y = 0.0;
```

```
    z[4].x = -1.0;
    z[4].y = -3.0;
    z[5].x = -2.0;
    z[5].y = 0.0;
    z[6].x = 3.0;
    z[6].y = 0.0;
    z[7].x = 0.0;
    z[7].y = 4.0;

    MyFFT(N,z);

    for (i=0; i<N; i++)
        if ( z[i].y>0.0 )
            printf("₩n%3d -> (%lf+%lfi)", i, z[i].x, z[i].y);
        else if ( z[i].y<0.0 )
            printf("₩n%3d -> (%lf%lfi)", i, z[i].x, z[i].y);
        else
            printf("₩n%3d -> (%lf)", i, z[i].x);

    printf("₩n₩n₩n");
}
```

18.2.2.4 실행 결과

```
  0 -> (3.000000-1.000000i)
  1 -> (-3.485281+7.585786i)
  2 -> (-13.000000+7.000000i)
  3 -> (-2.071068+9.828427i)
  4 -> (13.000000+5.000000i)
  5 -> (13.485281+10.414214i)
  6 -> (9.000000-3.000000i)
  7 -> (12.071068+4.171573i)
```

18.2.3 기수 2 decimation in frequency 고속 푸리에 변환

18.2.3.1 partition

우선 partition이 무엇을 뜻하는 건지 설명을 하는 것이 좋을 것 같다.

길이가 N인 수열

$$\{x_0 \quad x_1 \quad x_2 \quad \cdots \quad x_{N-3} \quad x_{N-2} \quad x_{N-1}\}$$

을 질서정연하게 두 개의 수열로 쪼개는 방법으로 partition과 decimation을 생각할 수 있다고 이미 말하였다.

둘 중에서 partition은 위의 수열을

$$\{x_0 \quad x_1 \quad x_2 \quad \cdots \quad x_{\frac{N}{2}-3} \quad x_{\frac{N}{2}-2} \quad x_{\frac{N}{2}-1}\} + \{x_{\frac{N}{2}} \quad x_{\frac{N}{2}+1} \quad x_{\frac{N}{2}+2} \quad \cdots \quad x_{N-3} \quad x_{N-2} \quad x_{N-1}\}$$

과 같이 쪼개는 것이다. 즉 원래의 수열의 처음 절반과 나중 절반으로 쪼개는 것이다.

18.2.3.2 이론

기수 2 decimation in frequency 고속 푸리에 변환 알고리즘(radix 2 decimation in frequency fast Fourier transform algorithm)은 출력 신호를 쪼개는 알고리즘이다.

출력 신호 $F(p)$를

$$F(p)=\sum_{k=0}^{N-1} f(k){W_N}^{pk}=\sum_{k=0}^{\frac{N}{2}-1} f(k){W_N}^{pk}+\sum_{k=\frac{N}{2}}^{N-1} f(k){W_N}^{pk}=\sum_{k=0}^{\frac{N}{2}-1} f(k){W_N}^{pk}+{W_N}^{\frac{pN}{2}}\sum_{k=0}^{\frac{N}{2}-1} f\left(k+\frac{N}{2}\right){W_N}^{pk}$$

과 같이 처음 $\frac{N}{2}$개와 마지막 $\frac{N}{2}$개로 쪼갠다. 즉 신호를 partitioning하였다. 이 식의 우변은 이산 푸리에 변환이 아니다.

그런데 ${W_N}^{\frac{pN}{2}}=(-1)^p$이므로, 위의 식을

$$F(p)=\sum_{k=0}^{\frac{N}{2}-1} f(k){W_N}^{pk}+(-1)^p\sum_{k=0}^{\frac{N}{2}-1} f\left(k+\frac{N}{2}\right){W_N}^{pk}=\sum_{k=0}^{\frac{N}{2}-1}\left(f(k)+(-1)^p f\left(k+\frac{N}{2}\right)\right){W_N}^{pk}$$

으로 쓸 수 있다.

이제 $0\le k\le\frac{N}{2}-1$에 대하여

$$g(k)=f(k)+f\left(k+\frac{N}{2}\right),\quad h(k)=\left(f(k)-f\left(k+\frac{N}{2}\right)\right){W_N}^{k}$$

이라고 하자.

그러면 짝수 $p=2r$에 대하여

$$F(2r)=\sum_{k=0}^{\frac{N}{2}-1} g(k){W_N}^{2rk}=\sum_{k=0}^{\frac{N}{2}-1} g(k){W_{\frac{N}{2}}}^{rk}$$

이고, 홀수 $p=2r+1$에 대하여

$$F(2r+1)=\sum_{k=0}^{\frac{N}{2}-1} h(k){W_N}^{2rk}=\sum_{k=0}^{\frac{N}{2}-1} h(k){W_{\frac{N}{2}}}^{rk}$$

이다. 여기에서 ${W_N}^2=W_{\frac{N}{2}}$을 이용하였다.

위의 두 식은 각각 길이가 $\frac{N}{2}$인 $g(k)$와 $h(k)$의 이산 푸리에 변환이다.

위와 같은 방식으로

$$g1(k)=g(k)+g\left(k+\frac{N}{4}\right),\quad g2(k)=\left(g(k)-g\left(k+\frac{N}{4}\right)\right){W_{\frac{N}{2}}}^{k},$$

$$h1(k)=h(k)+h\left(k+\frac{N}{4}\right),\quad h2(k)=\left(h(k)-h\left(k+\frac{N}{4}\right)\right){W_{\frac{N}{2}}}^{k}$$

과 같이 쪼갤 수 있다.

길이가 2인 신호들이 얻어질 때까지 계속 반복한다. 이런 방식으로 문제 해결에 접근하는 것을 우리는 분할통치법(divide and conquer method)이라고 한다.

독자 여러분들이 좀 더 잘 이해할 수 있도록, 길이가 8인 신호에 기수 2 decimation in frequency 고속 푸리에 변환을 적용할 경우에 자료들의 흐름이 어떻게 되는지 그림으로 나타내어 보겠다.

이 알고리즘의 첫 번째 단계를 나타내어 보면

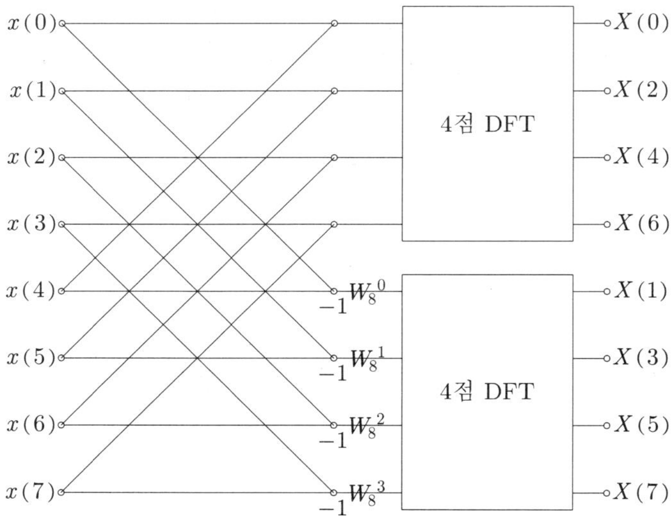

과 같다.

두 번째 단계까지 나타내어 보면

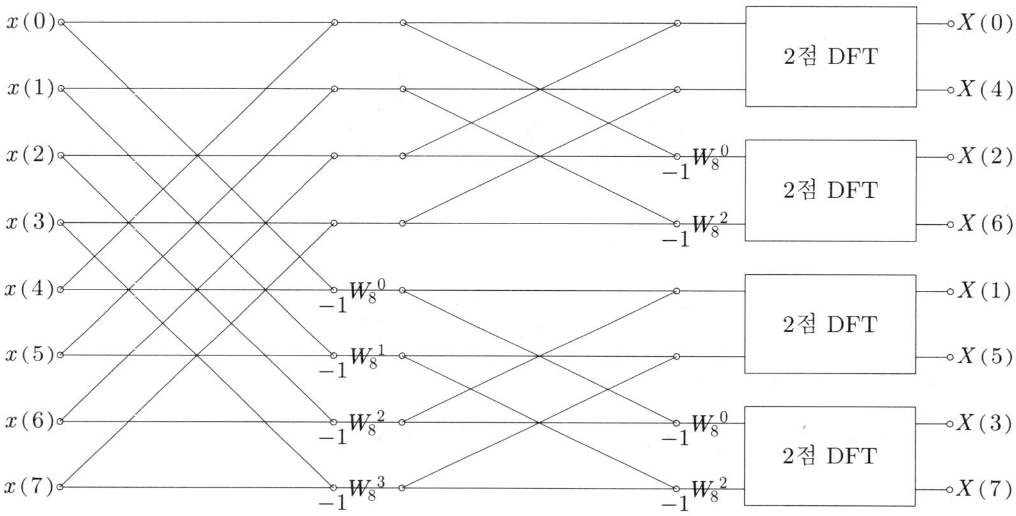

과 같다.

세 번째 단계까지 나타내어 보면

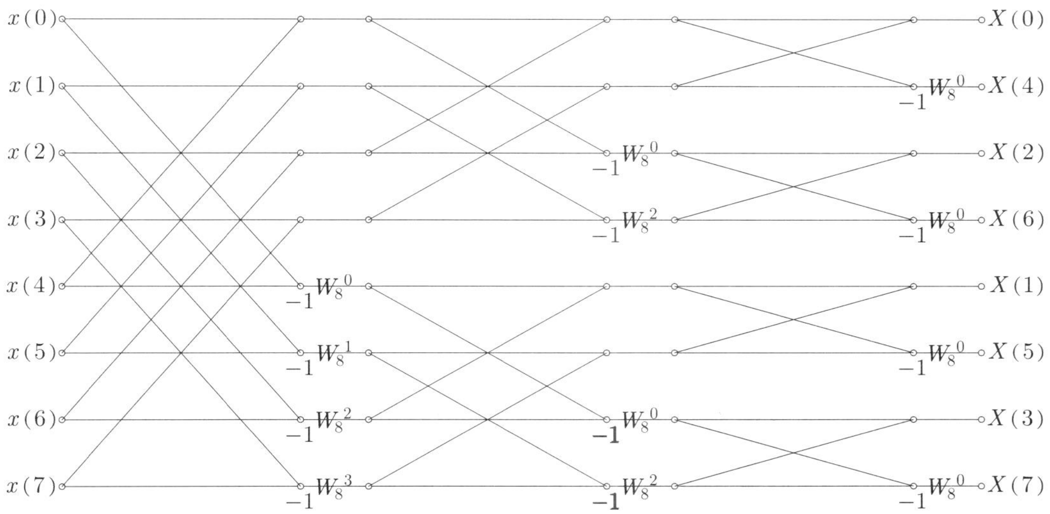

과 같다.

위의 그림에서 입력 자료는 순서대로 나열되어 있지만 출력 결과는 역비트순으로 되어 있는 것을 알 수 있다. 즉 계산구조가 in-place이다.

물론 우리는 출력 결과가 순서대로 나열되어 있지만 입력 자료는 역비트순으로 나열되도록 기수 2 decimation in frequency 고속 푸리에 변환 알고리즘을 구성할 수도 있다.

또한 계산구조가 in-place이어야 한다는 요구 조건을 우리가 포기한다면, 입력 자료와 출력 결과 둘 다 순서대로 나열되도록 하는 것이 가능하다.

19 리눅스에서 Xlib를 이용하여 그래픽 프로그래밍하기

19.1 개론

X 클라이언트와 X 서버는 X Window System의 핵심적인 개념이다. 그런데 X Window System에서 등장하는 X 클라이언트와 X 서버는 우리가 보통 생각하는 하드웨어를 말하는 것이 아니라 프로그램 간의 관계이다. X 클라이언트는 xterm이나 hanterm과 같이 사용자가 실행하는 응용 프로그램이다. X 서버는 스크린, 마우스, 키보드 등을 제어하는 운영 프로그램이다.

X 서버는 X 클라이언트가 요구하는 그림을 그려 준다. X 클라이언트는 모든 그래픽 작업을 X 서버에 요청한다.

그렇다면 우리는 이 chapter에서 무엇을 공부하는가? 우리는 Visual C++에서 그림을 그리기 위하여 지금까지 MFC를 이용하였다. 그렇다면 리눅스에서는 어떻게 그림을 그리는가? 우리가 이 chapter에서 공부할 내용이 리눅스에서 그림 그리는 방법이다.

필자가 테스트를 해 본 리눅스 시스템의 환경은 다음과 같다. 운영 체제는 Fedora Core 8이고 사용한 컴파일러는 gcc 4.1.2이다. 그리고 화면의 해상도는 2560X1600 화소다.

프로그램이 총 4개 있다. 우리는 Makefile을 이용하여 한 번에 컴파일과 링킹 과정을 해결할 수 있다.

터미널에서 단순히 "make"를 실행하면

```
[jeongeup@localhost ~]# make
gcc -g -Wall -c ex1.c
gcc -g -L/usr/X11R6/lib -lX11 ex1.o -o ex1
gcc -g -Wall -c ex2.c
gcc -g -L/usr/X11R6/lib -lX11 ex2.o -o ex2
gcc -g -Wall -c ex3.c
gcc -g -L/usr/X11R6/lib -lX11 ex3.o -o ex3
gcc -g -Wall -c ex4.c
gcc -g -L/usr/X11R6/lib -lX11 ex4.o -o ex4
[jeongeup@localhost ~]#
```

처럼 한 번에 모든 프로그램에 대하여 컴파일과 링킹 과정이 완료된다.

물론 개별적으로 컴파일할 수도 있다. 이 경우에 프로그램의 컴파일을

```
[jeongeup@localhost ~]$ gcc ex2.c -o ex2 -L/usr/X11R6/lib -lX11
```

으로 하거나

```
[jeongeup@localhost ~]$ g++ ex2.c -o ex2 -L/usr/X11R6/lib -lX11
```

으로 한다.

Xlib에 기반한 프로그램을 컴파일하려면 Xlib 라이브러리와 링킹을 해야 한다.

19.2 makefile 소스 코드

```
# 컴파일러와 링커
CC = gcc
LD = gcc

# 컴파일러와 링커 flags
CFLAGS = -g -Wall
LDFLAGS = -g -L/usr/X11R6/lib -lX11

# 파일 삭제
RM = /bin/rm -f

# 목적 파일
EX1_OBJS = ex1.o
EX2_OBJS = ex2.o
EX3_OBJS = ex3.o
EX4_OBJS = ex4.o

ALL_OBJS = $(EX1_OBJS) $(EX2_OBJS) $(EX3_OBJS) $(EX4_OBJS)

# 실행 파일
EX1 = ex1
EX2 = ex2
EX3 = ex3
EX4 = ex4

ALL_PROGS = $(EX1) $(EX2) $(EX3) $(EX4)

# top-level rule
all: $(EX1) $(EX2) $(EX3) $(EX4)

$(EX1): $(EX1_OBJS)
	$(LD) $(LDFLAGS) $(EX1_OBJS) -o $(EX1)

$(EX2): $(EX2_OBJS)
	$(LD) $(LDFLAGS) $(EX2_OBJS) -o $(EX2)

$(EX3): $(EX3_OBJS)
	$(LD) $(LDFLAGS) $(EX3_OBJS) -o $(EX3)

$(EX4): $(EX4_OBJS)
	$(LD) $(LDFLAGS) $(EX4_OBJS) -o $(EX4)

# compile C source files into object files.
%.o: %.c $(HEADERS)
	$(CC) $(CFLAGS) -c $<

# 목적 파일과 실행 파일 삭제
clean:
	$(RM) $(ALL_OBJS) $(ALL_PROGS) core
```

19.3 X 서버에 연결하고 X 서버와 접속 끊기

아주 간단한 프로그램이다. 단순히 X 서버에 연결하고 나서 곧바로 X 서버와 접속을 끊는 프로그램이다.

XOpenDisplay 함수의 원형은

```
Display *XOpenDisplay(_Xconst char *display_name);
```

이다.

XDisplayName 함수의 원형은

```
char *XDisplayName(_Xconst char *string);
```

이다. 이 함수는 XOpenDisplay가 이용하려고 하는 display의 이름을 반환한다.

XCloseDisplay 함수의 원형은

```
int XCloseDisplay(Display *display);
```

이다. 이 함수는 X 서버와의 접속을 끊는다.

프로그램을 실행하고 나면 겉으로 보기에 아무런 일도 일어나지 않는다. 뭔가 잘못된 거라고 생각하지 말길 바란다.

19.3.1 ex1.c 소스 코드

```
#include <X11/Xlib.h>
#include <stdio.h>
#include <stdlib.h> // g++으로 컴파일할 경우 필요

int main()
{
    Display *d ;

    d = XOpenDisplay(NULL);

    if ( d==NULL )
    {
        fprintf(stderr,"Can not open display %s₩n",XDisplayName("localhost:0,0"));
        exit(1);
    }

    XCloseDisplay(d);
    return 0;
}
```

19.3.2 실행

```
[jeongeup@localhost ~]# ./ex1
[jeongeup@localhost ~]#
```

19.4 창 생성

우리는 지금까지 Visual C++의 MFC에서 창을 하나 생성하여 그 곳에서 그림을 그렸다. 그렇다면 리눅스에서는 어떻게 창을 생성하고 없애는가? 일단 이것을 성공하게 되면 나머지는 그리 어렵지 않을 것이다.

XDefaultRootWindow 함수의 원형은

```
Window XDefaultRootWindow(Display *display);
```

이다.

XCreateSimpleWindow 함수의 원형은

```
Window XCreateSimpleWindow(Display *display, Window parent, int x, int y,
  unsigned int width, unsigned int height, unsigned int border_width,
  unsigned long border, unsigned long background);
```

이다. Display 형 포인터인 *display는 XOpenDisplay에서 접속한 display를 가리키는 포인터이고, parent는 지금 만들려고 하는 창이 속하는 부모 창을 지정한다. width와 height는 각각 생성되는 창의 가로 크기와 세로 크기이다. border_width는 생성되는 창의 경계의 폭이다. border와 background는 각각 창의 경계 화소값과 background 화소값이다.

XMapWindow 함수의 원형은

```
int XMapWindow(Display *display, Window w);
```

이다. 이 함수는 XCreateSimpleWindow에 의하여 생성된 창 w을 실제로 모니터 화면에 나타내는 역할을 한다.

XFlush 함수의 원형은

```
int XFlush(Display *display);
```

이다.

두 개의 매크로가 사용되었다. BlackPixel는

```
#define BlackPixel(dpy, scr)    (ScreenOfDisplay(dpy,scr)->black_pixel)
```

처럼 그리고 WhitePixel는

```
#define WhitePixel(dpy, scr)    (ScreenOfDisplay(dpy,scr)->white_pixel)
```

처럼 정의되어 있다.

프로그램을 실행시키면, XCreateSimpleWindow 함수에서 지정한 대로 폭이 1024 화소이고 높이가 768 화소인 사각형 모양의 창이 나타난다. 창을 없애고 싶으면, 터미널에서 "Enter key"를 치면 된다.

19.4.1 ex2.c 소스 코드

```
#include <X11/Xlib.h>
#include <stdio.h>
#include <stdlib.h> // g++으로 컴파일할 경우 필요

int main()
{
    Display *d;
    Window w, root;
```

```
    d = XOpenDisplay(NULL);

    if ( d==NULL )
    {
        fprintf(stderr,"Can not open display %s\n",XDisplayName("localhost:0,0"));
        exit(1);
    }

    root = XDefaultRootWindow(d);
    w = XCreateSimpleWindow(d, root, 2, 10, 1024, 768, 2, BlackPixel(d,0), WhitePixel(d,0));
    XMapWindow(d, w);
    XFlush(d);
    getchar();
    XCloseDisplay(d);
    return 0;
}
```

19.4.2 실행

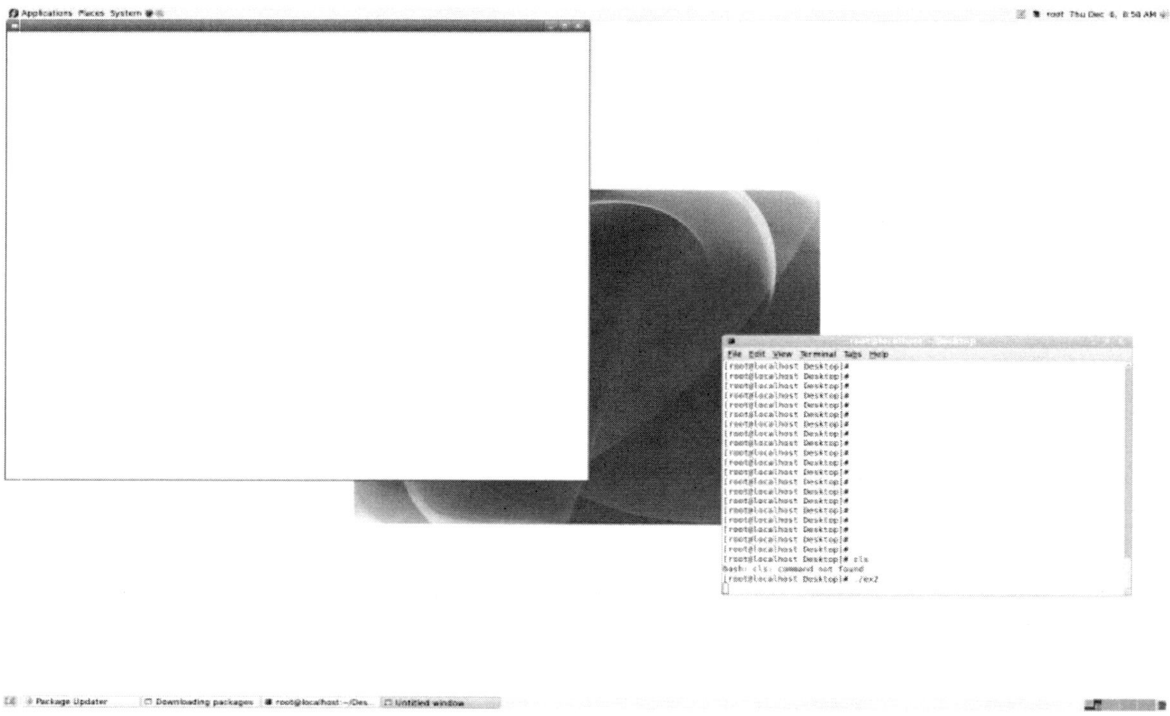

19.5 자식 창 생성

이번에는 모니터 화면 전체에 가득차는 창을 만든 후에 이 창에 들어있는 자식 창들을 만들어 보자.

생성되는 창의 크기를 최대화시키는 데 사용한 DisplayWidth와 DisplayHeight은 매크로이다. 두 매크로의 정의

는 각각

```
#define DisplayWidth(dpy, scr)  (ScreenOfDisplay(dpy,scr)->width)
#define DisplayHeight(dpy, scr) (ScreenOfDisplay(dpy,scr)->height)
```

이다.

XDestroySubwindows 함수의 원형은

```
int XDestroySubwindows(Display *display, Window w);
```

이다. 이 함수는 지정된 창의 모든 하위의 창들을 파괴한다. 이 함수는 X 서버로 하여금 각 창에 대하여 DestroyNotify 이벤트를 발생시킨다.

XDestroyWindow 함수의 원형은

```
int XDestroyWindow(Display *display, Window w);
```

이다. 이 함수는 지정된 창과 그 창에 딸려있는 모든 창들을 파괴한다. 이 함수는 X 서버로 하여금 각 창에 대하여 DestroyNotify 이벤트를 발생시킨다.

19.5.1 ex3.c 소스 코드

```
#include <X11/Xlib.h>
#include <stdio.h>
#include <stdlib.h>     // g++으로 컴파일할 경우 필요
#include <unistd.h>     // g++으로 컴파일할 경우 필요

int main()
{
    Display *d;
    Window root, p, w1, w2;
    unsigned long Black, White;

    d = XOpenDisplay (NULL);

    if (d == NULL)
    {
        fprintf(stderr,"Can not open display %s\n",XDisplayName("localhost:0.0"));
        exit(1);
    }

    root = DefaultRootWindow(d);
    Black = BlackPixel(d,0);
    White = WhitePixel(d,0);
    p = XCreateSimpleWindow(d, root, 100, 100, DisplayWidth(d,DefaultScreen(d)),
      DisplayHeight(d,DefaultScreen(d)), 2, Black, White);
    w1 = XCreateSimpleWindow(d, p, 50, 50, DisplayWidth(d,DefaultScreen(d))/2-70,
      DisplayHeight(d,DefaultScreen(d))-150, 7, Black, White);
    w2 = XCreateSimpleWindow(d, p, DisplayWidth(d,DefaultScreen(d))/2+20, 50,
      DisplayWidth(d,DefaultScreen(d))/2-70, DisplayHeight(d,DefaultScreen(d))-150,
      7, Black, White);
    XMapWindow(d, p);
    XMapWindow(d, w1);
    XMapWindow(d, w2);
    XFlush(d);
    sleep(6);
```

```
    XDestroySubwindows(d, p);
    XDestroyWindow(d, p);
    XCloseDisplay (d);
    return 0;
}
```

19.5.2 실행

19.6 색칠한 창 생성

이번에는 창의 경계와 그 내부에 원하는 색을 칠하여 보자. 경계와 내부의 색을 독립적으로 지정할 수 있다. 새로 추가된 함수들을 살펴보자.

XDefaultColormap 함수의 원형은

```
Colormap XDefaultColormap(Display *display, int screen_number);
```

이다.

XAllocNamedColor 함수의 원형은

```
Status XAllocNamedColor(Display *display, Colormap colormap, _Xconst char *color_name,
  XColor *screen_def_return, XColor *exact_def_return);
```

이다.

여러 가지 창을 그려보았다. 나머지는 독자의 몫이다. 생성된 창에 함수의 그래프를 그려 보는 등의 일을 해

보아라.

19.6.1 ex4.c 소스 코드

```
#include <X11/Xlib.h>
#include <stdio.h>
#include <stdlib.h>     // g++으로 컴파일할 경우 필요
#include <unistd.h>     // g++으로 컴파일할 경우 필요

int main()
{
    Display *d;
    Window Root, w;
    /* 색상값을 알아낼 때 쓸 변수들 */
    Colormap CMap;
    XColor color, color_exact;
    unsigned long Black, Blue;

    d = XOpenDisplay ( NULL );

    if (d == NULL)
    {
        fprintf(stderr,"Can not open display %s\n",XDisplayName("localhost:0.0"));
        exit(1);
    }

    /* 원하는 색상을 얻는 부분 */
    CMap = XDefaultColormap ( d, 0 );
    XAllocNamedColor ( d, CMap, "black", &color, &color_exact );
    Black = color.pixel;
    XAllocNamedColor ( d, CMap, "blue",  &color, &color_exact );
    Blue = color.pixel;

    Root = DefaultRootWindow ( d );
    w = XCreateSimpleWindow (d, Root, 100, 100, DisplayWidth(d,DefaultScreen(d)),
      DisplayWidth(d,DefaultScreen(d)), 16, Black, Blue);
    XMapWindow ( d, w );
    XFlush ( d );
    sleep(4);
    XDestroyWindow ( d, w );
    XCloseDisplay ( d );
    return 0;
}
```

19.6.2 실행

Applications Places System
root Thu Dec 6, 8:50 AM
Package Updater
Downloading packages
root@localhost:~/Des...
Untitled window

21 시간 측정하는 것에 관하여

21.1 개론

여기에서는 어떤 작업을 하는 데에 얼마만큼의 시간이 걸리는지를 측정하는 방법에 관해서 이야기한다. 여러 가지 재미있는 것들이 준비되어 있다. 마지막에 Windows에서는 어떻게 하면 되고, 리눅스에서는 어떻게 하면 되는지를 비교하여 보았다. 정말 재미있을 것이다.

21.2 여인수 전개로 행렬식을 계산하는데 걸리는 시간 측정

21.2.1 이론

여인수 전개에 의한 행렬식의 정의를 이용하여 행렬식의 값을 구하는 것은 매우 비효율적이다. 왜냐하면 행렬의 order가 높아질수록 연산(operation)할 양이 엄청나게 많아지기 때문이다. 행렬식의 정의

$$|\mathbf{A}| = \sum_{j=1}^{n} (-1)^{k+j} A_{kj} M_{kj}$$

를 보면 알 수 있듯이, $n \times n$ 정방행렬의 행렬식을 계산하려면 n개의 $(n-1) \times (n-1)$ 정방행렬의 행렬식을 계산하여 이것들을 모두 합해야 한다. 행렬의 order가 커질수록 필요한 연산의 수는 천문학적으로 커진다.

그렇다면 실제로 컴퓨터로 계산하는데 과연 얼마만큼의 시간이 걸릴까? 필자는 제5장 제4절의 프로그램으로 행렬식의 값을 구하는데 어느 정도의 시간이 걸릴지 궁금하였다. 그리하여 행렬식을 구하는 프로그램에 시간을 측정하기 위한 코드를 첨가하여 정확한 시간을 측정하여 보았다.

필자는 인텔의 2.4GHz의 CPU와 1GB의 RDRAM을 장착한 컴퓨터를 사용하였다. 동일한 조건하에서 시간을 측정하기 위해 처음에 안전 모드로 부팅(booting)을 하고 난 후 다른 프로그램은 실행하지 않았다. 단위행렬을 입력하였으며, 결과가 나오면 order가 하나 증가하도록 프로그램을 수정하고 나서 다시 안전 모드로 부팅을 한 후에 프로그램을 실행시켰다. 이 과정을 계속 반복하였다.

여인수 전개로 행렬식을 계산하는데 걸리는 시간을 안전 모드에서 측정한 결과는

order	9	10	11	12	13
시간(초)	0.437	4.484	50.078	602.796	7821.516

와 같다.

행렬의 order에 따라 얼마만큼의 시간이 걸리는지를 근사식으로 나타낼 수 있다. 행렬의 order를 n이라 하고

행렬식을 계산하는데 걸리는 시간을 $f(n)$이라고 하면

$$f(n) = n \times f(n-1)$$

이 성립한다.

왜 그런지 알겠는가? 혹시 이해가 가지 않는다면, 행렬의 정의(definition)를 다시 한 번 음미해 보길 바란다.

시간을 측정하기 위해 추가시킨 코드를 살펴보자.

clock 함수는 프로세스가 얼마만큼의 프로세서 시간을 사용하였는지 알려준다. 즉 경과된 프로세서 시간의 clock ticks의 개수를 반환한다. 초(second) 단위의 시간은 함수의 반환값을 CLOCKS_PER_SEC으로 나누어 주면 얻을 수 있다. 만약 경과된 시간을 이용할 수 없으면, clock 함수는 −1을 반환한다.

CLOCKS_PER_SEC는 실제 그 값이 1000이다. <time.h> 헤더 파일에 #define directive에 의하여 정의되어 있다.

21.2.2 소스 코드

```
#include <time.h>
#include <stdio.h>
#include <stdlib.h>
#include <math.h>

void Input();
double Det();
double Minor( int processRow, int processColumn, double trans[] );

unsigned short int order=13;
double matrix[20][20];
char line[100];

void main()
{
    clock_t start, finish;
    double temp, duration;

    Input();
    start = clock();
    temp = Det();
    finish = clock();
    duration = (double)(finish - start) / CLOCKS_PER_SEC;
    printf( "₩n <3> 입력한 값들에 대한 결과" );
    printf( "₩n  행렬식은 %lf이고, 계산하는 데 걸린 시간은 %lf 초", temp, duration );
    printf( "₩n₩n₩n" );
}

void Input()
{
    register unsigned short int row;

    printf( "₩n <1> 행렬의 order는 %u", order );
    printf( "₩n₩n <2> 행렬의 성분들을 입력하시오.₩n" );

    for (row=0; row<order; row++)
    {
        printf( "  %2u행의 성분들: ", row+1 );
```

```
        fgets(line, sizeof(line), stdin);
        sscanf( line, "%lf %lf %lf %lf %lf %lf %lf %lf %lf %lf %lf %lf %lf", &matrix[row][0],
          &matrix[row][1], &matrix[row][2], &matrix[row][3], &matrix[row][4], &matrix[row][5],
          &matrix[row][6], &matrix[row][7], &matrix[row][8], &matrix[row][9], &matrix[row][10],
          &matrix[row][11], &matrix[row][12]);
    }
}

double Det()
{
    register double check[20];
    register double determinant = 0.0;
    register unsigned short int r, column = 0;

    for (r=0; r<order; r++)
        check[r] = 1.0;

    if ( order==1 )
        determinant = matrix[0][0];

    for (r=0; r<order; r++)
    {
        check[r] = 0.0;
        determinant += matrix[r][0] * pow(-1.0, r) * Minor(r, column+1, check);
        check[r] = 1.0;
    }

    return determinant;
}

double Minor( register int processRow, register int processColumn, register double trans[] )
{
    register double result = 0.0;
    register unsigned short int i = 0;

    if ( (order-processColumn)==0 )
        return 1.0;

    for (int row=0; row<order; row++)
        if ( trans[row]!=0.0 )
        {
            trans[row] = 0.0;
            result += matrix[row][processColumn] * pow(-1.0, double (i))
              * Minor(row, processColumn+1, trans);
            trans[row] = 1.0;
            i++;
        }

    return result;
}
```

21.3 Timing and profiling with Visual C++

21.3.1 이론

이제 다른 방법으로 시간 측정을 하여 보자. 다음 설명대로 해 보길 바란다.

앞 section의 프로그램을 불러온다. 그 다음에 시간 측정을 위한 코드를 제거한다.

"Build" 메뉴에서 "Build"나 "Rebuild All"을 실행한다.

"Project" 메뉴에서 "Settings"을 실행한다. 그러면 "Project Settings" 대화 상자가 나타난다. "Link" tab을 누른 후 "Category" drop-down list box에서 "General"을 선택한다. "Enabling profiling" check box을 선택해 준다. "ok" 단추를 누른다.

"Build" 메뉴에서 "Build"나 "Rebuild All"을 실행한다.

"Build" 메뉴에서 "Profile"을 실행한다. 그러면 "Profile" 대화 상자가 나타난다 "Function timing" 옵션이 선택되어 있을 것이다. 만약 그렇지 않다면 선택하여 준다. "ok" 단추를 누른다.

"Function timing" 옵션은 각각의 함수와 호출된 함수들에서 얼마나 많은 시간이 소비되었는지 사용자에게 알려 준다. 뿐만 아니라 각 함수가 얼마나 자주 호출되었는지 알려 준다.

필자가 이 기능을 안전 모드에서 사용하려고 했다. 그런데 아쉽게도 "Profile"이 활성화되지 않아 사용할 수 없었다. 그리하여 어쩔 수 없이 표준 모드에서 이 기능을 사용하였는데 결과를 그다지 신뢰하지 못하겠다.

23.3.2 소스 코드

```
#include <stdio.h>
#include <stdlib.h>
#include <math.h>

void Input();
double Det();
double Minor( int processRow, int processColumn, double trans[] );

unsigned short int order=10;
double matrix[20][20];
char line[100];

void main()
{
    double temp;

    Input();
    temp = Det();
    printf( "\n <3> 입력한 값들에 대한 결과" );
    printf( "\n  행렬식은 %lf\n\n\n", temp );
}

void Input()
{
```

```
    register unsigned short int row;

    printf( "₩n <1> 행렬의 order는 %u", order );
    printf( "₩n₩n <2> 행렬의 성분들을 입력하시오.₩n" );

    for (row=0; row<order; row++)
    {
        printf( "  %2u행의 성분들: ", row+1 );
        fgets(line, sizeof(line), stdin);
        sscanf( line, "%lf %lf %lf %lf %lf %lf %lf %lf %lf %lf", &matrix[row][0], &matrix[row][1],
          &matrix[row][2], &matrix[row][3], &matrix[row][4], &matrix[row][5], &matrix[row][6],
          &matrix[row][7], &matrix[row][8], &matrix[row][9] );
    }
}

double Det()
{
    register double check[20];
    register double determinant = 0.0;
    register unsigned short int r, column = 0;

    for (r=0; r<order; r++)
        check[r] = 1.0;

    if ( order==1 )
        determinant = matrix[0][0];

    for (r=0; r<order; r++)
    {
        check[r] = 0.0;
        determinant += matrix[r][0] * pow(-1.0, r) * Minor(r, column+1, check);
        check[r] = 1.0;
    }

    return determinant;
}

double Minor( register int processRow, register int processColumn, register double trans[] )
{
    register double result = 0.0;
    register unsigned short int i = 0;

    if ( (order-processColumn)==0 )
        return 1.0;

    for (int row=0; row<order; row++)
        if ( trans[row]!=0.0 )
        {
            trans[row] = 0.0;
            result += matrix[row][processColumn] * pow(-1.0, double (i))
              * Minor(row, processColumn+1, trans);
            trans[row] = 1.0;
            i++;
        }

    return result;
}
```

21.3.3 실행 결과

```
Profile: Function timing, sorted by time
Date:    Sat Nov 08 23:17:36 2003


Program Statistics
------------------
    Command line at 2003 Nov 08 23:15: "E:₩Debug₩행렬식"
    Total time: 47892.291 millisecond
    Time outside of functions: 0.310 millisecond
    Call depth: 12
    Total functions: 6
    Total hits: 9864103
    Function coverage: 66.7%
    Overhead Calculated 5
    Overhead Average 5

Module Statistics for 행렬식.exe
--------------------------------
    Time in module: 47891.981 millisecond
    Percent of time in module: 100.0%
    Functions in module: 6
    Hits in module: 9864103
    Module function coverage: 66.7%

        Func          Func+Child           Hit
        Time   %         Time      %      Count  Function
---------------------------------------------------------
   44175.361  92.2   44175.361  92.2          1 input(void) (행렬식.obj)
    3716.247   7.8    3716.247   7.8    9864100 minor(int,int,double * const) (행렬식.obj)
       0.363   0.0   47891.981 100.0          1 _main (행렬식.obj)
       0.009   0.0    3716.256   7.8          1 det(void) (행렬식.obj)
```

21.4 연산자의 빠르기

21.4.1 이론

float 형과 double 형 각각에 대하여 동일한 두 수를 대상으로 하여 상당히 많은 회수의 동일한 연산을 하면 얼마만큼의 시간이 걸리는지를 측정하여 보자. 좀 전에 공부한 "Function timing"을 이용하자.

여기에서는 템플릿이 나온다.

21.4.2 소스 코드

```
template <class T> class Benchmark
```

```
{
    T a, b;

public:
    Benchmark()
    {
        a = (T) 1.0, b = (T) 1.0;
    }

    void add()
    {
        for (register i = 0; i < 88888888; i++)
            a += b;
    }

    void sub()
    {
        for (register i = 0; i < 88888888; i++)
            a -= b;
    }

    void mul()
    {
        for (register i = 0; i < 88888888; i++)
            a *= b;
    }

    void div()
    {
        for (register i = 0; i < 88888888; i++)
            a /= b;
    }
};

void main()
{
    Benchmark <double>DoubleLoop;
    Benchmark <float>FloatLoop;
    DoubleLoop.add();
    DoubleLoop.sub();
    DoubleLoop.mul();
    DoubleLoop.div();
    FloatLoop.add();
    FloatLoop.sub();
    FloatLoop.mul();
    FloatLoop.div();
}
```

21.4.3 실행 결과

```
Profile: Function timing, sorted by time
Date:    Fri Nov 21 04:10:18 2003


Program Statistics
```

```
------------------
    Command line at 2003 Nov 21 04:10: "E:\Debug\연산자"
    Total time: 10364.089 millisecond
    Time outside of functions: 0.303 millisecond
    Call depth: 2
    Total functions: 11
    Total hits: 11
    Function coverage: 100.0%
    Overhead Calculated 5
    Overhead Average 5

Module Statistics for 연산자.exe
--------------------------------
    Time in module: 10363.786 millisecond
    Percent of time in module: 100.0%
    Functions in module: 11
    Hits in module: 11
    Module function coverage: 100.0%

        Func          Func+Child           Hit
        Time   %         Time      %      Count  Function
---------------------------------------------------------
    1987.496  19.2     1987.496  19.2         1 Benchmark<float>::div(void) (연산자.obj)
    1983.529  19.1     1983.529  19.1         1 Benchmark<double>::div(void) (연산자.obj)
    1090.740  10.5     1090.740  10.5         1 Benchmark<double>::sub(void) (연산자.obj)
    1089.396  10.5     1089.396  10.5         1 Benchmark<double>::mul(void) (연산자.obj)
    1076.756  10.4     1076.756  10.4         1 Benchmark<double>::add(void) (연산자.obj)
    1052.152  10.2     1052.152  10.2         1 Benchmark<float>::mul(void) (연산자.obj)
    1042.923  10.1     1042.923  10.1         1 Benchmark<float>::add(void) (연산자.obj)
    1040.789  10.0     1040.789  10.0         1 Benchmark<float>::sub(void) (연산자.obj)
       0.004   0.0    10363.786 100.0         1 _main (연산자.obj)
       0.000   0.0        0.000   0.0         1 Benchmark<double>::Benchmark<double>(void) (연산자.obj)
       0.000   0.0        0.000   0.0         1 Benchmark<float>::Benchmark<float>(void) (연산자.obj)
```

이 책을 집필하는 데 도움을 준 자료들

논문

제 목	지은이	저 널
A Convenient Method for Generating Normal Variables	George Marsaglia, T. A. Bray	SIAM Review, 6, 3, 260~264, 1964/7
A Note on the Generation of Random Normal Deviates	G. E. P. Box, Mervin E. Müller	The Annals of Mathematical Statistics, 29, 2, 610~611, 1958/6
Erzeugung von betaverteilten und gammaverteilten Zufallszahlen	Max Detlev Jöhnk	Metrika, 8, 1, 5~15, 1964

책

원제목	지은이	번역판 제목	옮긴이
C 言語に よる 最新 アルゴリズム 事典	奥村晴彦	C 언어로 작성한 최신 알고리즘	류성렬
객체지향 프로그래밍을 위한 C++와 Visual C++	이광모		
게임 개발자를 위한 C++	서진택		
물리학자 푸리에와 고속 푸리에 변환	최행진		
비주얼 C++ 6 시작 그리고 완성	박성관, 전은정		
수치해석원론	유동선, 김영익		
터보C로 구현한 과학기술계산 프로그래밍	안현순		
A First Course in Abstract Algebra	John B. Fraleigh		

원제목	지은이	번역판 제목	옮긴이
A First Course in Probability	Sheldon M. Ross	확률의 입문	우정수, 강석복
Advanced Engineering Mathematics	Erwin Kreyszig		
An Introduction to Analysis	William R. Wade		
C & C++ 언어 프로그래밍 바이블	김명렬		
C++ Programming Start	박재성		
C로 구현한 수치해석	지영준, 김화준, 허정권		
C로 배우는 통계학	류충현		
Elementary Differential Equations and Boundary Value Problems	William E. Boyce, Richard C. DiPrima		
Mathematical Methods for Physicists	George Arfken		
Numerical Methods for Engineers with Software and Programming Applications	Steven C. Chapra, Raymond P. Canale		
Probability and Statistics for Engineers and Scientists	Ronald E. Walpole, Raymond H. Myers, Sharon L. Myers		
Programming Windows	Charles Petzold		
Simulation and the Monte Carlo Method	Reuven Y. Rubinstein		
The Enjoyment of Mathematics	Hans Rademacher, Otto Toeplitz		
The Unicode Standard, Version 5.0	The Unicode Consortium		
X 윈도우 시스템 프로그래밍	김충석		

웹사이트

http://oku.edu.mie-u.ac.jp/~okumura/algo/

http://users.actcom.co.il/~choo/lupg/tutorials/xlib-programming/

http://wiki.kldp.org/wiki.php/LinuxdocSgml/X-Window-Programming-KLDP

http://www-history.mcs.st-andrews.ac.uk/BiogIndex.html

기타

Improving the polar method for generating a pair of normal random variables. Boeing Scientific Res. Lab. Doc. D1-82-0203, Sept. 1962.

셈틀에서 태어난 수치해석학 -기본판-

2008년 5월 1일 초판 인쇄
2008년 5월 10일 초판 발행

저 자 / 최행진
발행자 / 오판근
발행처 / 교우사

주 소 / 서울 동대문구 제기2동 148-19
전 화 / 925-2861(대), 편집부 / 925-2825
팩 스 / 925-2860
E-mail / kw2861 @ chollian. net
http: // www. kyowoo. co. kr
등록 / 1994. 3. 24 제6-0256호

ISBN 978-89-8172-744-4 (93410)

값 **20,000**원